과학학이란 무엇인가

Making Sense of Science: Understanding the Social Study of Science 1st Edition

by Steven Yearley
Originally published by SAGE Publications Ltd, UK

Copyright © Steven Yearley, 2005.
All rights reserved.

Korean translation copylight © 2018 Greenbee Publishing Company.
This Korean edition is published by arrangement with, SAGE Publications Ltd through Yu Ri Jang Literary Agency, Seoul.

과학학이란 무엇인가

초판1쇄 펴냄 2018년 2월 10일
초판2쇄 펴냄 2022년 11월 4일

지은이 스티븐 이얼리
옮긴이 김명진
펴낸이 유재건
펴낸곳 (주)그린비출판사
주소 서울시 마포구 와우산로 180, 4층
대표전화 02-702-2717 | **팩스** 02-703-0272
홈페이지 www.greenbee.co.kr
원고투고 및 문의 editor@greenbee.co.kr

편집 이진희, 구세주, 송예진, 김아영 | **디자인** 이은솔, 박예은
마케팅 육소연 | **물류유통** 류경희

이 책의 한국어판 저작권은 유리장 에이전시를 통한 원저작권사와의 독점계약으로 (주)그린비출판사에 있습니다.
저작권법에 의하여 한국 내에서 보호를 받는 저작물이므로 무단전재와 무단복제를 금합니다.
책값은 뒤표지에 있습니다. 잘못 만들어진 책은 구입처에서 바꿔 드립니다.
ISBN 978-89-7682-282-6 93400

독자의 학문사변행學問思辨行을 돕는 든든한 가이드 _(주)그린비출판사

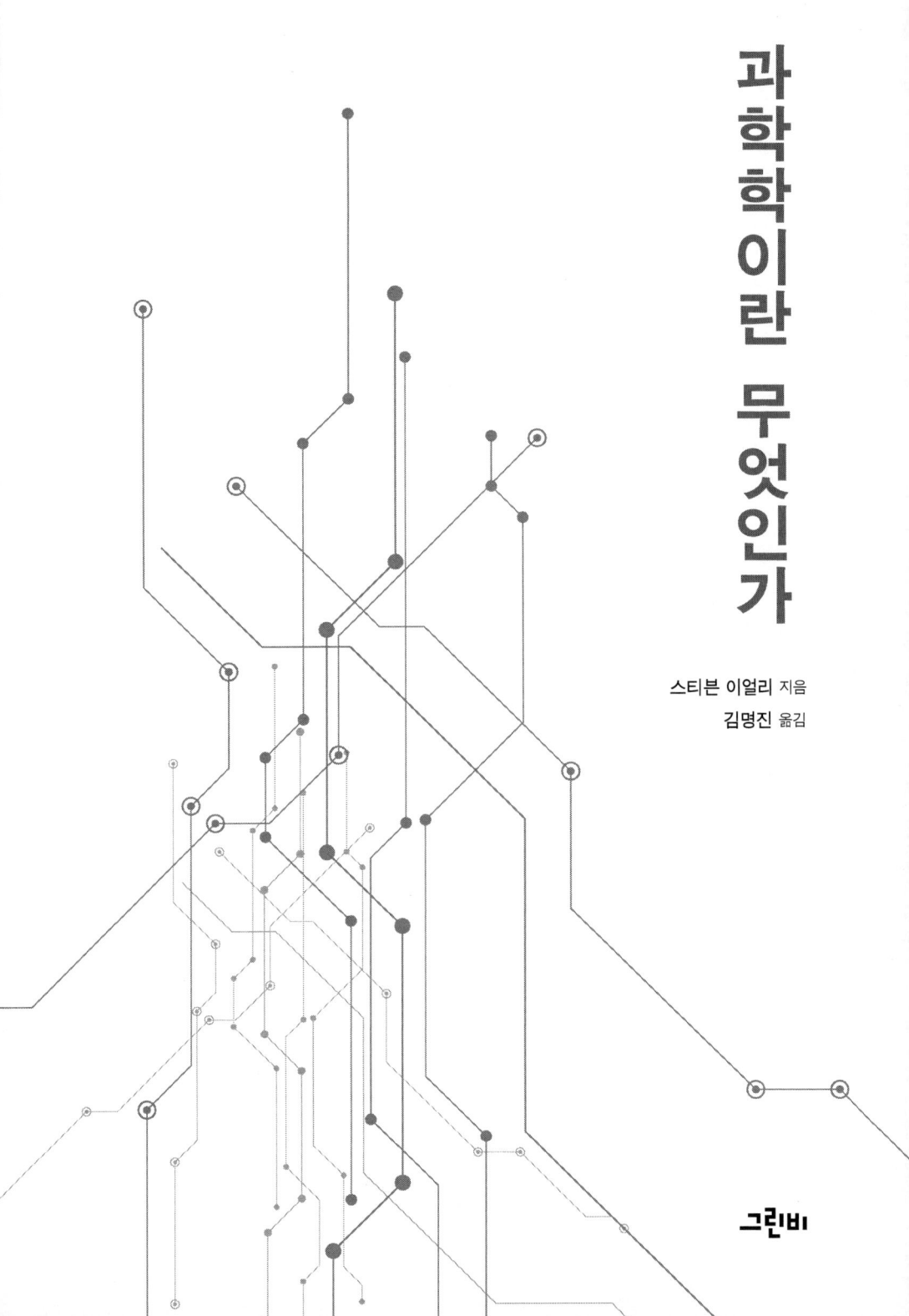

과학학이란 무엇인가

스티븐 이얼리 지음
김명진 옮김

그린비

서장

사회학의 '잃어버린 질량'

내가 요크대학 연구실에 앉아 이 책 본문에 대한 마지막 교정을 보고 있을 때, 영국 신문들에는 요크셔에서 한창 진행 중이던 경쟁 학문 프로젝트에 대한 기사가 넘쳐 나고 있었다. 과학자들은 내가 몸담고 있는 대학 캠퍼스에서 북동쪽으로 100킬로미터쯤 떨어진 해안의 석회 광산 깊숙이 위치한 볼비암흑물질연구지하연구소(Boulby Underground Laboratory for Dark Matter Research)에서 한창 장비를 손보는 중이었다. 그들은 지표면에서 1000미터 이상 내려간 곳에서 작업을 함으로써 빛이나 그 외 익숙한 형태의 복사를 완전히 차단해서 극히 감지하기 어렵고 미세한 존재인 윔프(WIMPs, weakly interacting massive particles, 약한 상호작용을 하는 무거운 입자)를 검출할 수 있기를 희망하고 있었다.[1] 이러한 윔프는

---

[1] 윔프가 '무겁다'(massive)라는 것은 질량이 없는(mass-less) 것이 아니라 (극히 적은 양이긴 하지만) 다소의 질량을 갖는다는 의미에서이지, 흔히 쓰는 일상적 의미에서 무겁다는 것은 결코

물리학 공동체가 직면한 중요한 문제를 해결하는 데 기여할 수 있었다. 오늘날 물리학자들은 우주가 눈에 보이는 것보다 더 많은 물질을 담고 있음이 분명하다고 믿고 있다. 설사 모든 항성, 행성, 블랙홀, 펄서,[2] 혜성, 성간 먼지 등을 모두 합친다 해도 그것의 질량과 그것이 미쳐야 하는 중력은 우주를 한데 뭉쳐 놓기에 충분치 않은 것처럼 보인다. 물리학자들은 어딘가에 '암흑물질'(dark matter)이 존재하는 것이 분명하다고 가정한다. 질량을 가지고 있지만 우리가 어떤 식으로든 간과하고 있는 물질 말이다. 그들은 볼비에서 잃어버린 질량을 찾고 있다.

우연찮게도 이 책이 관심을 가진 것 역시 암흑물질이다. 이 경우에는 오늘날의 사회에 대한 사회학자들의 설명에서 빠진 질량을 찾는 문제이지만 말이다(Latour, 1992를 보라). 오늘날의 사회는 기술로 가득 차 있고 과학에서 이끌어 낸 통찰과 믿음 들이 온통 퍼져 있다. 현대 문화에서 시민들은 점점 자기 자신과 자신의 삶을 과학의 렌즈를 통해 사고하고 있다. 사람들은 자신에 관한 사항들 — 자신의 습관이나 외모 같은 — 을 유전자에 의한 것으로 파악하며(Nelkin and Lindee, 1995: 14~18을 보라), 자녀에게 먹이는 식품이나 접종시키는 예방주사와 결부된 위험을 어떻게 이해할지 걱정한다. 휴대전화가 보급되면서 예전에는 홀로 길을 걷던 사람이 이제는 종종 먼 곳에 있는 친구들과 가상으로 연결되어 있게 됐다. 거리의 사람들은 지나가는 행인들이 혼잣말을 하는지 아니면 휴대전화로 다른 데 있는 사람과 통화를 하는지 알아내려 애쓰는 새로운 난제를 안고 있다. 이 때문에 오늘날의 사회를 다루면서 과학적 아이디어나

아니다.
[2] 빠른 속도로 자전하면서 전자기파를 내뿜는 중성자별. — 옮긴이

과학기술의 작동에 대해 아무런 말도 하지 않는 사회학은 별다른 가치를 가질 수 없게 됐다.

이를 좀 더 강하게 표현할 수도 있다. 어떤 의미에서 과학적 해석과 기술은 현재의 사회에서 '행위자'(actor)들이다. 우리가 사는 세계는 사람들뿐 아니라 컴퓨터, 바이러스, 위험, 기후변화 등으로도 '가득 차'(peopled) 있다. 이 사실은 2000년 미국 대통령 선거 때 극명하게 드러났다. 몇 개 주에서 사람들의 투표가 불완전한 투표 기계를 통해서만 표현될 수 있었던 것이다. 마치 미국 대통령이 사람들과 기계들에 의해 공동으로 '선택된' 것처럼 보였다. 라투르(Bruno Latour)는 ─ 4장에서 좀 더 논의하겠지만 ─ 이러한 사회의 다른 구성 요소들을 사회과학의 암흑물질로 설명해 깊은 인상을 남겼다. 기계나 과학기술의 다른 산물들이 사회학의 잃어버린 질량인 이유는 그것이 사회 세계를 한데 결합시켜 주는데도 불구하고 사회학자들이 대체로 이에 주목하지 않기 때문이다. 이러한 암흑물질은 우리가 삶을 영위하는 것을 가능케 함으로써 사회생활을 유지시켜 준다. 투표 기계는 표를 던질 수 있게 해주며(오늘날에는 이메일과 문자메시지로도 가능하다), 온라인 여행 시간표는 회의 스케줄을 정할 수 있게 해준다. 그러나 우리는 여전히 사회학의 주제가 사람과 제도뿐이라고 보는 경향이 있다. 현대 사회와 문화가 어떻게 기능하는지 이해하고자 한다면, 이러한 암흑물질의 작동을 고려에 넣지 않으면 안 된다.

핵심 논점은 ─ 많은 점에서 명백한 것이긴 하지만 ─ 과학, 기술, 공학의 분야들 그 자체가 이러한 사회적 암흑물질이 어떻게 작동하는지를 설명하려는 시도라는 것이다. 마이크로파 복사에 대한 연구는 왜 휴대전화 신호가 어떤 장소에서는 잡히는 반면 다른 장소에서는 안 잡히는지를 이해하는 데 도움을 주며, 대기물리학은 기후변화의 기반을 이해하려는 노력을 담고 있다. 사회과학은 일견 냉혹한 선택에 직면해 있다. 사회학의 기본 임무에서 잃어버린 질량이 갖는 중요성을 일단 인정하고 나면, 이러한 사회학적 암흑물질에 대한 설명과 이해를 과학자와 엔지니어들에게 그저 위임해야 하는가, 아니면 사회과학자들 자신이 이러한 잃어버린 질량에 대해 뭔가를 말하려고 노력해야 하는가? 대체로 사회학자들은 압도적으로 전자를 선택해 왔다. 간단한 예를 하나 들면 여기서 무엇이 문제인지 이해하는 데 도움이 될 것이다. 1970년대 이래로 전 세계적 에너지 위기에 관한 논의가 간헐적으로 진행됐다. 선진국 국민 대다수는 에너지를 엄청나게 쓰는 소비자들이다. 그래서 우리의 에너지 수요가 미래의 사회 발전의 전망을 제약할 수 있다는 주장이 널리 공감대를 얻었다(공식 정책과 개인의 행동에는 그리 널리 반영되지 못한 것 같지만 말이다). 우리가 쓰는 에너지 대부분은 태양에서 오지만 많은 선진국들은 대규모의 핵 프로그램도 보유하고 있다.[3] 사람들은 이러한 태양에너지 중 일부를 직접 쓰기도 하고, 바람을 이용하거나 장작을 땔감으로 쓰는 식으로 좀 더 간접적으로 에너지를 얻기도 한다. 이러한 목재 연료는 태양의 에너지를 이용해 자기 몸을 구성하는 복잡한 분자들을 만들어 낸 식물에서 나온다. 그러나 대다수가 선호하는 방법은 과거에 이러한 식물의 과정에서 저장되어 있던 에너지를 이용하는 것처럼 보인다. 석유와 석탄 광상(鑛床), 그리고 이와 연관해 저장된 천연가스는 과거 식물과 미생물의

---

[3] 태양과 핵이라는 원천 외에 우리는 지구 내부에서 오는 열에너지도 일부 이용하고 있고, 심지어 파도에서 오는 중력 에너지도 일부 뽑아서 쓰고 있다. 그뿐 아니라 현재 발전소에서 활용하는 것과는 다른 핵에너지 생성 방법도 있다. 오늘날의 핵 시설들은 핵분열(원자핵이 쪼개질 때 방출되는 에너지)에 의존해 작동하지만, 핵융합(원자핵이 한데 융합할 때 방출되는 에너지)에 의존하는 방법도 있다.

유해가 지질학적으로 보존된 결과이다. 서로 다른 사회들이 어떤 에너지원을 선호하든 간에, 이용 가능한 에너지의 총량은 '과학적 한계(bottom line)'에 의해 제약을 받는 듯 보인다. 사회는 태양과 몇몇 다른 원천들이 제공하는 총량보다 더 많은 에너지를 구할 수 없다. 물론 화학자나 물리학자, 혹은 다른 발명가 들이 에너지를 생산하는 새로운 방법을 고안해 내지 못한다면 말이다.

    이런 의미에서 사회학은 과학, 기술, 공학이 정해 놓은 제약 안에서 활동해야 하는 저주를 받은 것처럼 보인다. 사회의 '암흑물질'은 그들의 일이지 우리 일은 아닌 듯하니 말이다. 물론 사회학자들이 이 암흑물질에 대한 이해를 과학자 공동체에 통째로 맡기기로 결정한다 해도, 사회과학이 과학기술에 대해 할 얘기가 아무것도 없다는 뜻은 아니다. 에너지 사례로 돌아가 보면, 우리는 어떤 국가들이 핵 발전을 받아들인 반면 다른 어떤 국가들은 극히 조심스러운 태도를 취해 왔음을 분명하게 알 수 있으며, 이는 핵에너지의 물리학이 국가마다, 가령 프랑스와 노르웨이에서 차이를 보인다고 생각되어서가 아니다. 그러나 사회학자들이 그저 받아들여야 하는 객관적이고 전문적인 한계가 있다는 생각에 도전하는 것도 마찬가지로 가능하다. 예를 들어 최근의 사회학 연구는 석유 매장량이 어떻게 계산되고 취합되고 협상되는지를 탐구해 왔다(Bowden, 1985. 아울러 Dennis, 1985도 보라). 예상치는 지난 반세기 동안 크게 변했고, 어떤 시점에서 보면 일견 충분한 자격을 갖춘 과학자들 — 석유 회사, 탐사 자문 회사, 국가 지질 및 광물 조사 기구 중 어디에서 일하든 간에 — 이 지지하는 예상치들이 서로 경합하는 것을 흔히 볼 수 있다. 매장량이 한정돼 있다는 사실은 어느 누구도 부인하지 않지만, 그러한 매장량의 수준에 대한 생각은 바뀔 수 있다. 따라서 오늘날의 사회가 직면한 에너지 제약은 그저 물리적 제한은 아니다. 바로 그러한 제약에 관한 생각이 형성되는 데는 불가피하게 사회학적 차원이 존재하기 때문이다. 잃어버린 질량 그 자체에 사회학적 요소가 있기 때문에 사회학자들이 사회의 암흑물질에 대한 연구를 과학자와 엔지니어 들에게 그저 넘겨 버려서는 안 될 것으로 보인다. 볼비에 있는 물리학자들처럼, 우리 사회과학자들은 우리 자신의 암흑물질을 연구하도록 노력할 수 있다. 이 책의 전반적 목적은 그러한 암흑물질을 연구하는 최선의 방법을 찾아내고, 잃어버린 질량을 우리 스스로 추구할 때 사회학이 얻는 이득을 보여 주는 몇 가지 사례를 제시하는 데 있다. 요크셔의 연대 정신에 따라, 이 책이 갖는 야심은 석회 광산에 있는 과학자들의 야심에 필적할 만하다고 할 수 있다.

과학학이 사회학에 갖는 중요성

20세기 대부분의 기간 동안 사회학은 과학과 그것의 사회적 역할에 대해 상당히 단순한 관점을 취했다. 과학은 그 자체의 독립적 논리에 따라 작동한다고 가정되었고, 과학적 사고는 본질적으로 유익하거나 적어도 이득과 비용을 견주어 보는 간단한 문제로 여겨졌다. 그것의 단점이 무엇이든 간에, 과학은 세계가 어떻게 존재하는가에 대한 정확한 묘사를 제공해 준다고 생각되었기 때문이었다. 이는 좀 더 폭넓은 문화에도 어느 정도 반영되었다. 과학은 일반적으로 높은 위신을 누리며, 광고 캠페인과 홍보 슬로건에서 흔히 언급된다. 과학은 주변 세계에 대한 더 나은 이해와 함께 사건을 예측하고 그러한 자연의 일부를 통제하고 조작할 수 있는 능력을 주는 것으로 가정되었다. 과학이 사회 변화에 갖는 중요성이 일상적으로 널리 인지되고 있음에도 불구하고, 많은 사회학자들은 과학을 상대적으로 경시했다. 아마도 그 이유는 그들이 과학적 훈련을 결여하고 있었고 과학의 요구에 위압감을 느꼈기 때문일 것이다. 과학의 제도 역시 사회학의 창시자들에 의해 무시되는 경향을 보여 왔다. 다만 막스 베버(Max Weber)는 과학적 사고에 중요한 역할을 부여했는데, 현대 자본주의 사회 내에서의 점진적 합리화라는 자신의 생각을 예증하는 것처럼 보였기 때문이다.

기초과학, 즉 과학적 이해/무지의 최전선에 있는 주제에 관한 연구는 종종 '순수'과학으로 일컬어진다. 이 용어는 시사하는 바가 큰데, 과학에 무언가 **순수한** 것이 있다고 믿어졌다는 점에서 그러하다. 과학은 지식 그 자체를 위해 얻어진 세계에 대한 지식을 나타냈다. 마치 그 나름의 우수성의 기준을 따르는 시나 일류 화가의 예술적 성취가 그렇듯, 과학은 하고 싶은 대로 하도록 내버려 둘 때 가장 좋은 결과가 나온다고 주장되었다. 과학은 종종 유용하거나 '응용 가능한' 것으로 밝혀질 수도 있지만, 이는 과학의 일차적 목적이나 정당화 근거가 아니었다. 과학의 목표와 야심은 자연에 대한 객관적 이해에 있었다.

이에 따라 내적 기준(과학의 평가와 정당하게 관련된 것들)과 외적 기준(새로운 발명에서 얻어지는 경제적 이득이나 그 결과 얻어진 아이디어의 정치적 수용 가능성과 같이 과학에 외재적인 것들) 사이의 구분이 점차 두드러졌다. 과학이 내적 기준에만 의거해 수행될 때는 모든 것이 순조로웠다. 그러나 과학의 지식 주장을 평가하는 일에 외적 기준이 개입하는 것을 허용하게 되면 과학은 난관에 봉착했다. 여기서 항상 언급되는 유명한 사례는 17세기 교회가 행성들이 태양 주위를 돈다는 생각을 뒷받침했던 갈릴레오 갈릴레이의 관측 논거에 반대한 것이다. 주류 기독교 교회는 항상 지구가 창조의 중심에 있다고 주장해 왔고, 이러한 생각이 뒤집히는 것을 좋아하지 않았다. 사회적 통념으로는 종교 당국이 갈릴레이의 내적으로 견고한 논증이 틀렸음을 입증하기 위해 외적 고려 사항을 활용함으로써 부적절한 행동을 한 것으로 비쳤다. '정당한 과학적' 기준과 '외적' 기준 사이의 이러한 구분은 자유주의자와 보수주의자 모두에 의해 (예를 들어 IQ와 유전에 관한 논쟁, 성차의 '자연스러움'에 관한 논쟁, 동성애의 유전적 기반에 대한 논쟁 등에서) 계속해서 쓰이고 있다. 만약 과학이 뭔가가 사실이라고 말하면 그것이 아무리 불쾌하거나 인기가 없더라도 그것에 대해 할 수 있는 일이 아무것도 없다는 주장을 하기 위해서다. 최근에 이러한 접근법은 자유주의자들이 잘하는 일에서 그들을 곤란에 빠뜨리기 위해 주로 보수주의자들에 의해 쓰여 왔다. 자유주의자들은 합리적인 논증과 정책 결정에 찬동하는 것으로 알려져 있다. 만약 과학 연구의 결과로 범죄 성향이 유전적인 것임이 밝혀진다면, 전형적인 자유주의적 믿음과 정책 권고는 타격을 받게 된다. 보수주의자들은 자신들의 믿음의 근거를 순수한 합리성에 두는 경향이 덜하기 때문에(그들은 전통에 더 큰 비중을 두는 경향이 있다) 이런 식의 곤란에 쉽게 빠지지 않는다.

외적 고려 사항의 위험에 관한 이러한 관점이 빚어낸 중요한 결과 중 하나는 전문가들이 스스로를 규율하도록 내버려 둘 때 과학이 가장 잘 굴러간다는 주장이 나오게 됐다는 것이다. 그러한 과학은 과학자들이 '과학적 방법'에 따라 내적 기준을 가지고 작업할 때 유효한 지식을 만들어 낼 것으로 보증되었고, 이러한 보증은 연구 결과를 동료 심사 학술지에 발표해 연구의 질을 체계적으로 점검하는 시스템에 의해 뒷받침되었다. 과학은 진정한 황금알을 낳을 수 있는 거위였고, 정치인들은 그것이 가져다줄 수 있는 황금알 때문에 과학이 번창하기를 원할 수 있다(이 비유에 관해서는 Rip, 1982를 보라). 그러나 사람들이 찾는 것이 오직 황금알

뿐인 상황에서 과학을 키우는 것은 원하는 결과를 얻어 내지 못했다. 가장 좋은 황금알은 때로 가장 난해하거나 가망이 없어 보이는 연구 영역에서 뜻밖에 나타나기 때문이다. 흔히 지적되는 점은 이해하기 어려운 '순수' 물리학 연구가 (적어도 한때는 신이 내린 선물처럼 여겨졌던) 핵 발전 능력으로 이어졌고, 19세기 화학 산업을 가능케 한 '화학 혁명'은 대체로 지적 호기심에 의해 추동되었다는 것이다. 과학자들은 이런 식으로 — 특히 20세기 중엽에 — 엄청난 수준의 자유를 얻어 냈다. 하나의 전문직으로서 과학자들은 예술이나 다른 어떤 고급문화의 측면에 비해 훨씬 더 후한 지원을 받으면서도 그들이 한 일에 대한 책임을 지도록 요구받은 일은 드물었다. 과학이 가진 특권은 오직 이러한 자유에 의해서만 과학이 마법을 부릴 수 있다는 믿음에 의해 정당화되었다. 동시에 이는 과학 전문직에 대해 과학을 둘러싼 경계선을 긋고 단속하는 방향으로 매우 강한 유인을 제공했다. 무엇이 과학이고 무엇이 과학이 아닌지에 대한 한계를 정하(고 부과하)며, '내부의' 활동에 대해 과학 학회의 회원 자격과 여타의 상징적·물질적 혜택을 주는 것이 쓸모를 갖게 되었다(이러한 '경계 작업'boundary work에 관해서는 Gieryn, 1999를 보라).

결국 여기서 전반적인 이미지는 과학자를 자연의 상태에 대해 숙고하는 사색적 인물이자 일차적으로 호기심, 그리고 아마도 동료 과학자로부터의 인정 추구에 의해 추동되는 인물로 그려 내는 것이다. 이러한 지식의 순수성은 과학에 보기 드문 사회적 역할을 부여한다. 다른 어떤 지식도 과학의 객관성이나 거리 두기(detachment)에 필적할 수 없기 때문이다. 이상적인 경우 지식은 세계가 어떻게 존재하는지를 반영해야 하며, 따라서 개별 과학자는 결국에 가면 그저 하찮은 존재에 불과하다. 사회학적 관점에서 볼 때 사회에서 하나의 집단이 세계가 어떻게 존재하는지에 대해 투명하게 발언하는 것으로 믿어지는 상황을 만들어 냈다는 것은 놀랄 만한 성취이다.

그러나 이러한 과학의 순수성은 또 다른 결과도 가져왔다. 이는 과학자들이 불편부당한 조언을 제공할 수 있는 지위에 있음을 시사했다. 순수 과학자로서 그들은 지식의 진보 외에는 아무런 기득권도 갖고 있지 않았다. 그들은 권력을 지닌 정치인들에게 진리를 말할 수 있을 터였고, 기회가 주어질 경우 주눅 들지 않고 발언할 수 있었다. 이는 법정에서의 증거 제시나 건설 계획이 미치는 환경적 영향에 관한 자문, 정치인과 정책 결정자들에 대한 조언 제공 등을 가리지 않고 규제와 자문 사안들에서 과학자들의 사회적 역할을 증가시키는 보증수표가 되었다.

17세기 과학혁명 이후 200여 년 동안 이러한 묘사에는 아마도 일정한 진실이 담겨 있었을 것이다. 종종 과학자들이 과학을 했던 이유는 크게 흥미를 느꼈기 때문이었다. 그들은 과학을 하면서 거의 보수를 받지 못했고, 종종 사재를 털어 생활하거나 종교인 내지 교사로 고용되어 생계를 유지했다. 그러나 19세기부터 과학은 전문직으로 등장해 성장하기 시작했다. 이내 회사들이 과학자들을 고용해 연구소에서 일을 시키기 시작했고, 순수과학은 점차 대다수 과학자들 혹은 전형적 과학자들이 하는 일을 대표할 수 없게 되었다. 그리고 일단 과학 활동의 많은 부분이 회사·정부·군대의 지원을 받게 되자, 과학을 불편부당한 것으로 보기는 훨씬 더 어려워졌다. 사람들은 과학이 고용되어 봉사하는 대상인 상업적 내지 정치적 이해집단의 영향을 얼마나 피할 수 있을지 우려를 품고 있다.

물론 지나치게 당파적인 것은 과학자들에게 결코 도움이 되지 않는다. 회사가 과학자들을 고용한 이유는 회사에서 그저 거수기 노릇을 하는 것이 아니라 유능한 연구를 하기를 원하기 때문이다. 그러나 민간 핵 발전 산업을 예로 들면, 과학자들은 훌륭한 원자로를 설계하도록 고용이 되긴 했지만, 고용된 사람들은 십중팔구 핵 발전에 우호적인 입장을 갖게 될 것이다. 그들은 절차가 전반적으로 바람직한지 혹은 안전한지에 대해 거리를 두는 태도를 취하지 않을 것이다. 마찬가지로 환경 압력단체에서 일하는 과학자들은 전문적으로 유능한 과학을 해야 할 테지만, 그들의 근본적 지향은 이미 주어져 있을 가능성이 높다. 이에 따라 전문적 사안을 둘러싼 대중 논쟁에서 벌어지는 다툼은 종종 문제의 쟁점을 놓고 충분한 정보에 근거한 결정에 도달하는 숙고의 과정이기보다 서로 경쟁하는 자문 역들 간의 경쟁과 더 흡사하다.

결국 과학자들의 사회적·정치적·경제적 중요성이 커짐에 따라 — 이는 20세기 후반에 가장 두드러졌다 — 객관성과 공평무사함의 자동적 가정은 점차 사라졌다. 그리고 이는 단지 회사에서 봉급을 받는 과학자들에게만 그랬던 것이 아니라 대다수 과학자들 그 자체에도 그러했다. 예를 들어 과학이 전문직으로 성장함에 따라, 과학 전문직 그 자체가 과학자들이 주목할 기득권을 갖게 되었다는 우려가 커졌다. 과학자들은 더 나은 연구비 지원, 더 많은 장비, 기타 등등을 원한다. 그들은 정치인들과 정책 결정자들이 자신들을 좀 더 진지하게 받아들여 주기를 원한다. 이는 가령 과학자들이 인간에 의해 유발된 지구온난화의 위험을 강조하는 데 기득권을 갖고 있다는 공격으로 이어졌다. 이는 대규모 연구 프로젝트, 과학에 대한 엄청난 지출, 과학자 자문 위원의 역할 증대로 이어질 것이기 때문이다(11장을 보라). 이에 따라 과학자들이 온실효과에 의한 온난화라는 시류에 편승한 것은 그들의 물질적·직업적 이해관계 때문이라는 주장이 때때로 나오고 있다. 그러한 우려는 과학 연구가 다양한 종류의 사회적 병폐 — 독성 화학물질과 대기오염의 생성에서 과잉 생산과 농업 생명공학에 이르기까지 — 와 연관되어 온 방식에 의해 흔히 더욱 악화된다. 앞으로 8장에서 보겠지만, 과학과 사회적 해악 사이에는 불운한 연관 관계가 있으며, 과학자들(그리고 그들의 상업적 후원자들)이 새로운 실험 절차를 시험하도록 허용함으로써 위험이 사회에 부과되고 있다는 암시도 존재한다. 최근에는 기성 과학 체제에 대한 이러한 관점에서 복제양 돌리가 인기 있는 상징이 된 것 같다.

이것이 빚어낸 결과는 오늘날 과학에 대한 대중의 입장이 중요한 측면에서 거의 역전되었다는 것이다. 불과 사반세기 전에는 사회 비평가들의 주된 우려가 과학이 실은 불편부당하지 않은데도 그런 것으로 간주된다는 데 있었다면(Habermas, 1971을 보라), 오늘날에는 그 반대의 우려가 나오고 있다. 과학적 판단에 대해서는 일상적으로 의문이 제기될 수 있고, 기득권과 결부된 것으로 간주되기도 한다. 어떤 것이 '과학적으로 입증'되었다는 말은 이제 문자 그대로 받아들여지는 만큼이나 아이러니를 담은 것으로 받아들여질 가능성이 높다. 이러한 불안감은 과학자 공동체 내에서 과학 전문직의 대중적 지위가 하락한 것 아니냐는 우려로 이어졌다. 영국에서 이는 '대중의 과학 이해'(Public Understanding of Science, PUS)에 대한 공들인 관심으로 이어졌고, 대중의 이해 증진 노력에 대해 상과 보수가 주어졌다. 과학자 공동체의 지도자들은 대중과 정부 모두가 과학 영역을 지지하지 않는다고 느끼는 듯하며, 다양한 해결책들이 제안돼 왔다.

이것이 의미하는 바는 황금알을 낳는 과학의 특성이 가장 큰 경탄을 자아낼 것으로 기대되었던 바로 그 지점에서 과학 전문직이 난국에 봉착했다는 것이다. 시사적인 예를 들자면, 규제는 과학 지식이 유용한 공공

서비스를 제공할 수 있을 것으로 기대되는 바로 그러한 종류의 영역이다. 원칙적으로 우리는 모두 위험한 화학물질의 유출이나 효과가 없는 약의 판매와 채택을 피하고자 할 것이다. 이러한 것들을 규제하는 방법은 그것의 작용을 과학적으로 시험해 보는 것이다. 그러나 과학적 검증에 대한 최근의 경험 — 특히 미국의 법정에서 있었던 — 을 보면 문제가 최종적으로 해결되는 것이 아니라 자칭 전문가들 간의 신랄하면서도 결론이 나지 않는 충돌로 귀결되고 말았다.

이 책의 목적은 주로 사회학에 관심 있는 독자들을 위해 사회 속의 과학이 야기한 이러한 문제들이 어떻게 부상했는지를 분석하고 이해하는 데 있다. 내가 가진 전반적인 목표는 과학적 권위가 직면한 어려움과 전문성에 대한 현재의 불만을 이해하려면 사회학의 암흑물질인 과학에 대한 정교한 분석이 요구됨을 보이는 것이다. 이 짧은 서장에서 나는 과학의 핵심적인 관심사들에 대한 배경 정보를 제공하고자 했다. 내 생각에 과학사회학은 본질적으로 두 가지 사항을 다룬다. 과학자 공동체 그 자체의 사회학(다시 말해 '순수'과학과 그 외 다른 연구 형태의 사회학)과 과학자 공동체가 사회의 다른 부문들과 맺는 관계의 사회학이 그것이다. 나는 과학이 정책, 입법, 그리고 정치적으로 민감한 문제들의 분석에 응용될 때의 구체적인 난점들을 이해하려면, 그에 앞서 순수과학의 사회학이 어떠한 것인지를 먼저 들여다볼 필요가 있다고 생각한다. 이를 위해서는 몇몇 역사적 사례들뿐 아니라 다분히 난해하고 심오한 과학의 사회학도 들여다볼 필요가 있을 것이다. 여기서 우리는 과학학의 최근 성과들이 어떤 점에서 특별한지 알 수 있을 것이다.

앞으로 보겠지만, 과학에 대한 사회학적 연구는 지난 20년 동안 엄청나게 발전해 왔다. 제도적 측면에서 이 주제는 엄청난 진전을 이뤘고,

현재 미국, 유럽, 태평양 연안의 일류 대학들에 전공 프로그램들이 설치돼 있다. 더 중요한 것은 이러한 연구 흐름이 이룬 학술적 성취가 오늘날 널리 인정받고 있고 대단히 인상적인 몇몇 연구들을 포괄하고 있다는 것이다. 그뿐 아니라 앞으로 보겠지만, 과학사회학은 과학의 분석과 연관된 온갖 종류의 학술 연구 — 특히 과학철학 — 에 심대한 영향을 미쳤다. 과학사회학자들이 스스로 책망할 대목이 있다면 이러한 제도적 발전과 학문적 성취가 사회학과 사회 이론에 대해서는 상대적으로 피상적인 영향을 미쳤다는 점일 것이다. 과학학은 아직 사회학이 그것의 암흑물질을 이해하는 방식을 바꿔 놓지는 못했다.

이에 따라 이 책의 계획은 부분적으로 사회학에 관심 있는 독자들을 위해 이러한 학문적 발전을 체계적인 방식으로 개관하고(지금까지는 드물게만 시도됐던 일이다[4]), 아울러 사회 이론에서 과학사회학을 경시하는 문제를 탐구하고 고치는 것이다. 이 책의 구성은 간단하다. 1부에서는 과학학에서 중심이 되는 지적 관심사들을 소개한다. 2부에서는 과학사회학의 주요 '학파'들을 소개하고, 설명하고, 비판적으로 검토한다. 논의를 위해 선별된 학파들은 최근 과학학의 역사에서 나타난 다양한 이론적·방법론적 입장들을 보여 줄 뿐 아니라, '잃어버린 질량'을 어떻게 개념화할 것인가에 대한 서로 다른 상세한 해석들을 예증하고 있다. 마지막으로 분량이 가장 긴 3부는 특정한 사회학적 관심 주제들에 대한 과학학의 '응용'이라고 부를 만한 것들을 다루는 일련의 장들로 구성돼 있다. 이어질 1장

---

4) 하지만 마이클 린치, 스티븐 섀핀, 그리고 다른 시각에서 본 스티븐 워드의 연구를 보라 (Lynch, 1993; Shapin, 1995; Ward, 1996). 이 책의 본문에 엄청나게 유익한 논평을 해준 배리 반스(Barry Barnes), 에일린 크리스트(Eileen Crist), 다시 빈스(Darcy Binns)에게 기쁜 마음으로 감사를 전한다.

은 과학 지식의 독특한 특징들로 흔히 간주되는 것에 대한 평가로 시작한다. 이는 사회학자들의 눈에 과학을 암흑물질처럼 — 신비로운 어떤 것처럼 — 보이게 만드는 특징들이기도 하다.

차례

서장 4
    사회학의 '잃어버린 질량' 4
    과학학이 사회학에 갖는 중요성 9

1부 · 과학학의 중핵

1장 _ 정확히 무엇이 과학을 특별하게 만드는가? 26
    들어가며 26
    과학의 경험적 기반 28
    과학적 방법 32
    과학자들의 행실에 대한 관심 38
    과학적 가치 45
    실재론 53
    결론적 논의 58

2장 _ 신념에 틀을 부여하다: 강한 프로그램과 경험적 상대주의 프로그램 60
    들어가며: 강한 프로그램의 설정 60
    수학과 자연과학에 대한 블루어의 설명 67
    대항-설정: 경험적 상대주의 프로그램 73
    반대 논증 78
    강한 프로그램과 경험적 상대주의 프로그램의 실제 적용 81
    경험적 상대주의 프로그램, 강한 프로그램, 과학 지식의 '실재성' 88

2부 · 과학학의 학파들

3장_지식과 사회적 이해관계 94
　들어가며 94
　믿음과 이해관계의 연결 95
　사회적 이해관계와 과학 지식 100
　사회적 이해관계를 이용해 설명하기 108
　이해관계 이론의 지위 116

4장_과학에서의 행위자 연결망 118
　행위자 연결망과 역할 부여 118
　일반화된 대칭성의 실제 적용 122
　행위자 연결망 이론의 독특성 127
　두 가지 방향의 비판 131
　과학학의 새로운 지평 135
　결론적 언급 140

5장_젠더와 과학학 142
　과학학의 주제로서 젠더가 갖는 특유성 142
　남자다운 정자와 '계집애 같은' 난자 148
　인간의 진화를 이끈 것은 여성인가 남성인가? 153
　페미니스트 과학학의 설명에 대한 평가 157
　결론적 언급 163

6장 _ 민족지방법론과 과학 담론 분석 165

과학사회학에 적용된 민족지방법론 165
과학학과 망상 담화 173
과학학의 민족지방법론 연구 프로그램에 대한 평가 177
과학학의 초점으로서 과학 담론 180
과학의 두 가지 담론 181
과학 담론의 지위 186
결론적 언급 189

7장 _ 과학학에서 반성, 설명, 성찰성 191

들어가며 191
과학지식사회학에 관한 성찰적 태도 194
구성주의 과학학에서 윤리적 성찰성 202
과학학에서 반성과 설명 206
재고 조사 210

3부 · 과학학의 실천적 응용

8장 _ 대중 속의 전문가: 대중과 과학적 권위의 관계 216

들어가며: 대중과 과학의 불화 216
대중의 과학 이해에 대한 평가와 측정 219
과학에 대한 대중의 무지인가, 과학자들의 믿음에 대한 대중의 이견 표출인가? 225
대중과 과학의 관계에서 신뢰 229
'대중의 과학 이해'에 대한 과학학의 관점 235
결론적 논의 240

9장 _ 위험에 대한 이해 243

들어가며: 위험, 과학, 사회 이론 243
위험 평가: 규제 기관과 위험 246
위험 전문성: 위험의 성찰성 252
위험 지식의 유형 분류 256
결론: 위험 문화 260

10장 _ 법정에서의 과학 266

들어가며 266
신문받는 전문가들 267
도버트 재판의 배경 275
미국에서 허용 가능한 과학에 대한 법률적 해석 277
'조언자들'의 관점 280
허용 가능성에 대한 대법원의 관점과 그 결과 283
과학학과 새로운 '기준' 286
결론적 언급 292

11장 _ 권력에게 진실을 말하다: 과학과 정책 295

들어가며: 정책을 위한 과학의 문제 295
과잉 비판 모델 299
기후변화와 과잉 비판 모델: 사례연구 305
기후변화 사례의 교훈: 과학자의 정책 자문 위원 역할을 어떻게 이해할 것인가 314

12장 _ 결론: 과학학과 재현의 '위기' 318
    과학적 권위의 문화적 위기 진단 318
    과학 내에서 포스트모더니티를 찾다 322
    포스트모던 진단에 대한 평가 325
    대안적 진단 334
    결론 337

옮긴이 후기 _ 과학학의 이론적 지위와 '쓰임새'에 대한 냉철한 평가 341
참고문헌 345
찾아보기 363

일러두기

1 이 책은 Steven Yearley, *Making Sense of Science: Understanding the Social Study of Science*, SAGE Publications Ltd, 2005를 완역한 것이다.
2 책 속 출처 표기는 원서를 따라 본문 괄호 주 형태로 되어 있으며, 제목을 비롯한 상세 서지정보는 권말의 참고문헌에 실어 두었다.
3 옮긴이가 본문에 추가한 대괄호와 각주는 끝에 '—— 옮긴이'라고 표시해 두었다. 해당 표시가 없는 대괄호와 각주는 모두 원저자의 것이다.
4 단행본·정기간행물의 제목에는 겹낫표(『 』)를, 논문·기사의 제목에는 홑낫표(「 」)를 사용했다.
5 외국어 고유명사는 2002년에 국립국어원에서 펴낸 외래어표기법을 따라 표기하되, 관례가 굳어서 쓰이는 것들은 관례를 따랐다. 헝가리 인명인 '러커토시 임레', '루카치 죄르지'는 영어 식으로 '임레 러커토시', '죄르지 루카치'로 표기했다.

1부
과학학의 중핵

1장_정확히 무엇이 과학을 특별하게 만드는가?

들어가며

서장에서 보았듯이, 과학이 특별하다는 점을 부인하기란 쉽지 않다. 과학은 오늘날의 산업화된 세계에서 모범 사례이자 지식의 척도이다. 한때 종교가 확실한 지식의 기준을 세웠고, 그 후에는 논리학이 인간 이해의 정점으로 떠받들어졌던 서구에서, 지금은 과학이 최고의 지위를 점하게 되었다. 과학은 세계가 어떻게 작동하는지를 우리에게 말해 준다. 여기에 더해 과학은 그 정확성과 수학적 형태를 통해 세계의 작용에 대한 빈틈 없는 이해를 제공해 준다. 그리고 과학은 정력적으로 성장하기 때문에 우리에게 제공해 주는 것은 시간이 갈수록 점점 더 많아진다. 이는 모두 과학을 매우 좋게 생각하는 합당한 근거가 된다. 그러나 과거 숭배의 대상이 되었던 다른 모범적 형태의 지식과 비교해 보면, 과학의 특별한 성격을 뒷받침하는 근거에 대한 의문은 여전히 남는다.

　　기독교의 신이나 다른 종교의 신들은 위대한 존재로 간주되기 때문에 왜 신성에 관한 지식이 특별하고 특권적인지를 이해하기란 어렵지 않다. 여러 사회들은 종교적 통찰과 연관된 제도와 기획에 엄청난 자원을 쏟아부었다. 만약 신이나 신이 지명한 대변인이 어떤 것은 사실이라고 말하면, 그것이 정말 사실이라고 간주해도 대체로 안전한 것처럼 보였다. 신은 신이기 때문에 오류를 범할 수 없을 것이었다. 물론 실제에 있어 이것이 사람들이 생각하는 것처럼 항상 간단하게 작동한 것은 아니었다. 예를 들어 심지어 기독교 전통에서도 종교적 지식의 지위를 두고 논란이 자주 벌어졌다. 진리는 신이 계시하는 것이라는 관념이 있었던 반면, 진정한 신자는 신의 개입을 보여 주는 직접적 증거에서 얻은 확실성보다 신앙을 우선시해야 한다는 생각도 나란히 존재했다. 다른 기독교 사상가들은 이 논증을 뒤집어 세상의 경이가 곧 신의 존재에 대한 증거라고 주장했다. 심지어 어떤 사상가들은 오직 추론만 가지고도 신의 존재라는 관념에 도달할 수 있다는 주장을 펼치려 애썼다. 그러나 핵심적인 신념은 우리가 신에 대해, 신의 관점에 대해, 또 죄악과 구원에 대해 확실한 지식을 가질 수 있다는 것이었다. 지식의 특별함은 바로 그것의 확실성에, 의심의 여지가 없는 그것의 성질 속에 존재했다. 논리학은 신의 초월적 성질을 공유하는 듯 보인다. 아리스토텔레스에게 논리적이었던 것은 지금 우리에게도 논리적이다. 논리학은 시간이 흐르면서 좀 더 세련되어질 수는 있지만, 과거에 논리적이었던 것이 하루아침에 비논리적인 것으로 변하는 일은 없다. 논리학이 제공하는 지식은 그것이 지닌 일관성과 확실성 때문에 모범 사례가 된다. 반면에 과학 지식은 종종 변화 가능하고 오류를 내포하고 있다. 심지어 한 세대를 풍미한 최고의 과학적 아이디어도 뒤집힐 수 있고, 대다수의 과학자들은 과학이 그토록 급격하게 변할 수 있다는 사실 자체가 과학에서 가장 흥분되는 점들 중 하나라는 데 동의를 표하고 있다. 그처럼 변덕스러운 뭔가를 숭배하는 것은 일견 이상하게 보인다.

　과학 지식이 매우 변화 가능성이 높다는 점을 감안하면, 과학 지식의 옳음이 그것을 특별하게 만들어 주는 것일 수는 없다(이는 이상화된 종교와 논리학의 경우와 다른 점이다). 이 때문에 사람들은 과학의 비범함에 대한 이유를 찾아내려 할 때 그것의 특별한 성격이 정확히 어떻게 나타나는가에 관해 네 가지 종류의 아이디어를 제시해 왔다. 이러한 네 가지 접근법 각각에는 중요하면서도 매혹적인 내부 견해차가 존재한다. 그러면 과학에 특유한 점이 정확히 무엇인지 지적하려는 시도들을 평가하기 전에 먼저 이들 각각을 차례로 살펴보도록 하자. 이 책의 후반부에서는 과학의 특별한 성격에 대한 이러한 근본적 접근법들이 철학적·사회학적 담론을 훌쩍 넘어 예컨대 법정의 세계나 정치 논쟁의 세계에도 널리 퍼져 있음을 보일 것이므로, 지금 여기 투자하는 시간이 헛수고가 되지는 않을 것이다.

과학의 경험적 기반

과학의 특별한 성질에 대한 경험주의적 설명은 과학 지식이 특별한 이유가 체계적인 관찰과 측정에 의존하기 때문이라고 주장한다. 이런 주장은 과학철학자들 사이에서는 더 이상 그다지 인기가 없지만, 여전히 '일상적인' 호소력을 갖고 있다. 물론 경험적 증거는 과학에서 매우 중요하다. 그러나 이 점은 미술품 감정, 트레인스포팅,[1] 경주마에 돈 걸기에서도 마찬

---

[1] 특정한 기차역에서 운행하는 열차의 번호나 이름 등의 정보를 수집하는 철도 애호가들의 취미 활동의 일종. ─ 옮긴이

가지이다. 중요한 문제는 과학의 경험적 기반에 과학을 다른 종류의 활동과 구분 짓는 뭔가가 존재하는가 하는 것이다. 이에 대해 그렇지 않다고 생각할 만한 여러 가지 이유가 있다. 그 이유는 부분적으로 과학에서의 관찰이 그냥 대상을 똑똑히 보는 문제가 아니기 때문이다. 비록 과학적 입증은 종종 청중들이 과학의 진리를 그냥 '볼' 수 있도록 마련되긴 하지만 말이다. 사람들이 시골에서 산책을 할 때면 많은 것을 보지만, 그 지방의 지질을 '보거나' 파쇄된 암석 무더기에서 마지막 빙하기의 증거를 관찰하거나 지층에서 단층과 불연속을 발견하기 위해서는 훈련을 받아야만 한다. 과학적 관찰은 단순히 이미지를 눈으로 받아들이는 것이 아니라 해석을 요구하는 것이다. 여기에 더해 오늘날의 과학은 어떤 상식적인 방식으로 '보는' 것이 아니라 기계에 의한 검출에 압도적으로 의존하고 있다는 인식은 경험주의자들의 입지를 더욱 악화시킨다. 원시 생명의 증거는 전자현미경을 이용해 발견되고 있으며, 멸종이 일어난 연대는 동위원소 연대 측정 기법을 써서 찾아낸다. 아원자 입자들은 안개상자(cloud chamber)에 나타난 흔적을 이용해 관찰한다. 이들 각각은 어떤 의미에서 관찰이라고 할 수 있지만, 각각의 사례들에서 눈으로 보는 것은 기법과 장치의 일부로 포함되어 당연하게 간주되고 있는 이론적 개념에 의존하고 있다.

 이런 점들은 과학이 관찰에 의존하기 때문에 특별하다는 관념의 옹호자들에게 심각한 문제를 안겨 주는 것처럼 보인다. 과학 지식이 성장하는 과정을 살펴보면 더 골치 아픈 문제가 제기된다. 많은 사례들에서 관찰은 다른 관찰이나 이론적 관념과 잘 들어맞지 않는다. 예를 들어 19세기 말에 대다수의 지질학자들과 많은 생물학자들은 지구의 나이가 매우 오래되었고 최소 수억 년 이상 되었을 가능성이 높다고 믿었다. 그들은 경험 증거에 기반해 이러한 나이 수치를 얻기 위한 다양한 방법들을 고안했는데, 가령 매년 바다에 얼마나 많은 소금이 더해지는지를 알아내어 바닷물이 지금만큼 짜게 되려면 얼마나 오랫동안 침식된 소금을 받아들여야 하는지를 계산하기도 했다(이러한 노력들에 대해서는 Burchfield, 1990을 보라). 같은 시기에 물리학자들은 태양의 나이가 그렇게 오래되었을 수는 없다고 확신했다. 만약 그렇다면 지금쯤은 태양이 차가워졌어야 하기 때문이었다. 관찰은 널리 받아들여진 이론적 믿음으로부터 추론된 결과와 충돌했지만, 그 이론을 전복시키지는 않았다. 지질학자들의 간접적인 '관찰'에는 항상 불확실성이 충분히 존재했기 때문에 많은 물리학자들은 이를 무시할 수 있었다. 다른 사례들에서도 비슷한 발견을 끌어낼 수 있다. 최근에 물리학자들은 태양에서 오는 복사에 관심을 가져 왔다. 태양에서 일어나고 있는 반응에 대해 뭔가를 말해 줄지도 모른다는 생각에서였다. 태양 복사의 주된 요소는 거의 질량이 없고 전하를 띠지 않은 묘한 입자인 태양 중성미자로 이뤄져 있다.[2] 중성미자의 흐름을 측정하려 노력한 과학자들은 중성미자의 수가 이론에서 예측한 계산치보다 훨씬 더 적다는 사실을 발견했다. 관찰의 중요성을 강조하는 사람이라면 과학자 공동체가 이 측정을 보고 엄청난 충격을 받았을 거라고 예상할 것이다. 그러나 실제로는 그렇지 않았다(Pinch, 1980: 92). 그 이유는 부분적으로 계산치가 견실한 근거를 가지고 있는 것으로 믿어졌기 때문이었지

---

[2] 서장에서 언급한 윔프의 탐색에 대한 논의와 관련해서 지적해 둘 점은, 일부 과학자들이 중성미자 그 자체를 암흑물질의 일부로 간주하고 있다는 사실이다. 그러나 중성미자가 잃어버린 질량의 상당 부분을 설명하려면 일반적으로 생각되고 있는 것보다 더 많은 질량을 가져야만 한다. 서로 다른 종류의 중성미자들이 존재해서 그중 일부는 윔프의 성격을 갖고 있고 다른 일부는 그렇지 않을 가능성도 있다.

만, 아울러 측정의 실제 수행이 기술적으로 너무나 어려웠기 때문이기도 했다. 거의 질량이 없는 물체를 검출하기는 매우 어렵다. 이러한 중성미자를 관찰하려는 시도를 위해서는 복잡하고 많은 비용이 드는 실험을 고안해야 하며, 중성미자의 도착과 검출기에서 최종적으로 찍혀 나오는 데이터를 연결시키기 위해 기나긴 일련의 추론이 요구된다. 관찰이 지닌 힘은 이러한 추론의 단계들 각각이 얼마나 튼튼한가에 달려 있으며, 이러한 추론들의 튼튼함을 보여 주는 견고한 증거를 달리 찾을 수는 없다. 더욱 골치 아픈 문제는 실험 장치가 너무나 복잡하고 값비싼 것이라 손쉬운 확인이나 재연이 불가능하다는 것이다.

관찰에 의존할 때의 네 번째 난점은 철학자들이 즐겨 지적하는 점이다. 관찰은 단일한 사건을 대상으로 한다. 별의 진화 과정에 관심이 있는 천문학자는 오직 특정한 관찰에 근거해 자신의 주장을 펼쳐야 한다. 어떤 천문학자도 모든 별들을 관찰할 수는 없다. 그러기에는 시간이 충분치 않기 때문이다. 그리고 과거에 관찰되었던 별들 중 일부는 오늘날 관찰이 불가능하기도 하다. 우리는 그 별들이 이미 사라졌을 것으로 믿고 있다. 마찬가지로 항성천문학자는 미래의 별들은 관찰할 수 없다. 이러한 이유 때문에 일반적 진술들이 오로지 관찰에만 의존할 수는 없음을 감안하면, 심지어 일반적인 관찰 진술에 있어서도 부인할 수 없는 이론적 요소가 있음을 알 수 있다. 관찰 근거는 이것이 과학 지식의 특별한 성질을 가리키는 핵심이라는 열성적 경험주의자의 주장을 정당화하기에는 미흡한 듯 보인다. 과학 지식은 **분명** 관찰에 근거를 두고 있지만 관찰만 가지고는 완전히 정당화할 수가 없다. 결국 과학을 다른 문화적 믿음들 — 역시 관찰 근거에 입각하고 있음을 뽐내는 — 로부터 결정적으로 분리하는 것은 불가능해 보인다.

과학적 방법

과학의 특별한 성격을 계속 유지하고 싶었지만 관찰에 근거한 변호의 결함을 알고 있던 철학자들은 과학의 다른 측면들에서 구원을 찾았다. 그 중 가장 유명한 것은 칼 포퍼(Karl Popper)의 시도였다. 포퍼는 앞서 마지막으로 언급한 난점을 거꾸로 뒤집어 그것을 과학이 갖는 특징적 힘으로 만들고자 했다. 그는 일반화를 위해 아무리 많은 양의 긍정적 증거를 제시해도 엄청난 수의 잠재적인 부정적 관찰 앞에서는 별로 도움이 못 된다고 보았다. 예를 들어 어떤 사람이 특정한 크기를 가진 별들의 붕괴에 관해 관찰한 사실은 새로운 관찰들에 의해 반복해서 확인될 수 있지만, 이는 앞으로 나타날 가능성이 있는 엄청난 수의 부정 사례들과 견주어 보면 아무런 중요성도 갖지 못한다. 그러나 논리적인 관점에서 일반화가 타당하지 않음을 보이는 것은 단 하나의 부정 사례만 찾아내도 충분하다. (포퍼의 유명한 사례에서) 검은 백조를 단 한 마리만 찾아내면 '모든 백조는 희다'라는 명제가 거짓임을 보일 수 있는 것이다. 이에 따라 포퍼는 자신의 강조점을 확인 증거를 찾는 것에서 반증을 찾는 것으로 전환시켰다. 관찰만 가지고 일반화가 옳음을 증명하는 것은 불가능하다 하더라도, 그러한 일반화를 결정적으로 반증하는 것은 가능하다고 그는 주장했다. 따라서 과학에 특유한 성격은 관찰이 아니라(비록 관찰이 꼭 있어야 하긴 하지만) 반증주의에 대한 몰입이라고 포퍼는 단언했다.

    이러한 분석적 조치는 여러 가지 면에서 포퍼에게 이점을 안겨 주었다. 우선 이는 과학을 다양한 종류의 사기꾼들과 구분할 수 있게 해주었다. 진정한 과학 사상가는 반증에 열려 있는 가설과 이론을 세운다. 운이 좋다면 이러한 가설과 이론은 반증을 피할 수 있을 테지만, 실제에 있어 이를 반증할 수 있는 종류의 검증에 반드시 열려 있어야 한다. 포퍼의 관점에서 볼 때 엉터리 이론인 프로이트주의 정신분석 이론이나 맑스주의 등은 반증을 피해 갈 수 있는 알리바이나 변명거리를 내세운다. 따라서 반증주의는 정당한 과학 이론을 사이비 과학 이론과 구분하는 기준을 제공해 준다. 두 번째 미덕은 포퍼의 접근법이 관찰의 핵심적 지위를 보존하고 있다는 것이다. 과학 지식은 관찰에 기반을 두고 있지만 단순한 관찰 지식의 축적은 아니다. 마지막으로 포퍼는 자신의 과학 이해가 과학을 잘하기 위한 방법론적 지침을 제공해 준다고 주장했다. 과학자는 대담한 추측을 제기해야 하며 뒤이어 인정사정없는 반증자가 되어야 한다.

포퍼의 논증에는 강한 직관적 호소력이 존재하며, 그가 내세운 근본 주장은 과학자들이 종종 동원하는 밑천이기도 하다(Mulkay and Gilbert, 1981을 보라. 아울러 과학과 법률을 다룬 10장에서의 논의도 보라). 그러나 포퍼에게는 안된 일이지만, 논평자들은 그의 접근법에서 수많은 문제점들을 지적해 낼 수 있었다. 우선 반증의 논리는 그가 애초에 다른 사람들에게 설파했던 것만큼 그렇게 명료한 것이 못 된다. 예를 들어 중성미자의 사례로 다시 돌아가 보자. 예측된 중성미자의 강도와 측정된 양 사이의 불일치는 이론의 반증에 해당하는 것처럼 보인다. 그러나 (극도로 어려운) 실험이 제대로 수행되지 못해서 이런 결과가 나왔을 가능성도 얼마든지 있다. 따라서 이는 부정의 결과를 담은 '증거'가 진짜 증거인지 아니면 실험적 오류의 결과인지를 결정하는 판단을 필요로 한다. 실험이 무능하게 수행되었을 수도 있고, 실험 그 자체에 내포된 추론의 단계들이 반증된 가정에 의존하고 있을 수도 있다. 오리 같은 주둥이를 가지고 있으면서 알을 낳는 포유류인 오리너구리의 존재를 알리는 초기 보고가 오스트레일리아에서 들어왔을 때, 유럽에 기반을 둔 과학자들은 압도적으로 이를 무시하는 태도를 취했다. 기존의 동물 분류 체계에 대한 이처럼 명백한 도전이 옳을 수도 있었지만, 그보다는 지역의 관찰자들이 무능할 가능성이 훨씬 높다고 가정되었기 때문이다(Dugan, 1987). 그러나 설사 관찰이나 그것이 입각하고 있는 가정들에 어떤 실질적 의심도 제기되지 않은 경우에도 과학자들은 흔히 변칙적 발견들을 기꺼이 용인한다. 때때로 그들은 사후적 설명을 가지고 변칙적 발견을 설명해 버린다. 다시 말해 변칙적 관찰을 수용할 수 있는 방식으로 이론을 수정한다는 것이다. 때로는 과학자 공동체가 그런 반대를 당분간 접어 두기로 결정을 내리는 것처럼 보이기도 한다. 과학철학자보다는 과학사가에 가까웠던 토마스 쿤은 이처럼 예외를 용인하는 일이 얼마나 자주 일어나는지에 주목했다. 그가 보기에 이는 과학적 사고가 발전하는 방식을 특징짓는 성격이었다(Kuhn, 1970: 18). 그는 기존의 과학적 정통에 도전하는 이들이 변칙 사례의 전체 목록을 문제 삼을 때까지 변칙 사례들은 계속 쌓여 간다고 생각했다.

포퍼는 현실의 과학자들이 자신의 원칙들을 따르지 않는 것에 대해 때로는 좀 더 '용인해 주는' 태도를 취했다(다분히 용인해 주는 태도를 담은 설명은 Popper, 1972a: 33~59를 보라). 그러나 과학자들이 변칙적 발견을 설명하기 위해 사후적 설명을 활용하거나 그냥 변칙적 발견을 용인해 버리는 일이 그토록 흔하다면 이는 포퍼주의자들이 인정하려 드는 이상으로 과학을 점성술에 가까이 붙여 놓게 될 것이며 과학과 비과학을 구분하는 반증의 측면이 지닌 가치를 다분히 침식하게 될 것이다. 그뿐 아니라 포퍼가 마지못해 시인했듯이 다윈의 이론은 진화적 이득이라는 관념을 규정하기가 너무나 어렵다는 바로 그 이유 때문에 그의 반증 원칙을 위배한 것처럼 보인다. 다윈주의 현장 연구들은 일견 불가해하게 보이는 동물이나 식물의 구조적 특징이 모종의 진화적 이점을 갖고 있는 것이 분명하다고 가정하는 경향을 띤다. 그러한 이점이 무엇인지 알아내는 데 종종 오랜 시간이 걸릴 뿐이라는 것이다. 그러나 가능한 이점을 알아낸 경우에도 비용과 이득을 견주어 보기란 쉽지 않다. 공작의 화려한 꼬리는 더 많은 배우자를 유혹하는 데는 이득일지 모르지만, 꼬리를 달고 다녀야 하는 문제 때문에 공작이 포식자에게 잡아먹힐 위험은 더욱 커진다. 다원주의자들은 흔히 이득이 비용을 능가하는 것이 틀림없다고 가정한다. 그렇지 않았다면 꼬리가 지금까지 남아 있었을 리가 없다는 것이다. 그러나 현장 생물학에서 한 세기 이상 통용되었고 과학자 공동체에도 받아들여지는 것처럼 보이는 이런 식의 추론은 다분히 순환 논리로 빠질 위험이 있고 따라서 (엄격한 의미에서) 반증 불가능하다. 식물이나 동물의 어떤 구조적 특징을 다윈 이론에 대한 잠재적 반증 증거로 간주하는 대신, 모든 변칙 사례는 진화적 패러다임에 꿰맞출 수 있을 때까지 옆으로 제쳐 놓게 된다.

포퍼의 접근법에 제기된 이 모든 문제들에 대해 포퍼의 지지자들은 그의 이론을 거부하지 않으면서 (다분히 비반증주의적인 방식으로) 이를 수정하려 애썼다. 가장 영리한 수정을 해낸 사람은 임레 러커토시이다(Lakatos, 1978: 8~93을 보라). 러커토시는 과학자들이 경쟁하는 단일 이론들 사이에서가 아니라 이론 그룹들 사이에서 선택하는 방식에 과학의 특유성이 드러난다고 제안했다. 그는 이러한 이론 그룹들을 연구 프로그램(research programme)이라고 이름 붙였다. 이에 따라 그는 포퍼의 원래 틀에 두 가지 핵심적인 수정을 가했다. 먼저 그는 어떤 이론이 반증되었다는 이유로 이를 포기하는 것은 합당하지 않다고 주장했다. 대신 과학자들은 새로운 연구 프로그램이 이전의 연구 프로그램보다 우월함이 드러날 때만 새로운 연구 프로그램을 받아들인다는 것이었다. 다시 말해 과학자들은 반대 증거에 비추어 자신의 이론을 내던져 버리지 않으며, 기존의 이론적 조망을 그보다 더 우월한 이론적 조망과 교환할 뿐이다. 둘째로 그는 연구 프로그램들이 변칙적 발견에 대해 사후적 설명을 만들어 내는 것은 불가피함을 받아들였다. 러커토시는 연구 프로그램에 대한 자신의 관점을 공간적인 은유로 설명했다. 연구 프로그램은 중심이 되는 이론적 신념의 중핵(core)이 상대적으로 버려도 되는 주장들의 보호대(protective belt)로 둘러싸여 있는 모습을 갖는다. 러커토시의 용어로 표현하면, 과학자들이 중핵을 반증으로부터 구해내기 위해 보호대에 수정을 가하는 것은 합리적인 일이다. 그러나 결국에 가서 과학의 진전은 여전히 진보적이고 논리에 입각한 것인데, 그 이유는 연구 프로그램들 사이의 선택을 관장하는 방법론이 있기 때문이다. 어떤 연구 프로그램이 새로운 증거에 대해 계속해서 보호대에 수정을 가하는 방식으로 대응해야 하는 경우 이는 퇴행적인 연구 프로그램이라 할 수 있다. 반대로 진보적인 연구 프로그램은 이론에서 끌어낸 예측이 증거에 의해 반증되지 않고 놀라운 예측이 입증되는 그런 연구 프로그램을 말한다. 러커토시 자신은 자신의 접근법을 세련된 반증주의라고 칭했는데, 어떤 점에서 상대적으로 세련되었는지는 손쉽게 알 수 있다.[3]

그러나 그의 접근법에는 두 가지 문제가 남아 있다. 첫째, 명백한 반증과 수많은 변칙 사례가 존재하는 상황에서도 이론을 유지하는 것이 합당함을 인정함으로써 러커토시는 분명한 방법론적 지침을 스스로에게서

---

[3] 포퍼가 때때로 반증주의자로서 덜 소박한 모습을 보여 주긴 했지만, 이 정도로 세련된 논의를 전개한 적은 없었다.

앉아가 버렸다. 생각해 보면 이론이나 연구 프로그램의 합당함이 소진되어 퇴행적인 프로그램에서 진보적인 프로그램으로 갈아타는 것이 합리적인 어떤 지점이 있어야 할 것 같다. 그러나 러커토시의 이론은 그런 순간을 분명하게 지목할 수 없다. 포퍼의 소박한 접근법은 적어도 맺고 끊는 지점이 명확하다는 이점은 갖고 있었다. 어떤 이론이 반증된 이후에도 그 이론에 집착하는 것은 불합리한 행동이었다. 러커토시는 그런 주장을 할 수 없게 되었다. 둘째, 러커토시는 자신의 이론이 관련된 경험 자료와 얼마나 부합하는지를 설명하는 데 애를 먹었다. 때때로 그는 과학의 방법론에서 최선의 이론이 과학사 책에 실린 대부분의 내용을 합리적인 것으로 만드는 이론이라고 말하려는 것처럼 보인다(Lakatos, 1978: 121~138). 그가 합리주의자로서 이런 선택지를 선호했다는 점은 이해할 수 있지만, 실제 역사와 가장 잘 부합하는 형태의 '과학적 방법'이 반드시 최선의 과학적 방법인지는 결코 분명치 않다.

여러 저자들이 러커토시의 뒤를 이었지만 ── 그의 직계 제자인 엘리 자하르뿐 아니라 래리 라우든이나 좀 더 최근에는 필립 키처 등이 여기 포함된다(Zahar, 1973; Laudan, 1977; Kitcher, 1993)── 그들은 과학자들의 합리적인 행동에 대한 자신들의 설명이 과학자들의 실제 행동과 부합하는지 보이는 데 어려움을 겪었다. 그들은 또한 하나의 이론에서 다른 이론으로 갈아타는 것이 합리적인 행동이 되는 지점을 찾아내는 데 애를 먹었다. 대체로 볼 때 하나의 이론이나 연구 프로그램에서 다른 이론으로 갈아타는 이유가 좀 더 정교하고 상세할수록(러커토시의 의미에서 좀 더 세련될수록) 개별 과학자들이 나름대로 판단을 내려 무엇이 '합리적'인 경로인지에 대해 서로 의견을 달리할 여지를 제거하기는 더욱 어려워진다. 이러한 철학자들은 과학 이론의 구성 요소들(중핵과 보호대의 개념)

에 효과적으로 주의를 환기시켰고, 과학을 비과학과 구분하려는 그들의 철저한 시도는 이처럼 일견 협소해 보이는 전문적 논쟁을 넘어선 중요성을 갖는 것으로 밝혀졌다(10장에서 이를 살펴볼 것이다). 그러나 그들은 자신들이 해내려 했던 과업, 즉 무엇이 과학을 특별하게 만드는가를 상세하게 지목하는 일을 성취하지는 못했다.

과학자들의 행실에 대한 관심

만약 과학의 특별함이나 예외적 성질이 그것의 방법에 있지 않다면, 과학자 공동체 내부의 행실을 관장하는 사회적 규범에 있을지도 모른다. 이러한 생각은 과학사회학에서 가장 초기에 이뤄진 체계적인 분석과 연관되어 있는데, 특히 1940년대에 이러한 시각을 처음으로 정교화한 로버트 머튼의 작업과 밀접한 연관을 지닌다. 그는 과학자 공동체에서 일반적으로 수용된 규범들이 있다고 주장했다. 이러한 규범들은 "방법론적인 정당화 근거를 지니고 있으면서 구속력도 갖는데, 그 이유는 그것이 절차적으로 효율적이기도 하지만 더 나아가 옳고 훌륭한 것으로 믿어지기 때문이다. 그러한 규범들은 기술적이면서 동시에 도덕적인 처방이다" (Merton, 1973: 270). 그러한 규범들은 두 가지 층위에서 중요성을 갖는다. 한편으로는 공동체 내에서 실제로 힘을 갖는 규범 환경을 묘사해 주며, 다른 한편으로는 그것들이 함께 작용해 과학자 공동체가 견실한 과학 지식을 효과적으로 생산할 수 있게 만들어 준다는 점에서 그렇다. 잘 알려진 바와 같이 머튼은 그러한 규범의 네 가지 주요 후보들을 제시했다.

보편주의(universalism): 아이디어들은 그것의 원천과 무관하게 비인격적 기준에 따라 평가되어야 한다는 믿음. 이 규범은 가령 젠더, 인종적 배경, 국적 등에 대한 고려가 과학에 대한 기여를 평가하는 데 중요하게 다뤄져서는 안 됨을 말해 준다.

공유주의(communalism): 지식은 공동의 유산으로 간주되고 과학자 공동체 내에서 공유되어야 한다는 원칙. 그래서 과학자들은 일류 학술지에 논문을 실을 때 대가를 받지 않으며, 오히려 종종 게재료를 내기까지 한다.

불편부당성(disinterestedness): 과학자들이 미심쩍은 수단을 통해 과학계 내에서 개인적으로 출세하려 해서는 안 되며 과학이라는 방편을 통해 기득권을 추구해서도 안 된다는 생각. 그들은 "부정한 수단으로 경쟁자를 앞지르는"(Merton, 1973: 276) 것을 피해야 하며, 동료가 답례로 자신을 도와줄 거라는 희망을 품고 동료의 이론을 밀어 줘서도 안 된다.

조직된 회의주의(organized scepticism): 과학자들은 경솔하게 남의 말을 믿거나 결론으로 비약해서는 안 되며 신중한 방식으로 증거의 경중을 따져 봐야 한다는 생각.

이러한 규범들에서 흥미로우면서도 영리한 점은 그것이 과학자의 전문직업적 행실을 관장할 뿐, 그들이 하는 행동의 '과학적' 측면이나 실험의 프로토콜, 그들이 실험실이나 야외에서 내리는 선택 등에 대해 어떻게 생각하는지는 거의 아무것도 상세하게 말해 주지 않는다는 것이다. 그럼에도 불구하고 이러한 규범들은 과학적 아이디어의 성장에 함의를 갖는다. 예를 들어 보편주의 규범은 과학자들이 과학 학술지에 투고된 논문들에 대해 그것의 저자가 여성이건 남성이건, 동성애 과학자건 이성애 과학자건, 동아시아·아프리카·서구 그 어느 곳에 기반을 둔 과학자건 간에 모두 진지하게 받아들여야 하며, 그렇게 해야 한다고 대체로 느낄 것임을 말해 준다. 이 사례를 보면 머튼이 목표한 바가 무엇인지를 쉽게 알 수 있다. 가령 변화하는 강수량이나 해수 온도 측정치 ― 아마도 기후변화의 결과로 빚어졌을 ― 를 다룬 남미의 연구 보고는 영국이나 프랑스에서 온 연구 보고만큼 중요할 수 있는 것이다. 결국 규범들은 과학자들이 어떻게 처신하는지를 그려 내면서 그러한 행실이 어떻게 집합적으로 지식의 성장으로 귀결되는지를 설명해 준다.

머튼과 그 동료들은 이러한 사고 방향을 제안하고 정교화하면서 이를 뒷받침하는 다양한 형태의 근거들을 제시할 수 있었다. 우선 이런 제안은 얼른 보아 말이 되는 것처럼 보이며 과학자들이 실제로 보통 어떻게 행동하는지를 설명해 주는 것 같다. 공유주의에 따라 아이디어를 공유하는 것은 필연적으로 과학에 이득이 되는 것처럼 보인다. 과학자들이 흔히 자신들의 아이디어를 자유롭게, 대가 없이 발표한다는 사실은 과학의 전문직 윤리에 뭔가 특유한 것이 있음을 말해 주는 듯하다. 둘째로 머튼주의 과학사회학자들은 좀 더 폭넓은 사회적 흐름이 이러한 규범들을 짓밟아 과학이 망가지는 결과를 초래한 사례들을 지적할 수 있었다. 나치 독일에서 상당히 심했고 스탈린 치하의 소련에서도 어느 정도 그랬지만, 이런 곳들에서 과학의 아이디어는 보편주의적인 방식으로 취급되지 않았다. 전자에서는 유대인 과학자들의 아이디어가 조롱거리가 되었고 후자에서는 자본주의·제국주의 국가들에서 나온 핵심 아이디어가 거부되었다. 머튼주의자들은 두 국가 모두에서 과학기술 발전의 속도가 느려졌으며, 이는 과학의 진보를 촉진하는 규범들의 유용성을 분명히 보여 준다고 주장했다. 마지막으로 과학사를 보면 규범적으로 처방된 행동 패턴들을 준수하지 않은 괴짜 과학자들이 비판에 직면한 사례들을 찾아볼 수 있다. 아마도 가장 유명한 사례는 18세기 영국의 비국교도 화학자인 조지프 프리스틀리(Joseph Priestley)가 자신의 획기적인 결과들을 발표하는 것을 소홀히 한 일일 것이다. 머튼주의자들은 다른 과학자들이 이처럼 부적절한 행실에 대해 분개하는 태도를 보였다는 증거를 제시했다. 다른 과학자들의 반응은 공유주의가 규범적 신념으로 경험되고 있다는 머튼의 주장을 뒷받침하는 것처럼 보였다. 요컨대 우리는 규범들이 어떻게 과학의 성장을 촉진하는지 알 수 있고, 과학자들은 심지어 자신들에게 다소의 희생이 요구되는 상황에서도 일반적으로 규범을 따르는 행동을 한다는 사실을 알 수 있으며(예를 들어 게재료를 내야 하는데도 학술지에 공개적으로 결과를 발표하는 등), 상반되는 가치들의 강요에 의해 야기된 규범으로부터의 일탈('유대인 과학'에 대한 인종주의적 거부 같은)이 어떻게 과학의 성장을 지연시키는지 알 수 있고, 과학자 공동체의 구성원들이 이러한 규범적 규약을 위반한 데 대해 도덕적 공분 같은 것을 표출한다는 증거를 찾을 수 있다. 결국 규범들은 과학자들이 어떻게 처신하며 서로를 어떻게 평가하는지를 관장하는 것처럼 보인다. 과학자 공동체 내에서 과학자들은 규범을 준수하면 보상을 받고 이를 어기면 처벌을 받는다. 이러한 사회적 구조는 스스로를 재생산하고 과학의 발전을 가속시킨다.

그러나 이러한 관점이 시사하는 것처럼 일이 간단하게 풀려 나갔던 것은 아니다. 먼저 머튼주의의 인식틀 내에서 연구를 해온 사회학자들은 당혹스러운 연구 결과를 얻어 냈다. 이언 미트로프는 미국의 우주 프로그램에서 나온 데이터를 활용해 달의 기원과 성질에 관한 연구를 하는 과학자들을 대상으로 연구를 수행했다. 그는 과학자 공동체 구성원들에 대해 광범한 인터뷰를 수행했고 그들의 발언 속에서 규범적 지향의 증거를 찾았다(Mitroff, 1974: 27~46). 그는 머튼 규범을 뒷받침하는 진술들을 발견했다. 그러나 그는 상반되는 행동을 뒷받침하는 증거들도 찾아내었는데, 응답자들은 당혹스러울 정도로 비슷한 용어를 써서 이처럼 상반되는 행동들을 정당화하는 듯 보였다. 예를 들어 과학자들은 잠재적으로 이용 가능한 엄청난 양의 정보를 감안하면 주의를 기울일 정보원의 수를 제한할 수밖에 없다고 지적했다. 어딘지도 모르는 곳에서 나온 듯 보이는 사람들보다는 잘 알려진 연구 그룹에 속한 사람들로부터 나온 연구에 더 많은 주의를 기울이는 것이 합리적인 행동일 수 있었다. 보편주의적으로 행동하는 대신 그 정반대인 특수주의적으로 행동하는 것에도 좋은 기능적 이유들이 있었던 것이다. 마찬가지로 새로운 아이디어가 사람들의 눈에 띄도록 만들기 위해서는 자신이 내놓은 혁신적 제안을 옹호해야만 했다. 이해관계에서 벗어난 태도를 취하지 않는 것에도 좋은 이유가 있었다. 자신이 내놓은 혁신적 제안에 기회를 주기 위해서는 반대 목소리를 넘어 이를 선전할 필요가 있기 때문이다. 이런 식으로 미트로프는 과학자 공동체가 적절한 것으로 여기는 행동에 대해 상응하는 일련의 대항 규범(counter-norm)들이 존재한다는 증거를 찾을 수 있었다고 주장했다. 아울러 그는 이러한 대항 규범들에 대한 기능적 정당화를 이끌어 낼 수도 있었다. 데이터의 공유와 공유주의의 원칙은 모두 대단히 좋은 일이지만, 때로는 비밀주의를 지켜야 하는 이유도 있다. 과학자들은 자신의 아이디어를 과학 학술지에 발표해 다른 사람들이 시간을 허비하게 만들기 전에 그것이 제법 확고한 모습을 갖추도록 좀 더 발전시키기를 원한다. 마찬가지로 과학자들이 학술지에 실린 모든 논문들을 진지하게 받아들여 발표된 모든 아이디어가 지닌 함의를 점검해 보려 한다면, 그들은 이내 시간 부족에 직면할 것이고 과학의 진보는 중단되고 말 것이다.

미트로프는 서로 상반되는 두 가지 규범 집합이 동시에 작동한다고 주장하는 듯 보인다. 보편주의와 특수주의를 **모두** 지향하는 규범적 추동력이 작용하는 것이다. 그는 어떻게 이런 상황이 유지될 수 있는지를 자세히 설명하지는 않았다. 얼른 보면 규범들과 대항 규범들을 모두 갖고 있는 것은 규범에 따른 통제가 거의 이뤄질 수 없음을 암시하는 듯하다. 어떤 방향으로 행동을 해도 한쪽이나 다른 쪽 규범 집합에 의해 어느 정도 정당화가 가능하기 때문이다(Mulkay, 1980). 그러나 상황이 그 정도로 심각하지는 않다. 왜냐하면 가정되고 있는 규범 집합 양쪽 모두가 과학자들의 행실의 특정 차원에 초점을 맞추기 때문이다. 이러한 규범들은 과학자 공동체 내에 보편성과 자신의 지적 산물에 대한 통제권이라는 문제에 특히 민감한 태도가 존재함을 시사하는 것으로 읽을 수 있다.

    미트로프의 발견에 대해 이처럼 좀 더 완화된 해석은 뒤이은 마이클 멀케이의 주장에 비춰 보면 매력적으로 보인다. 그는 머튼이 제안한 규범들이 과학 활동 속에서 강화되거나 보상을 받는 모습이 별로 나타나지 않고 있다고 주장했다. 멀케이는 과학자들의 행동의 어떤 부분, 예컨대 논문에서 참고문헌을 표시하는 규칙 같은 것은 면밀하게 단속되고 있음을 지적했다(Mulkay, 1976: 641~643). 이러한 활동들에 비해 머튼 규범이라고 하는 것을 준수하는지는 거의 단속이 이뤄지고 있지 않다. 이름난 직위나 연구비 지원의 측면에서 주어지는 보상은 훌륭한 연구로 잘 알려져 있고 널리 인용되는 논문을 많이 가진 이들에게 돌아간다. 중요한 것은 이러한 명확한 속성들이지, 행동 규범의 준수가 아닌 듯 보인다. 규범의 준수와 학계에서의 성공이 함께 간다는 것은 (머튼과 그 동료들이 세운) 가정일 뿐이다. 미트로프의 발견, 그리고 과학자들이 실제로 규범에 따라 행동하는지 여부를 단속하는 제도적 메커니즘이 거의 없는 듯 보인다는 사실에 비춰 보면 이 가정을 뒷받침하는 증거는 희박해 보인다.

머튼주의 기획이 직면한 이러한 경험적 난점들은 네 개의 규범을 뒷받침하는 근거가 수십 년 동안 설득력을 가진 이유가 규범들 그 자체가 지닌 사회학적 정확성 때문이 아님을 시사한다. 그 이유는 철학적 차원에서 이런 규범들이 과학의 진보를 위해 강제 '되어야 하는' 유형의 행동 규칙처럼 보였기 때문이었다. 머튼 자신은 이러한 규범들이 '절차적 효율성'을 갖는다고 주장했다. 단순한 경험주의의 관점에서 과학에 접근하는 — 다시 말해 관찰에 거의 전적으로 강조점을 두는 — 사람이 보면 이러한 규범들은 효율적인 행동 특성처럼 보일 것이다. 물론 미트로프는 이미 이러한 규범들이 실제로는 그렇게 효율적이지 못할 수 있다고 주장한 바 있다. 그러나 탈포퍼주의적 시각에서 보면 여기서 가정되고 있는 효율성은 더욱 의심스럽게 보인다. 과학자들은 어떤 관찰을 '진짜' 관찰로 간주하고 어떤 관찰을 기각할 것인지 결정을 내려야 한다. 일정한 지점을 넘으면 보편주의를 받아들이는 것은 이러한 조건하에서 불리한 점으로 작용한다. 마찬가지로 러커토시의 작업에서 지적하는 것처럼 과학자들은 어떤 연구 프로그램이 진보적인지 그렇지 않은지를 판단을 내려야 하며 이때 서로 다른 과학자들은 서로 다른 결론에 도달할 수 있다. 이해관계에서 벗어나 조직된 회의주의를 발휘하라는 명령은 그런 판단을 내리는 데 결정적인 도움이 되어 주지 못한다.

과학자 공동체의 에토스에 입각해 과학의 특별한 성격을 설명하려는 머튼의 제안은 매력적일 정도로 새로운 것이었다. 그러나 규범들의 존재와 제도화에 대한 증거는 머튼주의자들이 가정했던 것만큼 확고하지 못한 것처럼 보인다. 더 나쁜 것은 그러한 규범들을 제도화하는 것이 과학의 진보에 좋은 일인지 여부조차 분명치 않다는 점이다. 머튼은 과학자들의 행실의 특정 측면들이 과학자들에게 도덕적 내지 윤리적 중요성을 갖는다는 점에서 옳은 것 같다. 특히 그가 (과학에서의 기회 평등 문제를 다루는) 보편주의와 (과학 정보의 소유권과 관련된) 공유주의라는 이름하에 열거한 특정 쟁점들이 그렇다. 이러한 문제들은 10장에서 과학에 대한 법률적 이해와 관련해 다시 부각될 것이다. 그러나 멀케이의 대안적 해석, 즉 규범들은 과학자들이 자신들의 독립성과 외부적 조사로부터의 상대적 자유를 방어하기 위해 발전시킨 전문직 이데올로기를 반영한 것이라는 해석 역시 머튼이 애초 제안했던 분석에 못지않게 타당한 것처럼 보인다(Mulkay, 1976).

과학적 가치

만약 규칙이 합리주의 저자들에 의해 설정된, 과학을 다른 형태의 믿음들과 구분하는 임무를 달성하지 못한다면, 그리고 과학자 공동체가 그 규범적 에토스에서 차별성이 존재하지 않는다면, 과학의 예외성을 정당화하기 위해 다른 기반을 찾아야 할 것이다. 철학자들이 의지해 온 또 다른 유력 후보는 가치였다. 쿤은 — 앞서 그의 초기 작업을 언급했다 — 과학자들이 경쟁하는 과학 이론이나 연구 프로그램의 장점들을 평가하기 위해 소수의 핵심적 가치들을 지속적으로 활용한다고 주장함으로써 자신의 초기 연구에 내포된 상대주의적 결과를 축소 내지 극복하려 했다. 그는 과학자들이 "이론의 적합성을 평가하기 위한 표준적 기준"으로 정확성, 일관성, 넓은 적용 범위, 단순성, 다산성의 다섯 가지를 매우 소중하게 여긴다고 제안했다(Kuhn, 1977: 322). 이러한 관점에 따르면, 과학자들은 이론을 평가할 때 다음과 같은 차원들에 따른다(Kuhn, 1977: 321~322).

① "이론으로부터 유도될 수 있는 귀결들이 기존의 실험 및 관찰의 결과들과 일치함이 입증되어야 한다."
② 이론은 내적으로 일관되어야 하며 "아울러 자연의 관련된 측면들에 적용 가능하면서 현재 받아들여지고 있는 다른 이론들과도 일관되어야 한다".
③ "이론은 그것이 애당초 설명하도록 고안된 개별적인 관찰, 법칙, 혹은 하부 이론 들을 넘어서는 귀결들을 제공해야 한다."
④ 이론은 "그것이 없이는 제각기 고립되고 전체적으로는 혼란스러울 현상들에 질서를" 가져다주어야 한다.
⑤ "이론은 새로운 연구 결과를 많이 낳아야 한다."

쿤은 이러한 특징들이 과학 지식에서 바람직함을 과학자들이 인식하고 있다고 주장한다. 광고 경쟁의 언어로 표현하면, 과학자들은 자신들의 '숙련과 판단'을 활용해 서로 경합하는 이론이나 연구 프로그램의 상대적 장점을 이러한 가치들에 비춰 평가한다. 과학자 공동체는 과학적 아이디어의 상대적 지위에 관한 한 유일한 권위를 갖고 있으며, 과학의 성장을 인도하는 가치들은 과학자들이 집단적 판단의 근거로 삼는 가치들이다. 그 외에는 달리 호소할 만한 권위를 찾을 수 없다. 쿤이 같은 문단 아래에서 썼듯이, 이러한 가치들은 "이론 선택을 위해 **공유된 기반을** 제공해 준다"(Kuhn, 1977: 322. 강조는 인용자). 이와 같은 기준은 과학자들이 실제로 하는 일에서 뽑아낸 것에 불과하다. 마찬가지 방식으로 후기 표현주의 화가, 성공한 낭만주의 시인, 일류 마장마술 기수 등의 활동을 요약하는 기준을 제시하는 것도 가능할 것이다.

그러나 쿤의 서술에는 이러한 기준의 정확한 본질, 원천, 지위를 둘러싼 불확실성이 여전히 남아 있다. 우선 그는 앞서 제시한 다섯 가지가 포괄적 목록이 아님을 인정한다. 이 다섯 가지 가치들에 대해 그는 이렇게 말한다. "나는 다섯 가지를 선택한다. 그것은 이들 이외에 다른 가치가 없기 때문이 아니라, 그 가치들은 개별적으로 중요하며 집합적으로도 문제가 되고 있는 것을 나타낼 만큼 충분히 다양하기 때문이다"(Kuhn, 1977: 321). 그러나 모든 가치들의 목록을 작성할 수 없다면, 이러한 가치들이 어떤 의미에서 과학적 결정에 지침이 된다고 할 수 있는지를 이해하기 어렵다. 둘째, 개별 가치들의 지위가 불분명하다. 이것은 과학자들이 실제로 존중하는 가치들을 일반화한 것에 불과하다는 관점 —— 마치 예술 운동의 추종자들이 인식한 가치들을 기록할 수 있는 것처럼 —— 과 이것은 어떤 내재적 논리를 갖는다거나 어떤 초월적 기준에서 이끌어 낸 것이라는 주장 사이에 긴장이 존재한다. 셋째, 라르스 베리스트룀이 이러한 논증에 대한 포괄적 개설에서 유용하게 지적한 것처럼, 그러한 인지적 가치들은 사실 각기 다른 부류에 속한다. 그는 그러한 여러 부류들에 "궁극적, 증거적, 전략적"이라는 꼬리표를 달았다(Bergström, 1996: 190).[4] 궁극적 가치들은 과학의 근본 목표를 직접 반영한 것인 반면, 증거적 가치와 전략적 가치는 그러한 궁극적 목표를 가리키는 지침에 더 가까운 역할을 한다. 따라서 다섯 번째 기준(다산성)이 반드시 궁극적 목표가 되는 것은 아니다. 그보다 다산성을 갖춘 이론은 전략적 이유에서(과학자 공동체가 작업할 새로운 주제들을 찾아낼 수 있게 해주니까) 혹은 증거에 입각한 이유에서(다산성을 갖춘 이론이 올바른 이론이기도 한 것으로

---

4) 베리스트룀의 분석에 대해 내게 알려 준 벨파스트 퀸스대학 철학과의 앨런 위어(Alan Weir)에게 감사를 표한다.

판명될 가능성이 커 보이니까) 선택할 수 있는 것이다. 베리스트룀이 보기에 쿤이나 관련 저자들은 정확히 무엇이 그러한 '가치'들을 가치 있는 것으로 만드는지 분명하게 밝히고 있지 않다.

    윌리엄 뉴턴스미스가 과학의 합리성을 지키기 위한 가치의 활용을 좀 더 전면적으로 옹호하고 나선 것은 부분적으로 이러한 모호성에 대응해서였다(Newton-Smith, 1981). 그는 과학에 대한 실재론적 해석에서 논의를 시작하고 있다는 점에서 애당초 쿤과는 다른 문제 접근 방식을 취했다('실재론'의 의미에 대해서는 다음 절에 좀 더 자세하게 다룬다). 뉴턴스미스는 자신의 실재론을 신중하게 제기한다. 그는 과학 활동이 계속 진행되면 점점 더 진리에 가까워지는 경향이 있다는 점에서 과학이 대부분의 다른 지식 형태와 구분된다고 주장한다. 그러나 우리가 어떤 특정한 시점에 자연 세계에 대해 갖고 있는 믿음을 진리로 받아들일 수는 없다. 대신 우리는 '비관적 귀납론'을 받아들여야 한다(Newton-Smith, 1981: 14). 머지않아 우리는 현재 갖고 있는 믿음들을 진리가 아니라며 버리게 될 것이다. 왜냐하면 과학사를 통해 미뤄 판단컨대, 우리가 지금 진리로 믿고 있는 모든 것은 어떤 측면에서 오류로 밝혀질 가능성이 높기 때문이다. 그럼에도 불구하고, 우리는 그동안 과학적 아이디어를 평가하는 데 쓰여 왔고 진리성 내지 (그의 표현을 빌리면) 진리근접성(verisimilitude)의 증가와 연결된 것으로 생각할 만한 좋은 이유가 있는 기준들을 뽑아낼 수 있다. 그러나 뉴턴스미스가 자신의 가치들이 궁극적으로 정당한 이유를 좀 더 분명하게 밝히고 있음에도, 그가 제시하는 기준들 중 몇몇은 쿤이 제시했던 것들과 흡사하다. 그는 과학 이론을 '훌륭하게 만드는 특징' 여덟 가지를 차례로 제시하고 있다(Newton-Smith, 1981: 226~232).

① 이론은 "선행자가 관찰에서 거둔 성공을 보존해야" 한다.
② 이론은 추가적 탐구를 위한 아이디어를 풍부하게 만들어 내야 한다.
③ 이론은 현재까지 훌륭한 발자취 기록을 갖고 있어야 한다.
④ 이론은 현존하는 이웃 이론들과 잘 맞물리며 이를 지지해야 한다.
⑤ 이론은 "매끄러워야" 한다. 이는 필연적으로 나타나게 될 변칙 사례들에 비추어 이론을 손쉽게 조정하는 것이 가능해야 함을 의미한다.
⑥ 이론은 내적 일관성을 갖추어야 한다.
⑦ 이론은 "잘 정초된 형이상학적 믿음"들과 양립 가능해야 한다. 다시 말해 이론은 과학의 나머지 부분을 지탱하는 것과 동일한 형이상학적 가정들에 부합해야 한다.
⑧ 이 기준의 모호성 때문에 망설여지긴 하지만, 이론이 간결성을 갖춘다면 아마도 유익할 것이다.

이 기준 목록에서 중요한 것은 단지 개별적인 권고들이 아니라 가치들 각각이 이중의 정당성을 갖는다는 주장이다. 뉴턴스미스는 이것이 과학자들이 실제로 판단을 내릴 때 활용하는 기준임과 동시에, 과학의 목표로 상정된 것 — 즉, 점점 더 진리에 가까워지는 것 — 에 비추어 볼 때 과학자들이 이를 받아들이는 것이 합리적임을 보일 수 있는 기준이라고 단언했다. 따라서 이론은 널리 받아들여진 형이상학적 가정들과 양립 가능해야 하는데, 그 이유는 과학을 구성하는 주요 부분들이 상충되는 형이상학에 의존하고 있다면 과학이 어떻게 더 정확해질 수 있을지를 생각하기 어렵기 때문이다. 예를 들어 새로운 물리 이론이 함의하는 바가 생물학에서 요구하는 우주의 질서와 물리학에서 부과하는 우주의 질서가 서로 달라야 하는 것이라면, 이는 퇴보가 될 것이다.

결국 뉴턴스미스는 쿤의 문제를 정면으로 다루려 하고 있다. 그의 이론은 드러내 놓고 경험적이고 규범적이다. 이는 과학자들이 일반적으로 실제 고려에 넣는 가치들을 설명하면서, 왜 과학자들이 그러한 가치들을 존중해야 하는가를 보여 준다. 뉴턴스미스가 과학은 합리적이며 과학 지식은 유일무이한 권위를 갖는다고 주장할 수 있는 것도 이 후자의 측면 덕분이다. 그러나 이러한 규범적 요소는 얼마나 만족스러운가? 뉴턴스미스 자신이 분명하게 밝히고 있는 것처럼, 이러한 기준들 중 절대 어기면 안 되는 것은 하나도 없다. 경우에 따라 일부 가치들은 다른 가치들에 종속될 수도 있다. 예를 들어 형편없는 발자취 기록을 가진 어떤 이론(T1)이 그 외의 가치들에 대한 평가 때문에 더 나은 발자취 기록을 가진 다른 이론(T2)보다 선호될 수도 있다. 따라서 절대다수의 과학적 결정에서는 여덟 가지 가치들을 고려한 서로 다른 이론들의 '점수'를 놓고 장단점을 판단해야 할 것이다. 그리고 이 여덟 가지 기준들을 고려에 넣을 때 점수를 더하는 데에도 대단히 많은 상이한 방식이 가능하다. 따라서 단순히 기준을 활용하는 것은 과학자들의 엄청난 판단력 발휘를 요구하게 될 것이다.

그러나 상황은 이보다 훨씬 더 복잡하다. 기준의 적용은 자동적으로 이뤄지지 않기 때문이다. 가령 기준 ④를 예로 들어 보자. 이웃 이론들과 잘 맞물리면서 이를 지지하는 것은 결코 간단한 요구 조건이 아니다. 어떤 것이 이웃 이론에 속하는가? 앞서 개관했던 지구의 나이에 관한 논쟁을 돌이켜 보면, 지질학적 입장의 지지자들에게는 생물 다양성 증가에 관한 연구가 지구의 나이 연구에 이웃한 분야임이 분명하다. 그러나 물리학자들이 보기에 생물학적 현상에 대한 연구는 지구가 얼마나 오래되었는가 하는 문제와 아주 미미하게만 연관돼 있을 뿐이다. 설사 이웃 이론들을 이론의 여지 없이 파악할 수 있다 하더라도, 그러한 이웃 이론들에 대한 지지의 정도를 어떻게 평가할지는 여전히 불분명하다. 몇몇 이웃 이론들에 대해 많은 지지를 해주는 것이 나은가, 아니면 많은 이웃 이론들에 대해 약간씩 지지를 해주는 것이 나은가? 이런 식으로 보게 되면, 뉴턴스미스의 접근법은 쿤이 자신의 접근법에 대해 시인한 것과 동일한 실천적 한계에 노출되는 것처럼 보인다. 왜냐하면,

> 과학자들이 경쟁하는 이론들 중에서 선택해야 하는 경우, 두 사람이 동일한 선택 기준들을 받아들인다 하더라도 다른 결론에 도달할 수 있다. …… 이런 부류의 상이함들에 관해서는 이제껏 제안된 어떤 선택 기준들의 집합도 쓸모가 없다. 역사가가 흔히 하는 것처럼, 특정한 사람들이 왜 특정한 때에 특정한 선택을 하는지는 설명할 수 있다. 하지만 그러한 목적을 위해서는 과학자들이 공유하는 기준들의 목록 외에 그 선택을 한 개별 과학자의 특성들을 고려해야 한다. (Kuhn, 1977: 324)

같은 글의 후반부에 쿤은 이 점을 강조하면서 "대단한 역사적 지식이 없더라도 이러한 가치들의 적용과 ― 더욱 분명한 것으로 ― 그것들에 부여되는 상대적인 비중 모두가 시간과 [그것이 적용되는 과학] 분야에 따라 눈에 띄게 변해 왔음은 쉽게 알 수 있다"라고 인정하고 있다 (Khun, 1977: 335).

뉴턴스미스는 쿤이 스스로 제안한 가치들의 근거를 과학의 합리적 요구 조건과 결부시키지 않았다며 쿤을 강력하게 비판했다(Newton-Smith, 1981: 122~124). 그가 보기에 쿤은 자신의 다섯 가지 가치들이 단지 과학자들이 실제로 처신하는 방식을 진술한 데 불과하다고 암시함으

로써 과학에 대해 너무 약한 옹호론을 펴고 있다. 실재론자인 뉴턴스미스는 과학을 구성하는 일단의 가치 내지 기준 들을 사람들이 따를지 말지 선택할 수 있어서는 안 된다고 본다. 가치들은 단순한 관례여서는 안 되며, 세계에 대한 묘사에서 최고의 성공을 거둘 수 있는 진정한 가치여야 한다. 그러나 이미 본 바와 같이, 제안된 여덟 가지 가치들이 실천적으로 갖는 규범적 힘은 뉴턴스미스가 요구하는 듯 보이는 것보다 훨씬 작다.

   우리는 가치에 어느 정도 타당성이 있음을 받아들일 수 있다. 이러한 가치들은 과학자들이 이론을 선택할 때 염두에 두는 것처럼 보이는 고려 사항의 유형들을 그려 낸 것일 수 있으며, 심지어 과학자들이 이런 유형의 고려 사항들을 염두에 두어야 한다는 생각을 심어 줄 수도 있다. 그러나 이러한 가치들이 강한 의미에서 과학적 선택을 지시한다고 생각할 만한 좋은 이유가 없는 한, 이것이 갖는 규범적 힘의 영향력은 제한적이다. 과학자들이 존중해야 하지만 실제로는 과학적 선택을 엄밀하게 제한하지 않는 가치의 목록을 제공하는 것은 어떤 특정한 과학적 판단의 권위를 되살리는 데 거의 도움을 주지 못한다. 뉴턴스미스는 과학이 전체적으로 논리정연한 활동이라고 생각할 만한 일반적 근거를 제공해 주지만, 어떤 특정한 과학적 판단이 합리적인 방식으로 다르게 나올 수는 없었다는 확신을 주지는 못한다. 뉴턴스미스는 자신이 제안한 기준들을 '과학적 방법'이라는 제목의 장에서 제시함으로써, 이 기준들이 과학의 진보가 갖는 예외성을 보여 주는 비결 같은 것으로 활용될 수 있음을 암시하려 한 것 같다. 이제 그 기준들은 이러한 역할을 해낼 수 없음이 분명해졌을 것이다.

실재론

포퍼, 키처, 쿤과 같은 철학자들은 과학이 어떻게 특별한 권위를 갖는 지위를 확보하는가 하는 문제를 나름의 다양한 방식으로 다뤄 왔다. 반면 또 다른 철학자들(어느 정도는 뉴턴스미스도 여기 포함된다)은 이와는 전혀 다른 방식의 논증을 전개해 왔다. 그들의 입장은 흔히 실재론으로 불린다. 그들은 과학 진보의 메커니즘보다는 과학자들이 상정하는 실체(특히 과학의 '법칙' 같은 이론적 실체)의 지위에 대해 생각하는 데 좀 더 관심이 있다. 실재론적 입장은 과학이 밝혀내는 것들이 자연 세계의 진정한 구성 요소이자 진정한 메커니즘의 일부라고 주장한다. 그것은 — 철학자들이 흔히 쓰는 표현을 빌리자면 — 우주의 구조(furniture of the universe)인 것이다. 실재론자들은 과학이 세계의 진정한 구조에 관해 말해 준다고 믿는다. 따라서 과학이 정확히 어떻게 진보적일 수 있는가에 대해 걱정하는 것은 어떻게 보면 전혀 불필요한 일이다. 실재론자들에게 중요한 것은 과학적 노력이 세계가 어떻게 존재하는지를 말해 준다는 사실이다. 이런 사실은 과학이 어떻게 그런 일을 할 수 있는가 하는 부차적 문제보다 훨씬 더 중요하다. 그리고 지금은 과학이 어떻게 그런 일을 할 수 있는지를 자세히 설명할 수 없다 하더라도, 실재론자들은 과학이 그런 일을 하고 있으며 우리는 그 사실을 알고 있다고 계속해서 주장할 것이다.

일부 철학자들은 '어떻게'라는 문제가 과학의 우월성을 입증할 수 있는 길이라고 생각해 왔다. 그러나 실재론자들은 대체로 이와는 다른 논증을 펼친다. 그들은 만약 우리 인간들이 세계에 대한 지식을 가질 수 있다면 세계는 어떤 식으로 존재해야 하는가를 알아내는 데 흔히 초점을 맞춘다. 다시 말해 실재론자들은 인간이 지식을 갖고 있다는 사실이 인간과 자연 세계 사이의 관계에 대해 무엇을 말해 주는지 알아내기 위해 초월적 논증을 활용한다. 로이 바스카는 이 점을 그 어떤 실재론자보다도 분명하게 밝힌 바 있다.

> 과학의 발생이 필연적인 것은 아니다. 그러나 과학이 발생했다면 필연적으로 세계는 특정의 방식으로 존재하는 것이다. 세계가 그렇게 존재함으로써 과학이 가능한 것은 필연적인 것이 아니다. 그리고 과학이 가능하다고 하더라도, 실제로 과학이 발생하는 것은 특정한 사회적 조건이 충족되는가에 달려 있다. 그러나 과학이 발생했거나 발생할 수 있었다고 한다면, 세계는 반드시 특정의 방식으로 존재해야 한다. 그러므로 세계가 구조 지어지고 분화되어 있다는 점은 철학적 논증에 의해 확인될 수 있다고 ― 비록 세계가 포함하고 있는 특정의 구조들과 그것이 분화되는 방식은 과학이 실질적으로 탐구할 문제이지만 ― 초월적 실재론은 단언한다. (Bhaskar, 1978: 29. 강조는 원문)

실재론자는 과학이 존재하려면 세계가 어떤 성질 내지 특성을 가져야만 한다고 주장한다. 아울러 그 세계의 일부인 인간 역시 어떤 특성을 가져야 한다. 여기서의 주장은 협소한 사실적 내지 경험적 주장이 아님을 이해하는 것이 중요하다. 실재론 철학자들은 과학이 존재한다는 사실로부터 과학이 애초에 가능하기 위해서 세계가 일반적인 차원에서 어떻게 생겨야 하는지를 추론하는 것으로 넘어간다. 그들이 갖는 주된 호소력은 과학자들의 실제 행동에 대한 구체적인 주장이 아니라 추론(순수한 사고)을 하는 데 있다.

이러한 지향점을 감안하면, 실재론자들의 일차적 관심이 과학자들의 활동 내지 절차가 어떻게 특별한 종류의 지식을 산출할 수 있는지를 보여 주는 데 있지 않다는 것은 굳이 말할 필요도 없다. 그들은 과학이 성공적이라는 사실을 주어진 것으로 받아들이는 경향이 있고, 그런 다음에 이것이 세계의 본질 및 우리와 세계의 관계에 관해 함의하는 바를 알아내는 것을 목표로 한다. 예를 들어 바스카의 논증은 과학이 성공적이지 못하다고 믿는 사람들을 설득하려는 의도를 담고 있지 않다. 그는 과학이 서로 경쟁하는 대안적 가설들로 구성돼 있을 뿐이라고 생각하는 과학 분석가들 — 포퍼의 극단적 추종자가 그렇다 — 은 잘못된 생각을 하고 있음을 보여 주려 애쓴다. 그는 과학의 실천이 서로 별개인 두 가지 전제가 없으면 무의미하다고 제안한다. 첫째는 과학 지식의 대상이 과학 활동 그 자체와는 독립적으로 존재한다는 것이고, 둘째는 과학 지식이 인식자들의 공동체에 의해서만 산출될 수 있다는 것이다. 과학 지식은 개별 관찰자의 지각이 저절로 만들어 낸 산물이 아니다. 그래서 가령 포퍼주의자들에 대해 그는 "지식에 관해 오류 가능성을 인정하기 위해서는 사물들에 관해 실재론자가 되어야 한다"라며 항변한다(Bhaskar, 1978: 43). 가설의 반증이라는 아이디어 그 자체는 우리의 제안을 반증할 능력이 있는 독립적인 자연 세계가 존재한다고 가정하지 않으면 아무런 의미도 없다. 따라서 포퍼주의자가 되는 것은 암묵적으로 실재론을 지지하는 것이 된다(라고 바스카는 말한다).

이러한 이유 때문에 실재론자가 내놓을 수 있는 최고의 논증은, 곰곰이 생각해 보면 과학 활동에 종사하는 일 그 자체가 실재론적 가정을 전제하고 있다는 것이다. 그들은 다른 어떤 주장도 옹호될 수 없다고 믿는다. 과학자들의 행동이 그러한 대안적 주장들과는 어긋날 것이기 때문이다. 자신은 실재론자가 아니라고 말하는 사람들의 경우에도, 과학에 대한 그들의 개념화 자체가 그 말과 이미 모순된다. 과학의 특별한 성격에 대한 실재론자의 주장은 이러한 논증에 따라 나오는 결과물이다. 과학이 특별한 이유는 과학이 세계의 진정한 인과적 구조를 알려 주기 때문이라는 것이다. 당연한 일이겠지만, 실재론자들은 이것이 결코 평범한 성취가 아니라고 보며 특별함의 중대한 증거로 간주한다.

앞선 인용문에 나와 있는 것처럼, 바스카 같은 실재론자들은 자신들의 철학적 논증이 "세계가 구조 지어지고 분화되어 있"음을 확인하는 것으로 제한돼 있고 세계가 어떻게 존재하는지에 관한 실질적인 내용은 아무것도 말해 줄 수 없음을 인정한다. 그것은 과학이 해야 할 일이기 때문이다. 이처럼 제한적인 목적을 고려하면, 실재론자들은 자신들의 논증이 어떤 쓸모가 있다고 생각하는지가 궁금해질 수 있다. 이에 대한 주된 답변은 두 갈래이다. 부분적으로 그들의 논증은 과학과 과학자 공동체가 어떠한 모습을 띠어야 하는가에 관한 오해를 중단시키려는 의도를 담고 있다. 바스카는 포퍼와 쿤, 그 외 많은 사람들이 엉뚱한 곳에 화살을 돌리고 있으며 그럼으로써 시간을 낭비하고 과학적 발견의 지위에 관한 오해를 영속화시키고 있다고 믿는다. 둘째로 그는 지식 생산의 실천이 때때로 그릇된 철학과 관계를 맺음으로써 잘못될 수 있다고 믿는 듯 보인다. 바스카의 경우 그는 사회과학을 (네오맑스주의적 방향에 따라) 개혁하고 싶어 하며, 다른 사회과학 학파들이 철학적으로 옹호될 수 없음을 보임으로써 그런 학파들의 사고를 몰아내려 한다.

앞서 개관했던 다른 논증들을 지지하는 사람들은 명시적으로 자신을 실재론자로 여길 수도 있고 아닐 수도 있다. 물론 바스카는 그들 모두를 실재론자로 — 적어도 암묵적 차원에서는 — 부르고 싶어 하겠지만 말이다. 그래서 뉴턴스미스는 자신이 온건한 실재론자라고 주장하면서 과학을 훌륭하게 만드는 특징들에 관한 자신의 주장을 실재론의 논증으로 보강했다. 그는 개념적 가치들이 과학 지식과 실제 세계가 어떻게 존재해야 하는지에 관한 초월적 논증과 양립 가능하다고 주장한다. 포퍼는 과학의 오류 가능성에 좀 더 깊은 인상을 받은 것처럼 보인다. 어떤 기존의 개념에 대한 과도한 실재론적 의미 부여는 잘못될 가능성이 크다. 과학 발전은 지속적인 도전과 기존 아이디어의 전복을 수반하기 때문이다. 뉴턴스미스의 말을 빌리면, 포퍼는 현재의 모든 과학이 잘못된 것으로 판명될 가능성이 높다는 비관적 귀납론의 영향을 받았다. 이 점과 관련해 실재론자들은 전형적인 경우 경험적·실험적 과학에 대해 실재론적 입장을 취하지만, 다음 장에서 살펴볼 것처럼 대수, 기하, 그 외 형태의 추상적 지식에 대해서도 종종 같은 입장을 취한다는 사실도 언급해 두어야 할 것이다.

    바스카와 그 외의 실재론자들이 개진한 유형의 논증은 분명히 강한 호소력을 발휘해 왔지만, 이는 중요한 의미에서 너무 강하기도 하고 너무 약하기도 하다. 너무 약한 이유는 설사 이런 논증을 받아들인다고 하더라도 그것이 종종 거의 아무런 결과도 낳지 못하기 때문이다. 과학자 공동체 내의 논쟁에서 실재론은 대체로 어느 쪽 입장을 선호할지 결정하는 데 도움을 주지 못한다. 왜냐하면 앞서 바스카가 인정한 것처럼, "[세계가] 포함하고 있는 특정의 구조들과 그것이 분화되는 방식은 과학이 실질적으로 탐구할 문제"이기 때문이다. 마찬가지로 실재론은 정책 결정자들이 어떤 전문가의 조언을 따라야 할지 결정하거나 법정이 어떤 전문가 증인의 말에 가장 주목해야 하는지를 판단하는 데 도움을 주지 못한다. 이와 동시에 실재론자들의 논증은 너무 강하기도 한데, 그 이유는 실제 세계의 존재를 입증하기 위해 초월적 논증을 활용하는 듯 보이기 때문이다. 이 세계에 대해 알 수 있는 유일한 사실은 그것이 실재한다는 것뿐인데 말이다. 이는 과학의 예외적 성격이라는 문제를 푼 것처럼 보이지만, 이는 오직 과학자들이 이미 우리에게 말해 준 것 외에는 우리가 아무것도 모르는 실제 세계의 존재를 추론함으로써만 가능하다. 그런 의미에서 이는 신의 존재에 대한 초월적 논증과 다소 흡사하다. 신의 존재를 말해 준다고 하면서 정작 신에 관해 중요한 다른 모든 것들은 우리가 이미 알고 있는 정보원에 넘겨 버리는 논증처럼 말이다. 이렇게 보면 이는 위태로울 정도로 순환논증에 가까워 보인다. 실재론적 논증의 지위 문제는 2장에서 다시 한 번 다뤄질 것이다.

결론적 논의

이 장에서는 과학의 예외성의 원천을 정확히 밝히려는 노력들을 다루었다. 오늘날의 사회에서 과학 지식이 다른 지식 형태들과 구분되는 지위를 갖는다면, 그러한 특유성에는 우리가 알아볼 수 있는 기반이 있을 거라고 가정할 수 있다. 과학 분석가들은 이러한 성배에 도달하는 네 가지 주요 경로를 찾아냈다. 그러나 이러한 접근들이 제각기 부분적으로 설득력을 갖추긴 했지만, 그 어느 것도 애초 상정한 목표를 달성하지는 못했다. 과학을 진정 예외적인 존재로 부각시키는 데 근접한 유일한 철학적 접근 (실재론)은 과학의 실천이 **필연적으로** 세계는 실재하며 과학은 실제 세계에 접근할 수 있게 해줌을 암시한다고 주장함으로써 성공을 거뒀다. 실재론은 과학이 예외적이라고 주장하지만, 유일한 증거는 과학 그 자체의 존재뿐이다.

이 장에서 검토한 내용은 정확히 어떻게 과학이 예외적인지를 증명하는 데 관심이 있는 사람에게는 대체로 막다른 골목을 가리킬지 모르지만, 그렇다고 해서 이런 접근들이 무익한 것은 아니다. 먼저 여기서 검토해 본 많은 논증들은 나중에 법정에서 과학의 지위나 정책 자문을 하는 과학자들의 역할을 분석할 때 중요한 의미를 갖는다. 그뿐 아니라 이 장에서 검토해 본 분석가들은 과학 연구에 유용한 기여를 했다. 설사 그들이 착수했던 과업을 이뤄 내지 못했더라도 말이다. 반증과 반증 가능성의 중요성에 대한 포퍼의 관찰은 앞으로 여러 차례에 걸쳐 재등장할 것이다. 러커토시가 중핵과 보호대를 구분한 것은 수많은 과학 이론의 구조를 묘사하는 중요한 방법을 제공해 준다. 보편주의에 대한 머튼의 강조는 과학을 포함하는 논쟁들에 대한 연구에서 계속 핵심적인 역할을 해왔고, 실재론자들이 제기한 유형의 관심사는 조금은 놀랍게도 민족지방법론자(ethnomethodologist)들을 포함한 과학사회학의 여러 학파에 대단히 중요한 것으로 밝혀졌다. 마지막으로, 쿤과 뉴턴스미스가 강조한 인지적 가치들은 과학에 대한 사회학적 분석이 가장 성공적으로 발전해 온 방식을 흥미롭게 반영하고 있다. 다음 장에서는 이제 과학사회학의 연구 프로그램에 대해 살펴보도록 하자.

2장_신념에 틀을 부여하다
강한 프로그램과 경험적 상대주의 프로그램

들어가며: 강한 프로그램의 설정

새로운 과학사회학의 상징적 핵심은 데이비드 블루어(David Bloor)의 '강한 프로그램'(Strong Programme)이다. 강한 프로그램은 과학에 대한 연구를 철학자들의 수중에서 — 혹은 적어도 앞선 장에서 검토한 유형의 철학자들의 수중에서 — 빼내는 것을 목표로 한다. 이를 위해 강한 프로그램은 1장에서 다룬 저자들이 갖고 있던 작업 가설을 거부한다. 즉, 강한 프로그램은 과학의 예외성을 당연한 것으로 받아들이는 것을 거부하며, 실제로 핵심적인 측면들에서 과학의 예외성을 인정하지 않는 경향을 보인다. 1976년에 처음 출간된 자신의 책 『지식과 사회의 상』(*Knowledge and Social Imagery*)에서 블루어는 과학지식사회학(sociology of scientific knowledge, SSK)의 의제를 제시했는데, 이는 이후 수많은 연구들에서 마치 마술과도 같은 준거점이 되었다. 이는 이중의 의미에서 역설적이다. 1976년에 블루어에게는 자신의 주장을 뒷받침할 수 있는 상세한 사례연구나 다른 형태의 경험 연구가 극히 적었다. 그뿐 아니라 이후 등장한 SSK 학자들 중 블루어가 제창한 원칙을 구체적인 세부 사항까지 따라 한 사람도 극히 적다. 그러나 이 책이 전범(典範)으로 갖는 지위는 이후 이 책에 대한 인용이 숱하게 반복된 점과 1991년 이 책이 새로운 '후기'를 달아 재출간된 점에 반영돼 있다. 처음 출간되었을 때 이 책은 지식사회학에 대한 '강한' 접근법을 옹호해 악명을 얻었다. 블루어에 따르면, 지식사회학은 어떤 특정한 문화에서 지식으로 간주되는 것과 그 문화가 지니는 사회적 특성 사이의 상호작용을 다루는 학문 분야이다. 점성술에 관한, 디자인과 유행을 보는 시각에 관한, 예술 양식에 관한, 혹은 인종적 전형에 관한 지식사회학을 상상하는 것은 어렵지 않은 일이다. 그러나 특정한 유형의 지식은 그러한 탐구로부터 면제된 것으로 간주될 수 있다. 일견 보편성을 갖는 것으로 보이는 논리학의 진리들은 모든 문화들에서 동등하게 적용되어 왔다고 예상할 수 있다. 사회학자들이 논리학의 관념에 영향을 미친 사회적 요인들을 찾는다면 이는 시간낭비일 것이다.

강한 프로그램이 '강한' 이유는 사회과학이 모든 종류의 지식을 동등하게 다뤄야 한다고 주장하기 때문이다. 사회과학자가 과학이나 수학에 관한 믿음들을 설명할 때는 종교나 정치 이데올로기에 관한 믿음들을 분석할 때 취하는 것과 동일하게 '공평한' 접근법을 취해야 한다. 더욱 급진적인 대목은 이처럼 동등한 대우를 참으로 간주되는 믿음을 설명할 때나 거짓으로 간주되는 믿음을 설명할 때 양쪽 모두로 확장해야 한다는 것이다. 블루어의 말을 빌리면, 지식사회학은 "설명 양식에서 대칭적이어야 한다. 같은 유형의 원인이 이를테면 참된 믿음과 거짓된 믿음을 설명해야 한다"(Bloor, 1991: 7). 블루어의 프로그램은 공평성(impartiality)과 대칭성(symmetry) 외에 두 가지 원칙을 더 담고 있는데, 그는 여기에 인과성(causality)과 성찰성(reflexivity)이라는 이름을 붙였다. 과학지식사회학은 인과성을 가져야 한다는 블루어의 주장은 SSK가 "믿음이나 지식 상태를 낳은 조건들에 관한 것이어야" 한다는 의미를 담고 있다(Bloor, 1991: 7). 숱한 논란을 불러일으켰고 철학적으로도 논쟁적인 '인과성'이라는 용어를 사용했을 때 블루어가 의미했던 바는 어떤 주어진 사회에서 지식이 어떻게 현재와 같은 상태로 받아들여지게 되었는지 설명하는 것을 지식사회학이 목표로 해야 한다는 데 있었던 것 같다. 그는 그러한 사회학적 설명이 어떤 형태를 취해야 하는지는 명시적으로 밝히지 않았다. 블루어는 성찰성이 "원칙상 과학지식사회학의 설명 형태는 사회학 그 자체에도 적용할 수 있어야 한다"라는 의미라고 설명했다(Bloor, 1991: 7). 이후에 블루어는 성찰성 원칙에 대해 거의 관심을 보이지 않았다(Ashmore 1989: 20. 또한 7장에 나오는 성찰성에 대한 논의를 보라).

이처럼 뼈대만 추려 낸 방식으로 블루어의 명제들을 적어 놓고 보면 그것이 불러일으킨 분노를 상상하기란 어렵지 않다. 그가 대칭성과 공평성을 지지한 것은 모든 지식을 동일한 지위에 두는 것으로 보였고, 따라서 오늘의 과학은 어제의 과학보다 나을 것이 없고 심지어는 마술보다도 나을 것이 없음을 암시하는 것처럼 보였다. 이 책의 출간에 뒤따른 논쟁의 많은 부분은 히스테리컬한 수준에서 이뤄졌다. 철학자, 자연과학자, 인류학자, 심리학자 들이 수십 명의 사회학자들과 함께 학술 대회 발표나 서평을 통해 블루어의 책에 대한 자기 나름의 '궁극적 논박'을 제시했다. 심지어 블루어가 철학자들이 개최하는 학술 대회에 초빙되어 갔을 때 초심리학자들이나 그 외 인지적 일탈자들과 나란히 발표를 한 적도 있었다. 말하자면 인식론적 괴물 쇼(freak-show)의 구경거리가 됐던 셈이다. 그러나 블루어는 그들이 제기한 압도적 반론들을 피해 나갔다.

그가 1991년판 후기에서 솜씨 좋게 보여 준 것처럼, 그러한 반론들 중 많은 수는 그의 책에 대한 피상적인 지식만 가지고 제기된 것이었다(Bloor, 1991: 163~165). 따라서 그의 주장이 갖는 중요성을 평가함에 있어, 우리는 가능한 한 불필요한 논란을 제쳐 둘 필요가 있다. 기본적으로 블루어의 주장은 모든 지식이 동일한 도구를 가지고, 또 동일한 설명적 목적을 염두에 두고 연구되어야 한다는 것이지, 많은 비판자들이 가정하는 것처럼 그러므로 모든 지식이 동일하다는 것은 아니다. 그가 사용하고자 하는 도구는 자연주의적 도구들이다. 다시 말해 그는 여러 사회들이 발전시킨 일단의 지식들을 현세적이고 경험적인 요인들을 통해 설명하고자 한다. 이와 같은 설명 요인들은 일차적으로 그러한 사회들의 생물학, 심리학, 사회학, 정치학에서 찾을 수 있다. 블루어에게 중요한 것은 지식에 대한 설명이 ─ 어떤 주어진 사례에서 설명이 어떤 식으로 결론 내려지든 간에 ─ 자연주의적인 원인들을 통해 이뤄져야 한다는 것이다.

모든 지식을 공격하고 이를 임의적인 사회적 협약에 불과한 것으로 만들어 버리는 것이 블루어의 의도가 아니라면, 그가 공격하는 대상은 무엇인가? 바로 비자연주의적(non-naturalistic) 형태의 설명이다. 블루어의 주된 공격 대상은 지식을 설명하면서 경험적 실재를 초월하는 존재나 기준 들에 의지하는 것이다. 그는 그런 종류의 모든 설명과 호소에 대해 부단한 반대자의 역할을 해왔다. 여기서 무엇이 문제가 되는 것인지 분명히 하기 위해 윤리학의 사례를 들어 보자. 무엇을 해야 하는지 혹은 어떻게 살아야 하는지 주장함에 있어 사람들은 흔히 윤리적 원칙들을 참고한다. 그러나 윤리학자들이 그러한 원칙들의 지위가 어떠한 것인지 규명하려 시도할 때 그들은 딜레마에 봉착한다. 대강의 개요만 추려 보면 윤리학자들이 직면한 문제는 이렇게 요약해 볼 수 있다. 윤리적 원칙들은 일종의 관념이다. 그러나 윤리적 원칙들이 개인들이 지닌 관념에 불과하다면, 이는 너무 주관적인 것이 되어 버려 가령 자유나 정의가 어떤 점에서 좋은 것인지 우리가 알아내는 데 도움을 주지 못하게 된다. 반면 '저 바깥'에 이러한 관념들이 조응할 수 있는 무언가가 있어서 좋은 윤리적 관념을 나쁜 윤리적 관념으로부터 구별할 수 있게끔 해준다고 생각하기도 어렵다. 요컨대 윤리적 실재론을 옹호하기란 어려운 일이다. 윤리학자들은 윤리적 원칙들이 존재한다고 하는 중간 상태이자 어떤 의미에서는 초월적인 상태를 고안해 내는 데 대단한 창의성을 발휘해 왔다. 그러나 이러한 중간 상태를 이용해 사람들의 윤리적 행동을 설명하려 시도하자마자 어려움에 봉착하게 된다. 이처럼 초월적인 것들이 인간의 활동을 추동하는 일상적 원인들과 어떻게 상호작용을 하는 것일까? 전문적인 철학 문헌에서는 그러한 성질들을 ― 일상언어의 감수성을 멋들어지게 무시하고서 ― 기이한(queer) 것이라 부른다. '기이한'이라는 딱지는 윤리적 성질들이 단순히 주관적인 것도 아니고 곧바로 객관적인 것도 아니라는 데 철학자들이 잠정적으로 합의했다는 사실을 반영하고 있다. 그러한 성질들의 존재를 포기하기 싫어했던 철학자들은 이를 위해 또 다른 종류의 존재, 제3의 길을 발명해 냈다. 기이한 성질들은 (그 정의상) 일상적인 경험적 속성들과 동일하지 않음에도 불구하고 사람들이 이를 어떤 식으로든 지각하거나 '볼' 수 있다는 것은 이러한 기이한 성질들이 갖는 기묘함의 일부를 구성한다.

 블루어는 수에 대한 수학적 접근에 대해서 동일한 주장을 펼친다. 19세기 말의 수학자인 고틀로프 프레게(Gottlob Frege)의 주장을 검토하면서 블루어는 대체로 위와 같은 주장을 전개한다. 프레게는 수가 단순한 심리적 현상이 아님을 인지하고 있었다. 수의 관념은 그것이 수에 대한 개인들의 관념에 불과할 때보다는 좀 더 객관적인 것이다. 그러나 그것은 직접 손에 잡히는 물질도 아니다. 사과나 오렌지와 같은 물질 대상의 수를 헤아리는 것은 가능하지만 수학에서는 전적으로 추상적인 수만 가지고 연구를 하는 것도 가능하기 때문이다. 결국 프레게는 수가 다른 제3의 지위를 가져야만 한다고 결론지었다. 블루어의 주장이 가장 크게 두드러지는 것은 바로 이 지점에서다. 프레게는 그러한 문제에 관한 우리의 믿음에 대해, 또 그에 대한 설명에 있어 모종의 비자연주의적 원인에 호소하고자 했다. 그는 이러한 제3의 유형을 '이성의 대상'(objects of Reason)이라고 칭했다(Bloor, 1991: 96). 블루어는 그러한 책략이 정당하지 못하다고 주장한다. 이러한 제3의 존재 층위가 어떤 것이며 우리의 일상적 정신이 이와 같은 제3의 '기이한' 영역에 어떻게 닿을 수 있는지 그럴듯한 설명이 존재하지 않기 때문이다. 그러나 우리가 그러한 개념들을 제3의 지위로 경험한다는 사실을 블루어가 부인하고자 하는 것은 아니다. 대신 그는 유일한 후보가 사회적인 것이라고 단언한다. "물리적인 것과 심리학적인 것 사이의 특별한 제3의 지위는 오로지 사회적인 것에 속한다"(Bloor, 1991: 97). 이처럼 어떤 '제3의 길'을 추구하는 것은 상당히 일반적인 현상이다. 가령 포퍼는 후기 저작에서 물질적 사물의 세계 및 그것에 관한 개인들의 생각의 세계와 별개로 존재하는 (그 자신의 표현에 따르면) '자율적' 세계를 지칭하기 위해 '세계 3'(World Three)이라는 용어를 고안했다. 그는 "존재론적으로 구분되는 세 개의 하부 세계(sub-world)"의 존재를 제안했다(Popper, 1972b: 154). 블루어는 제3의 세계에 대한 이러한 경험이 오직 사회적인 것으로부터만 나올 수 있다고 주장함으로써 믿음의 원인들 사이의 대칭성을 복원시키고 포퍼가 발명해 낸 복수의 세계들의 필요성을 피하고 있다. 강한 프로그램에 따르면 우리가 지닌 믿음들은 심리적·물질적·사회적 요인들의 결합에 의해 유발된다. 일견 물질적인 것도, 심리적인 것도 아닌 듯 보이는 '기이한' 성질들은 그것의 기원이 사회적 강제성의 패턴 속에 위치해 있다고 보면 여전히 자연주의적 용어로 이해할 수 있다. 블루어에게 있어 어떤 주어진 사례에서 각각의 설명 요인들의 상대적 기여도가 어느 정도인가 하는 문제는 셋 모두가 동등하게 자연주의적이라는 사실에 비해 중요성이 떨어진다.

지식에 대해 전적으로 자연주의적 접근을 취해야 한다는 주장을 블루어가 처음 한 것은 아니다. 1960년대에 윌러드 밴 오먼 콰인은 인식론의 자연화를 주장했는데, 이는 심리학적 탐구를 통해 그러한 인식론적 질문들에 대한 현명한 답변이 가능해지며 따라서 그런 질문들은 해소될 것이라는 의미를 담고 있었다. "인식론 혹은 그와 유사한 어떤 것은 단지 심리학의 한 장으로, 결국 자연과학의 한 장으로 축소된다"라고 그는 단언했다(Quine, 1969: 82). 그러한 진술을 할 때 콰인의 철학적 거만함은 모든 면에서 블루어에 결코 뒤처지지 않았다. 그럼에도 블루어에게 가해진 적대감의 많은 부분을 콰인이 면할 수 있었던 것은 심리학적 자연화가 그리 위협적인 것으로 보이지 않을 수 있다는 사실 덕분이었다. 1장에서 지적했듯이, 우리는 오랫동안 지각(perception)의 은유를 통해 지식을 논하는 데 익숙해져 왔다. 앎이란 분명 — 이러한 유추에 따르자면 — 꾸밈없이 보는 것과 같다. 따라서 인간 지식의 연구는 심리학 연구가 되어야 한다는 콰인의 말은 얼른 보면 지식(특히 경험적 지식)의 성질을 위험에 빠뜨리지 않는다. 그러나 블루어는 이러한 추론을 두 가지 방향으로 더욱 밀어붙였다. 첫째, 그는 지식이 어떻게 발전하는지에 대한 합당하고 설득력 있는 자연주의적 설명으로 생물학과 심리학은 적합하지 않음을 지적했다. 사람들은 아이디어를 형성하고 개념을 가다듬고 이론을 발전시키는 일을 개인으로서 혼자 하지 않는다. 바스카조차도 이 정도는 받아들일 것이다. 지식은 인간들 간의 상호작용으로부터 도출되며, 따라서 이러한 사회학적 내지 문화적 차원은 지식에 대한 어떤 자연주의적 설명에도 반영되어야 한다(Bloor, 1991: 168~169). 블루어는 이런 논증을 지식에 대한 우리의 이해에서 자연주의적 전환을 완성하는 것으로 다분히 순진하게 제시할 수도 있었다. 그러나 그는 이어 사회학적 유형의 인과적 요인들이 문화에 따라 달라질 가능성이 높음을 지적했다. 따라서 논리학, 수학 혹은 과학에 관한 지식에는 대안적 전통들이 나타날 수 있으며, 이 모두는 동등하게 자연주의적 원인들에 의해 유발된 것이다. 여기서도 콰인과 비교해 보면 좋다. 콰인의 논증에서는 심리적 요소들을 제거해 순수한 인식론에 도달하려 애쓰는 것은 무의미한 일이다. 사람들의 심리가 없다면 지식 또한 존재할 수 없기에, 이러한 목표는 자가당착에 빠지기 때문이다. 블루어는 지식이 언제나 사회적이라고 주장한다. 지식은 사회적인 것을 제거함으로써 더 나아질 수 없다.

수학과 자연과학에 대한 블루어의 설명

블루어 자신이 이 점을 강조하지는 않았지만, 그는 과학 지식뿐만 아니라 수학도 다루었다는 점에서 근래의 지식사회학자들 중에서 별난 축에 든다. 그의 책이 처음 나온 이후 과학학 분야는 엄청나게 성장했지만, 수학에 대한 블루어의 관심에 대해서는 그만한 학술적 업적의 성장이 뒤따르지 않았다. 그러나 그의 주장이 가장 급진적이고 도전적인 지점이 바로 여기다. 수학과 논리학에 대해서는 특별한 제3의 지위를 주장하는 것을 흔히 볼 수 있다. 결국 수학적 진리는 우리의 정신에 반영될 수 있으면서도 모종의 관념적 성질을 띠는 초월적 성격을 갖는 듯 보인다. 블루어는 이러한 관념에 대해 유물론적 도전을 제기한다. 그는 존 스튜어트 밀이 수학에 대해 취했던 경험주의적 관점을 적용한다. 즉, 수학은 물질세계에 대한 조작으로부터 학습된 일반화에 근거를 두고 있다는 것이다. 그러나 블루어의 설명에서는 제3의 지위와 연관된 강제성의 느낌도 유지되고 있다. 블루어는 "수학을 설명하기 위해 어떤 대문자 실재[즉, 어떤 초월적 실재]가 필요하다는 …… 느낌"에 충실하고자 했다. "나의 이론에서 이 느낌은 정당화될 수 있으며 설명이 가능하다. 그 실재의 일부는 물리 대상의 세계이고, 일부는 사회이다"(Bloor, 1991: 105). 수학 지식의 발전이 사회학적 탐구에 열려 있는 이유는 바로 수학의 초월적인 '객관성'이 사회적 관례에서 나오기 때문이다. 계속해서 블루어는 수학적 표준과 증명을 둘러싼 협상과 거기서 나타난 변화들을 예시함으로써 이러한 관례들이 사회/문화적인 것임을 보인다. 그래서 역사적으로 어떤 시기에는 기하학적 도형에 관한 증명을 하거나 방정식을 명확하게 풀기 위해 곡선을 엄청나게 많은 수의 극히 작은 직선들로 쪼개는 개념상의 분할이 타당한 것으로 간주되지만, 다른 시기에는 그런 책략이 정당하지 못한 것으로 간주된다. 무한소에 관한 '진리'가 그러한 절차가 받아들일 만한지 그렇지 않은지를 판정하는 것은 아니다. 단지 이러한 전통, 이러한 관례 —— 마치 회화에서의 점묘법 관례와 마찬가지로 —— 가 받아들일 만한지 그렇지 않은지를 둘러싼 논쟁이 있을 뿐이다.

얼른 보면 블루어가 자신의 논증이 갖는 힘을 '세계 3' 이론가들에 맞서는 데 집중시키는 것은 이상해 보인다. 그러나 그의 목표는 이러한 유형의 시각이 실은 자신의 자연주의에 대한 유일하게 제대로 된 대안임을 보이는 데 있다. 만약 참된 믿음을 갖는 것이 거짓된 믿음을 갖는 것과 어떤 식으로든 다르다면, 우리가 참과 거짓을 대칭적으로 다루지 않는 유일한 이유가 될 수 있을 것이다(Bloor, 1991: 178~179). 만약 참된 믿음에 뭔가 특유한 점이 있다면 — 색깔이 다르다거나 냄새가 다르다거나 하는 식으로 — 참된 믿음을 갖는 것과 거짓된 믿음을 갖는 것이 어떻게 다른지 상상할 수 있을 것이다. 그러나 그런 차이는 분명 존재하지 않는다. 사람들은 나중에 거짓으로 보게 되거나 다른 사람들이 거짓이라고 보는 믿음에 대해 참으로 간주되는 믿음만큼 확신을 갖고, 열정을 보이고, 세심한 주의를 기울일 수 있다. 우리는 논증, 실험, 관찰의 과정을 이용해 어떤 믿음이 참이고 어떤 믿음이 거짓인지를 알아낼 수 있다. 진리성의 부여는 그러한 과정에서 도출되는 결과이다. 일상적 용법에서 우리는 어떤 믿음의 진리성이 그런 결과의 원인이라고 말한다. 블루어의 논점은 이것이 오직 순환적 의미에서만 옳다는 것이다. 과정, 실험, 관찰 등등이 없다면 우리는 무엇이 진리인지 결코 알 수 없을 것이다. 그러한 과정들의 수행은 왜 우리가 하는 일을 스스로 믿게 되는지를 설명해 준다. 그러한 믿음들에서 이것이 '참'임을 표시하는 부가적인 요인은 아무것도 없다. 만약 그러한 표식이 존재했다면 우리는 애초에 실험이나 관찰을 할 필요가 없었을 것이다. 이러한 과정은 불가해한(inscrutable) 것으로 남아 있어야 한다. 왜냐하면 콰인이 재치 있게 지적했듯이, 거기에는 이해할(scrute) 것이 아무것도 없기 때문이다. 더 나아가 우리는 성공한 아이디어를 진리로 칭송하며 존중하지만 — 이런 식으로 말하는 것이 매우 흔한 일임에도 불구하고 — 이는 자기만족에 지나지 않는다. 참된 믿음을 인식하는 어떤 특별한 방법이 있을 수 있다고 주장하는 유일한 길은 그러한 진리를 어떤 식으로든 특출한 것으로 만드는 — 따라서 진리까지도 기이한 성질로 만드는 — 것뿐이다.[1]

바로 이것이 블루어가 수학과 논리학을 중요한 시험 사례로 간주하는 이유이다. 올바른 경험적 믿음들을 어떤 평행한 제3의 영역으로 올려놓는 포퍼의 입장에 동참하는 철학자는 거의 없다. 그러나 논리학과 수학은 종종 철학자들에게 경험적 정당화를 넘어서는 무언가를 가진 것처럼 보였다. 만약 블루어가 자기 자신과 독자들에게 심지어 수학과 논리학마저도 자연주의적 설명을 갖는다는 것을 확신시킬 수 있다면, 경험적 자연과학은 손쉽게 그 뒤를 따를 것이다.

그러나 사회학자들은 기하학과 대수학의 추상적 영역보다 경험적 과학을 연구하는 데 더 관심을 갖는 경향을 보여 왔다. 특히 그들은 다윈주의, 우생학, 인공지능 등과 같이 과학의 발전이 경제적·정치적 논쟁과 뒤얽히는 과학 분야들에 관심을 보였다. 흥미로운 것은 블루어가 이런 분야들에서는 수학에 비해 덜 급진적인 모습을 보인다는 것이다. 자연과학으로 가게 되면 블루어의 급진주의는 그리 충격적이거나 두드러지지 않는다. 그 이유는 일차적으로 자연과학이 드러내 놓고 경험적이기 때문이다. 자연과학은 프레게가 주장한 수학과 논리학의 초월적 야심을 대체로 공유하지 않는다. 따라서 우리가 가진 지식의 '실재성'에 대한 감각이 부

---

1) 이 점은 세련된 실재론 철학자인 힐러리 퍼트넘에 의해 훌륭하게 표현되었다. "모든 참인 문장들에만 귀속시킬 수 있는 성질을 원하는 형이상학적 실재론자는 어떤 문장의 언명력(assertoric force)에 조응하는 성질을 원한다. 그러나 이는 대단히 괴상한 성질이다. 이러한 진리의 성질을 언명 가능성(assertability)과 동일시하는 것을 피하기 위해, 형이상학적 실재론자는 우리가 참인 어떤 주장을 말할 때에는 단지 그 주장을 언명할 때 말하는 것을 넘어서는 무언가를 말하고 있다고 주장할 필요가 있다. 그는 진리가 그 주장의 내용을 **넘어서는** 무언가, 그것 덕분에 주장이 참이 되는 무언가가 되길 원한다. 이는 형이상학적 실재론자로 하여금 우리가 진리 주장을 할 때마다 (우리가 주장하고 있는 내용을 넘어서) 말하고 있는 어떤 단일한 것이 있다고 가정하게 만든다. 우리가 논의하고 있는 것이 어떤 종류의 진술이든, 그 진술이 참이라고 하는 상황이 어떤 것이든, 그것을 참이라고 부르는 실용적 의미를 뭐라고 하든 상관없이 말이다"(Putnam, 1994: 501. 강조는 원문).

분적으로는 (우리의 심리를 포함하는) 세계에, 부분적으로는 사회에 기인한다는 블루어의 주장은 생물학이나 천문학으로 오게 되면 그리 충격적인 소식이 못 된다. 과학 지식에 대한 유물론적 설명은 항상 수나 논리에 대한 유물론적 설명보다 덜 도발적일 터였다.

사실 관습적 과학관의 지지자들은 블루어가 자연주의적 설명의 옹호자로서 과학 지식 발전에서 물리적 세계에 설명의 역할을 부여하는 데 신념을 가진 듯 보인다는 사실에서 다소 위안을 얻을 수도 있다. '잃어버린 질량'은 결국 그 정도로 많이 잃어버린 것은 아니었다. 19세기에 서로 경쟁하던 두 가지 화학 학파의 운명에 대해 논의하면서, 그는 "리비히[Justus von Liebig, 유기화학의 혁신을 이룬 독일 과학자]가 성공했던 이유 중 하나는 그가 물질세계를 자신의 실험 장치를 통해 연구했을 때 물질세계가 규칙적으로 반응했기 때문이었음을 부정할 수 없다"라고 썼다(Bloor, 1991: 36). 동등한 취급이란 모든 믿음들에 대해 인과적 설명을 추구한다는 것이지, 모든 믿음들이 사회학, 심리학, 생물학 등등에 의해 동등한 비율로 유발된다는 신념을 갖는 것은 아니다. 그가 같은 쪽 아래에 쓴 것처럼, "대칭성은 원인의 유형 속에 존재하는" 것이지, 그러한 각각의 유형들이 상대적으로 얼마나 큰 역할을 하느냐에 관한 것이 아니다. 이처럼 자연적 원인들에 설명의 역할을 부여하는 것은 그가 19세기 화학의 발전을 논하는 대목에서 확인할 수 있다. 그는 다음과 같은 상황이 가능함을 시인한다. "화학만이 믿음, 이론, 판단, 혹은 [다른 인지적 성향]에서의 차이를 가져온 원인이라고 말할 수 있는 상황이 있을 수 있다. 이것은 모든 사회적·심리적·경제적·정치적 요인이 동일하거나, 그 차이가 아주 작거나 별로 중요하지 않은 경우이다"(Bloor, 1991: 36~37). 그러한 사례에서 사회학적 변수들은 '통제되었다'라고 할 수 있다. 스스로를 강한 프로그램의 지지자로 여기는 많은 과학사회학자들은 그러한 진술에 반대할 것이다. 그들은 과학 논쟁에서 어떤 요인들이 '아주 작거나 별로 중요하지 않은'지를 판단하는 일이 불가능하다고 주장할 것이다. 서로 입장을 달리하는 과학자들은 흔히 이러한 요인들을 상충되는 방식으로 그려 낸다. 한쪽에서 작은 차이라고 주장하는 것이 반대쪽에서는 결정적인 것으로 해석되곤 하는 식이다. 반면 과학의 진보성을 옹호하는 사람들은 이 인용문을 포착해 블루어가 과학적 방법의 정의를 제시했다고 주장할 것이다. 과학은 사회적, 심리적, 그 외 다른 변수들이 최대한 균형을 이루도록 실험을 배치하는 바로 그러한 방식으로 진행된다고 그들은 말할 것이다. 설사 이를 성취하는 것이 어렵다 하더라도(물론 실제로 어렵다), 이를 이상화된 목표로 간주해 제거해야 하는 이유는 되지 못한다.

　블루어가 주장한 강한 프로그램은 사회와 공동체가 발전시키는 모든 지식에 대한 연구에서 경험적이고 전적으로 자연주의적인 접근을 취해야 한다는 입장을 강하게 뒷받침해 주었다. 그의 작업은 수학과 논리학 지식에 대한 관념론적 설명에 중대한 해독제를 제공했고, 그가 정식화한 공평성과 대칭성 기준은 SSK 연구의 물결에서 줄곧 핵심을 이루었다. 아이러니한 것은 제2판 후기의 상세한 설명이 분명히 드러낸 것처럼, 그의 해독제를 떠받치는 자연주의적이고 유물론적인 기반이 과학적 믿음에 대한 그의 사회학을 비판자나 신봉자 모두가 흔히 간주하는 것에 비해 덜 충격적인 것으로 만든다는 사실이다.

대항-설정: 경험적 상대주의 프로그램

블루어의 네 가지 원칙은 과학지식사회학의 초기 연구에서 일종의 집결점 같은 기능을 했다. 그러나 당시 SSK의 몇 안 되는 주창자들 중 하나였던 해리 콜린스는 블루어와 미묘하게 차별되는 입장을 견지했다. 그는 두 편의 논문을 통해 블루어와 매우 흡사한 함의를 갖고 있지만 탐구 전략을 정당화하는 방식에서는 눈에 띄게 차이를 보이는 하나의 프로그램을 제시했다(Collins, 1981a; 1981b). 이 중 두 번째 논문에서 그는 블루어의 원칙들을 구체적으로 거론하며 그중에서 인과성과 성찰성의 요구를 버릴 것을 제안했다. 인과성을 버려야 하는 이유는 분석가가 과학적 설명과 사회학적 설명이 유사하다는 바람직하지 못한 관점을 갖게 되기 때문이다. 그리고 성찰성을 버려야 하는 이유는 "과학자들이 자연 세계에 관한 것들을 찾아 나설 때와 같은 마음가짐으로 과학사회학자들이 과학자의 사회 세계에 관한 것들을 찾아 나서야 하는"데, 성찰성 문제에 계속 주의를 기울이다 보면 이 일이 방해를 받기 때문이다(Collins, 1981b: 216). 그러나 더 중요한 것은 콜린스가 나머지 두 가지 원칙(대칭성과 공평성)을 받아들이긴 했지만, 이를 대체로 실용적·방법론적 근거에서 받아들였다는 점이다. 그는 자신과 다른 관점을 추구하는 사람들이 오직 반자연주의에서만 도피처를 찾을 수 있음을 보이려 애쓰지 않는다. 콜린스의 주된 관심은 수학과 논리학이 아니라 자연과학 지식에 있고, 따라서 그에게는 노골적으로 반자연주의를 표방하는 적수가 거의 없다. 그의 논증은 이런 식이다. 어떤 사람이 과학 논쟁 내지 분쟁을 연구할 때, 문제가 되는 사실이야말로 쟁투의 대상이다. 따라서 믿음의 진리성은 결과에 대한 설명의 일부가 될 수 없다. 왜냐하면 결과가 정해지기 전까지는 어느 누구도 진리를 알 수 없기 때문이다. 특히 동시대의 논쟁을 연구하는 사회학자는 분쟁 중인 사안에서 진리가 무엇인지 알 수 없다. 진리는 논쟁이 해소된 다음에야 비로소 선포될 것이다. 따라서 콜린스는 과학 분석가가 'TRASP'를 내세우는 것을 피해야 한다고 주장한다. 즉, 아이디어 내지 개념의 "진리성(truth), 합리성(rationality), 성공(success) 내지 진보성(progressiveness)"의 언급을 피해야 한다는 것이다. 물론 과학사회학자들은 논쟁 참가자들 자신의 TRASP 주장에 관해 기록할 수 있지만, TRASP 요인들이 논쟁의 경과에 대한 사회학적 설명에 끼어들 수는 없다. 만약 논쟁에 관여하고 있는 과학자들이 진리를 알지 못한다면(그들이 진리를 알고 있다면 논쟁을 하고 있지 않을 것이다), 사회학자 역시도 진리가 무엇인지 알 길이 없는 것이다.

과학지식사회학의 실현 가능성에 대한 콜린스의 주장이 반자연주의에 대한 반대보다는 실용적 측면에 좀 더 기반을 둔 것처럼, 콜린스의 프로그램 역시 블루어보다는 좀 더 실용적인 형태를 띠고 있다. 콜린스에 따르면 경험적 상대주의 프로그램(Empirical Programme of Relativism, EPOR)에는 세 가지 단계가 있다(Collins, 1983; Yearley, 1984: 62~67을 보라).

① 과학적 결과에서 피할 수 없는 개방성 내지 해석적 유연성을 밝힌다.
② 결과에 대한 논쟁을 종결시키는 데 쓰인 사회적 과정을 조사한다.
③ 이러한 과정과 인접한 과학자 공동체를 넘어선 사회적 힘들 사이의 연관성을 탐구한다.

첫 번째 단계는 분석가가 과학적 데이터의 '해석적 유연성'(interpretative flexibility)을 보일 것을 요구한다(Collins, 1981a: 6~7). 어떤 의미에서 보면, 이는 단지 논쟁이 벌어지고 있다는 사실을 다시 진술하는 것에 불과하다. 만약 과학적 데이터, 실험의 산물 내지 결과가 오직 하나의 해석만을 허용한다면 논쟁이 일어날 이유가 거의 없을 테니까 말이다. 그러나 콜린스는 좀 더 엄밀한 주장을 하고 싶어 한다. 콜린스는 19세기 중엽에 두 명의 자연학자 루이 파스퇴르(Louis Pasteur)와 펠릭스 푸셰(Félix Pouchet) 사이에 벌어진 유명한 논쟁을 여러 차례 언급한 바 있다 (Farley and Geison, 1982를 보라). 두 사람은 모두 저명한 프랑스 과학자로 생식과 생명의 발생에 관심을 갖고 있었다. 당시 (가령 치즈나 야채 같은) 유기물 배지(培地)를 내버려 두면 곰팡이가 피는 경향이 있다는 사실이 널리 받아들여져 있었다. 문제는 이러한 곰팡이가 어디서 왔느냐 하는 것이었다. 공기 중을 떠다니던 포자가 달라붙어 자란 것인가, 아니면 극히 미세한 생명 형태가 자연 발생적으로 생겨난 것인가? (생명은 거의 전적으로 생식에 의해서만 생겨난다고 믿었던) 파스퇴르와 (자연 발생이 널리 퍼져 있을 가능성에 좀 더 치우쳐 있었던) 푸셰는 실험을 통해 문제를 해결하고자 했다. 그러나 그들의 논쟁은 여러 해를 끌었고, 콜린스가 주목하고자 했던 유형의 개방성 내지 해석적 유연성을 보여 주었다. 이 사례에서 우리는 증거가 계속 개방돼 있었던 여러 가지 이유들이 있었음을 알 수 있다. 우선 과학자들은 그들이 지닌 관찰과 실험 능력의 바로 그 한계점에서 작업하고 있었다. 실험에 쓰인 공기나 다른 재료들에서 눈에 보이지도 않고 과학자들이 어떻게 없애야 하는지도 잘 몰랐던 오염 물질들을 제거해야 했다. 따라서 특정한 실험 결과를 알려져 있지 않은 오염 물질 탓으로 돌리며 무시하는 것이 언제나 가능했다. 둘째, 과학자들은 다소 다른 실험 전략을 따르고 있었고 상대방의 실험을 정확하게 반복해 보는 일이 드물었는데, 그 이유는 대체로 그들이 상대방보다 실험을 더 잘하려 애썼기 때문이다. 심지어 오늘날 실험과학의 세계에서도 과학자들은 대체로 차별성을 추구하면서 실험을 조금씩 다르게 하는데, 그 이유는 이전까지 이뤄졌던 것보다 더 향상된 실험을 시도하기 위해서이다. 그 결과 실험의 '재연'(replication)이 원래 실험의 정확한 반복인 경우는 좀처럼 생기지 않는다.

혹자는 이러한 차이가 논쟁 초기에 날카롭게 드러났다가 시간이 흐르면서 점차 줄어들 거라고 가정할지 모른다. 그러나 EPOR의 지지자들은 논쟁이 전개되면서 이러한 해석적 유연성이 대체로 줄어들지 않으며, 적어도 한쪽 관점은 명백히 옳고 다른 쪽 관점은 명백히 틀린 정도까지 줄어들지는 않는다고 추가로 단언했다. 여기에는 원칙적 지점과 실용적 문제가 모두 존재한다. 원칙적 지점은 이론을 버려야 할 엄격하게 논리적인 근거는 결코 존재할 수 없다는 것이다. 지금까지 간과됐던 어떤 요인이나 이전에 시도해 보지 않은 어떤 실험이 등장해 이론을 되살려 내는 일이 언제든 생길 수 있다. 이는 1장에서 논의한 러커토시의 '세련된' 반증주의 이론에 내재한 약점이었다. 실용적 문제는 실험 설계에서의 사소한 차이라 하더라도 논쟁을 여러 해 동안 끌고 갈 수 있다는 것이다. 논쟁 양측이 흔히 자신의 관점을 뒷받침하거나 상대방의 관점을 공격하는 증거를 계속해서 제시할 수 있기 때문이다.

합의된 결과에 도달하는 것을 가로막는 이러한 논리적 무한 연장과 실천적 장애물에 직면하면, 다음 질문은 과학 논쟁의 실질적 해소를 설명하는 요인이 무엇인가 하는 것이 된다. EPOR의 주창자들은 논쟁의 종결(closure)을 설명하는 다양한 책략들이 존재함을 보여 주었다. 파스퇴르와 푸셰의 사례에서는 파리에 있는 엘리트 기관인 과학아카데미

(Académie des Sciences)가 문제에 대한 판단을 내리기 위해 과학심사위원회를 구성했다(Farley and Geison, 1982: 21~24). 위원회는 파스퇴르의 입장을 지지했고, 나중에 푸셰는 논쟁에서 물러났다. 현실에서는 자연의 공표가 아닌, 심사위원들의 공표에 의해 이 논쟁을 해소하려는 시도가 이뤄졌다. 다른 사례들에서는 논쟁의 결과가 수사적 술책들에 의해서나 '실패한' 진영에 연구 기회를 주지 않음으로써 결정되었다. 물론 대다수의 사례들에서 이러한 결정은 그런 결정을 내린 사람들에게 합당한 것으로 보인다. 그러나 콜린스가 궁극적으로 제기하는 논점은 논쟁이 해소되는 이유가 사람들이 다툼이나 의견 대립을 중단하기로 결정했(거나 그렇게 강요받았)기 때문이지, 자연이 승리한 쪽을 뒷받침하는 이론의 여지가 없는 공표를 했기 때문은 아니라는 것이다.

    EPOR의 세 번째 단계는 반드시 모든 사례에 적용되어야 하는 것은 아니다. 그러나 콜린스는 "논쟁 결과를 제약하는 메커니즘과 더 폭넓은 [사회적/문화적] 구조 간의 관계"가 있을 수 있음을 시사했다(Collins, 1981a: 7). 다시 말해 사람들이 의견 대립을 중단하기로 결정한 이유가 폭넓은 사회적 요인들이 어떤 하나의 해석을 압도적으로 선호했기 때문일 수 있다는 것이다. 그러한 사례에서는 통상적인 거시사회학적 요인들이 과학 논쟁의 결과를 형성하는 데 기여했다고 할 수 있다. 그러나 처음 EPOR을 발표할 때, 콜린스는 조심스럽게 이를 하나의 가능성으로만 — 비록 지적으로 매력적인 가능성이긴 하지만 — 제시했다. 그는 "만약 상당한 제도적 자율성을 지닌 오늘날의 주류 과학에 속하는 지식의 일부가 확립되는 과정을 세 가지 단계 모두로 설명할 수 있다면 아주 만족스러울 것"이라고 논평했다(Collins, 1981a: 7). 적어도 1981년의 시점에서, 콜린스는 그러한 설명이 아직 제시된 적이 없다고 믿고 있었던 것으로 보인다. 따라서 대체로 볼 때 경험적 상대주의 프로그램은 과학자 공동체 내부의 사회적·문화적 요인들이 과학 논쟁의 결과를 결정짓는 으뜸가는 설명 요인이라고 주장한다. 이러한 제한적 의미에서(사실 이는 **매우 제한적인 의미이다**) 최종 결정을 내리는 것은 자연이 아니라 사회이다.

반대 논증

이미 언급한 것처럼, 블루어와 콜린스의 입장(그리고 배리 반스처럼 관련된 논점을 제기하는 저자들의 입장. Barnes, 1974)은 대대적인 비판적 주목의 대상이 되었다. 그중 많은 수는 그들의 논증에 포함된 세부 사항에 관심을 기울이지 않았다. 예를 들어 블루어와 콜린스의 논증을 차별화해 다룬 비판자들은 거의 없었다. 블루어는 자연주의적 설명 프로그램을 주장하고 있었고, 그의 주된 적수는 비자연주의적 설명이었다. 그에게는 수학 지식과 논리학의 통찰(우리가 선험적으로 가진 것처럼 보이는 지식)이 결정적으로 중요한 사례로 보였다. 콜린스는 실제 진행 중인 논쟁에서 분석가는 필연적으로 우월한 주장을 선택할 수 없다는 사실에 의해 주로 정당화되는 방법론적 상대주의를 선호했다. 그의 논증은 증거의 논리적 비강제성에 대한 자신의 주장에 의지하고 있다.

가장 흥미로운 비판 중 하나 — 저자가 SSK의 성패를 판가름하는 것이 뭔지를 분명 이해하고 있다는 점에서 — 는 뉴턴스미스에 의해 제기되었다(Newton-Smith, 1981: 237~265). 그 역시 대칭성과 공평성 기준에 초점을 맞추고 있다. 그는 공평성의 기준이 성립한다는 점을 받아들인다. 다시 말해 모든 믿음은 설명을 필요로 한다는 것이다. 그러나 그는 그러한 설명들이 대칭적이지 않다고 주장한다. 그의 논증은 '이성의 명령'(dictates of reason)이라는 개념을 중심으로 전개된다(Newton-Smith, 1981: 254).

> 누군가가 [어떤 명제] p를 믿는 이유라고 제시한 것이 실제로 그 p를 믿게 하는 근거를 제공한다면, 그는 이성의 **명령**을 따르고 있다고 부르겠다. 만약 누군가가 이성의 명령을 따르고 있다면, 그 사실을 보여 주는 것이 …… 그의 믿음을 설명한다. 만약 그가 이성의 명령을 따르고 있지 않다면, 그가 믿고 있는 것을 믿는 이유에 대해 하나의 가설로서 다른 유형의 설명이 제시되어야 할 것이다. 이성의 명령을 따르지 않는 경우는 합리화되는 경우와 그렇지 않은 경우로 나누어진다. 후자는 부주의나 지성의 부족, 흥미 부족, 그리고 문제의 인물이 직감에 따라 행동해 더 이상의 근거를 제공할 수 없는 경우 등이 포함된다. (Newton-Smith, 1981: 254. 강조는 원문)

뉴턴스미스는 모든 믿음들이 설명을 필요로 함을 인정하면서도 믿음들이 올바른 것인지 그렇지 않은지에 따라 서로 다른 형태의 설명을 제공하는 믿음의 분석 방법을 제공하고자 한다.

모든 믿음들에 대한 자연주의적 설명을 일종의 비대칭성과 결합시키기 위해, 뉴턴스미스는 우리가 이성의 명령을 따르는 데 관심 — 실로 '보편적이고 불변적인 관심' — 을 갖는다는 관념을 끌어들인다(Newton-Smith, 1981: 255). 인간 종의 진화 과정은 우리에게 올바른 지식을 얻는 것에 대한 본래 타고난 관심을 부여해 주었다. 결국 모든 믿음들은 자연주의적 용어로 해명되지만, (진화 과정에서 선호되는) 옳은 믿음과 (진화 과정에서 불리한) 틀린 믿음에 대한 설명에는 비대칭성이 내재해 있다. 블루어는 이처럼 일견 화해를 청하는 담화를 받아들이지 않는다. 인지적 평가에서 부주의한 사람 등에 대해 논하는 것은 심지어 블루어의 인식틀 내에서도 의미가 있지만, 그는 자연주의와 합리주의 사이에 동맹을 맺어 주려는 뉴턴스미스의 시도에 미혹되지 않는다. 블루어가 보기에 일부는 자연주의적이고 일부는 규범적인 길을 찾는 것은 불가능하다. 뉴턴스미스의 입장은 철학적 논제들 — 윤리학, 미학, 인식론을 막론하고 — 에 접근하는 모든 다윈주의적 시도들이 겪는 어려움을 그대로 안고 있다고 블루어는 주장한다. "그러한 복합적 입장들은 …… 일관성을 결여하고 있다. 이 입장들은 불가능한 조건을 만족시키려 한다. 즉, 이성을 자연의 일부로 만들면서, 동시에 자연의 일부가 아닌 것으로 만드는 것이다. 만일 이 입장들이 이성을 자연 밖으로 밀어내지 않는다면 그들은 이성의 특권적이고 규범적인 성격을 잃게 되나, 반대로 만일 이성을 자연 밖으로 밀어내면 그들은 이성의 자연적인 지위를 부정하게 된다. 그들은 이 둘 다를 만족시킬 수 없다"(Bloor, 1991: 178). 진화적 적응은 환경에 부합하는 것을 목표로 한다. 진화는 인지 능력을 정교화할 수 있지만, 뇌가 어떻게 초월적 실재에 접근할 수 있는지를 설명할 수는 없다. 블루어는 이러한 중도의 길의 가능성을 부인하는 데서 반자연주의자들과 입장을 같이한다.

그러나 많은 점에서 뉴턴스미스의 논증에 그에 못지않게 치명적인 것은 그의 지침이 파스퇴르-푸셰 논쟁의 분석가들이 처한 상황에 대처하는 데 도움을 주지 못한다는 관찰이다. 논쟁 양측은 모두 이성의 명령을 따르고 있는 것으로 보인다. 대체로 볼 때 과학 논쟁은 공들여 연구한 한쪽 진영과 부주의한 다른 쪽 진영 사이에서 일어나는 것이 아닌 듯하다(비록 내부자들은 종종 이런 식으로 얘기를 하지만 말이다. Mulkay and Gilbert, 1982a. 또한 6장에 나오는 과학자들의 수사 분석을 보라). 뉴턴스미스가 휘두르고 싶어 하는 것처럼 보이는 도구들은 그 일을 해내기에 너무 조악해 보인다.

강한 프로그램과 경험적 상대주의 프로그램의 실제 적용

블루어의 논증은 과학과 수학에 대한 지식사회학의 길을 열어 주었다. 블루어 자신은 그 길의 탐색에서 수정된 뒤르켐주의적 방식을 선호하는 듯 보인다(Bloor, 1978을 보라. 아울러 Bloor, 1991: 167도 참조할 것). 그러나 그의 자연주의적 의제를 가장 강력하게 이어받은 것은 예전의 동료 반스와 그 외 에든버러에서 함께 작업했던 사람들이었다. 다음 장에서 보겠지만, 그들의 접근은 뒤르켐에는 거의 빚진 바가 없으며 네오맑스주의에서 더 많은 것을 빌려왔다. 한편, 콜린스와 그의 동료들은 EPOR의 '단계 3'에 거의 관심을 보이지 않았고, 대체로 '단계 1'과 '단계 2'를 기록하는 데 스스로의 작업을 한정했다. 근래 들어 콜린스와 핀치는 대단히 널리 읽힌 사례연구 선집을 편집 출간했다(Collins and Pinch, 1993). 이 책은 자연 세계에서 나온 증거가 믿음을 결정하지 않으며 합의는 오직 사람들이 자연 세계에 관해 다툼을 중단하기로 결정했을 때 생겨난다는 사실을 다양한 사례로 되풀이해 보여 주는 것을 목표로 했다. 그들은 세계가 어떻게 '실제로 존재하는가'에 대한 기술(記述)은 논쟁의 결과를 해명하는 데 있어 아무런 설명력을 갖지 못한다고 주장했다. 그러한 기술은 논쟁에서 얻어진 결과물이지, 그것을 해소시킨 원인이 아니기 때문이다. 그들은 어떻게 이성이 아닌 설득이 논쟁을 종결시키는지, 어떻게 논란의 여지가 없는 실험적 입증이 아닌 지지자들의 성공적 동원이 반대 측을 침묵시키는지, 어떻게 연구 자금의 독점적 확보가 믿음을 둘러싼 전투에서 승리를 보장하는지를 보여 주고자 했다.

그러나 다른 각도에서 보면, 이러한 두 그룹의 문헌들은 세계의 과학적 분석에 관한 대부분의 판단이 전적으로 과학자 공동체 구성원들에 의해 세심하고 성실하게 내려진다고 말하는 것으로 요약할 수도 있다. 이러한 과학자들은 '과학적 방법'을 따르지는 않지만 과학과 무관한 (a-scientific) 근거에 입각해 결론에 도달하는 것도 아니다. 콜린스와 핀치가 1993년 선집에서 뽑은 사례들 대부분은 '단계 3'의 요소를 전혀 담고 있지 않으며, 논쟁들은 과학자 공동체 내에서 해결된다. 블루어는 사회 세계뿐 아니라 물리적 세계가 갖는 설명적 역할도 지속적으로 강조해 왔다. 심지어 반스조차도 이렇게 주장했다. "자연주의에서 의미를 갖는 모든 것은 실제로 하나의 세계, 하나의 실재가 '저 바깥에' 있어 우리의 지각을 완전히 결정하지는 않더라도 그것의 원천이 되며, 우리의 기대를 충족시키거나 좌절시키는 원인이 됨을 보여 준다"(Barnes, 1977: 25). 강한 프로그램과 EPOR의 실천이 갖는 상대적 온건성을 보여 주는 이 점은 콜린스의 최근 사례연구 중 하나에 잘 나타나 있다.

1990년대에 콜린스는 중력파 공동체 ─ 이전에 그가 연구 대상으로 삼았던 물리학자들 ─ 에 대한 연구로 다시 돌아갔다. 중력파는 중력의 변화가 있을 때마다 발생하는 것으로 생각되는 일종의 복사이다. 그러나 복사가 너무나 약하기 때문에 별의 붕괴나 충돌처럼 상상할 수 있는 가장 거대한 변화만이 지구상에서 현재의 장비로 측정할 만큼 충분히 큰 중력파를 만들어 낼 가능성이 있다. 물리학자들은 그러한 복사의 존재를 확신하고 있다. 이는 물리학자들이 크게 신뢰하고 있는 아인슈타인의 이론에서 예측된 것이기 때문이다. 그러나 그들은 중력파를 측정하고 싶어 하며, 결국에 가서는 이를 현재 우리에게 가려져 있는 천문학의 일부를 탐구하는 방법으로 활용하려 한다. 콜린스는 중력파 복사 검출의 사회학에 관심을 갖고 있다. 그의 초기 연구는 서로 경쟁하는 중력파 검출 장치들을 들여다보았다. 어느 누구도 중력파를 검출하는 방법을 모르고, 심지어 중력파 복사가 정말 존재하는지조차 모르는 상황에서, 실험가 공동체는 어려운 문제에 직면했다. 중력파를 검출했다는 긍정적 결과 보고는 훌륭한 검출기로 얻어 낸 타당한 검출일 수도 있었고, 결함이 있는 장치로 얻어 낸 잘못된 결과일 수도 있었다. 그러나 어떤 진술도 반대 진술과 독립적으로 검증할 수 없기 때문에(가령 실험실에서 중력파를 만들어 내 검출기를 표준화하는 것이 불가능했다), 실험가 공동체는 콜린스가 실험가의 회귀(experimenter's regress)라고 이름 붙인 상황에 빠져들었다(Collins, 1992: 83ff). 콜린스는 초기에 중력파 복사를 검출했다고 주장한 사람들이 어떻게 일련의 실수들로 인해 격하되고 신용을 잃게 되었는지 기술하고 있다. 그러한 실수들은 실험 결과가 틀렸음을 공식적으로 입증한 것은 아니었지만 이에 대한 회의적 태도를 널리 퍼뜨렸다. 특히 가장 초기의 검출기들은 감도가 너무 떨어져 우리 은하 가까이 혹은 그 내부에서 일어난 예외적 사건들을 빼면 그 어떤 중력파 신호도 검출할 수 없는 것으로 여겨졌다. 그러나 중력파 복사에 관한 이론적 논증이 대단히 강력했기 때문에 실험적 관심은 이후에도 계속되었다.

실험가의 회귀에 대한 콜린스의 분석은 과학자 공동체 내부의 논쟁을 분석하는 데서 그 중요성을 거듭 입증해 왔다. 이를 다음 〈그림 2-1〉과 같이 정리해 보면 도움이 된다. 중력파의 존재를 받아들이는 실험가는 긍정적 관찰을 자신의 이론에 대한 증거로 간주하는 반면, 부정적 관찰은

		중력파에 대한 믿음	
		예	아니오
검출기에서의 신호 관찰	예	명제를 '증명'함	'증거'가 외재적 요인에 의해 유발됨
	아니오	장치가 충분히 민감하지 못함	명제를 '증명'함

그림 2-1 '실험가의 회귀'. 콜린스에 따르면, 새로운 현상이 있는데 이를 확인할 수 있는 방법은 하나밖에 없을 때 과학자들은 이러한 회귀에 빠져든다(Collins, 1992).

검출기가 충분히 민감하지 못함을 나타내는 것으로 간주할 것이다. 반대로 중력파의 존재를 회의적으로 보는 사람은 부정적 관찰을 자신의 입장에 대한 뒷받침으로 보며, 긍정적 관찰은 과도하게 민감한 실험 장치 때문이라고 평가절하할 것이다. 콜린스에게 있어 이는 EPOR의 '단계 1'을 완벽하게 보여 주는 사례이다. 증거가 어느 쪽으로 나오든 간에 믿음을 강제할 수 없기 때문이다. 따라서 과학자 공동체 내에서 도달한 합의는 논쟁을 멈추고 의심을 거두기로 한 결정이 낳은 결과가 될 수밖에 없다.

1998년에 발표한 논문에서, 콜린스는 이처럼 불리한 조건하에서 작업하는 오늘날의 실험가들의 반응을 탐구한다. 그들은 엄청나게 운이 좋지 않은 한 자신들이 만든 장치가 중력파를 검출할 가능성은 낮다고 생각하며, 새롭고 좀 더 민감한 검출기가 향후 10년 내에 가동될 거라는 사실을 알고 있다. 검출기가 온갖 종류의 소음과 교란에 민감하다는 바로 그 이유 때문에 어떤 단일한 검출기가 발견에 대한 믿을 만한 보고를 해낼 가능성은 낮다. 너무 큰 신호는 이론적 예측에서 벗어나기 때문에 의심의 대상이 될 것이다. 그리고 '제대로 된' 크기의 신호는 검출기의 우연한 교란이나 장치의 알 수 없는 오작동에 의해서도 손쉽게 유발될 수 있다. 따라서 실험가들은 여러 팀이 짝을 이뤄 작업을 하는 식으로 대응해 왔다. 만약 동일한 '신호'가 수천 킬로미터 떨어진 두 기계에서 관찰된다면 이는 우연한 교란의 문제를 넘어선 것으로 볼 수 있다. 그러나 물론 우연의 일치는 여전히 일어날 수 있기 때문에 가짜 효과에서 '진짜' 효과를 추려 내기 위해서는 판단의 요소가 요구된다. 콜린스는 이 사례에서 두 가지 시사적인 측면들을 추가로 기술하고 있다. 첫 번째 문제는 중력파가 정확히 같은 시각에 두 기계에 '충돌하지' 않는다는 것이다. 왜냐하면 설사 빛의 속도로 이동한다 하더라도 충격은 극히 짧은 시간만큼 떨어져 일어날 것임이 거의 확실하기 때문이다. 정확한 계시(計時)가 분명 필수적이지만, 콜린스는 일부 기관들의 시계가 하루에 1초 내지 그 이상 어긋나기도 하고, 과학자들이 지역 라디오 방송국에 '시간 확인'을 요청했다는 보고도 있는 등 계시 관리에서 문제가 계속 발생해 왔다고 쓰고 있다 (Collins, 1998: 323). 이처럼 불확실한 시간 측정의 안개를 뚫고 자연 세계가 조율된 측정치로 '말하게' 하는 것은 쉽지 않은 과제일 것이다.

두 번째의 좀 더 사회학적인 복잡성은 두 명의 잠정적 협력자들이 자신들의 발견을 공표하는 문턱값을 서로 다르게 설정할 수 있다는 것이다. 다시 말해 어떤 연구소는 '진정한' 발견의 순간이 언제인지에 대해 다른 연구소보다 좀 더 보수적이다. 콜린스는 만약 두 연구소가 자유롭게 데이터를 공유한다면 덜 보수적인 연구소가 항상 다른 쪽에 앞서 선수를 칠 수 있다고 지적한다. 그쪽 연구자들이 데이터를 얻었다고 생각하는 순간 공동 발견을 공표해 버리는 것이다. 그의 연구에 따르면, 더 보수적인 과학자들은 자신들의 데이터를 제공하지만 시간/날짜 표식을 제거한 채 주는 식으로 대응해 왔다. 덜 보수적인 과학자들이 두 실험의 출력 결과 사이에 강한 일치를 찾아낼 경우 그들은 여전히 결과를 발표할 수 있지만, 이때 창피를 당할 위험을 감수해야 한다. 동시에 일어난 신호 기록을 비교하고 있는지를 확신할 수 없기 때문이다. 이는 더 보수적인 그룹에 주도권을 다시 넘겨준다. 시간/날짜 표식의 제거가 불필요한 추가 작업을 유발하며 진정한 동시 사건(co-incident)을 찾아내기 어렵게 만들 거라는 우려에도 불구하고 말이다(Collins, 1998: 331).

이 사례연구에서 특히 흥미로운 점은 콜린스가 이 분야에서 지식의 협상을 처음 관찰한 지 20년이 지났는데도, 그러한 관찰이 구체적이고 특정한 방식으로 계속 들어맞는 사례를 계속해서 찾아낼 수 있다는 것이다. 물리학자들이 정력적이고 집요하게 중력파를 찾고 있음에도 불구하고, 그들이 이 현상을 측정하고 있는지 아닌지를 알아내는 데 있어 계속 문제들이 남아 있다.[2] 초기에는 으뜸가는 문제가 '누구의 검출기가 제대로 작동하는 것이고 누구의 검출기가 작동하지 않는 것인가?'였다. 좀 더 최근에는 문제가 이렇게 바뀌었다. 서로 연계된 두 그룹 중에서 어떤 동시 사건이 데이터이고 어떤 것이 단순한 우연의 일치인지에 대해 올바른 결정을 내리는 쪽은 어디인가? 두 가지 문제 모두에서 (이 경우 말 그대로) 우주로부터 오는 증거는 확실한 답을 제시해 주지 못한다. 사실이 무엇인지 결정하는 것은 집단 내지 공동체로서 과학자들의 손에게 맡겨져 있다.

---

[2] 물리학 공동체의 세부 연구가 갖는 사회학적 측면은 피터 갤리슨과 앤드루 피커링에 의해서도 탐구되었다(Galison, 1987: 263~278; Pickering, 1984). 예를 들어 갤리슨은 '규모 효과'(scale effect)가 물리학 공동체에 미치는 영향에 주목한다. "물리학의 목표는 규모의 증가를 요구하지만, 그러한 경향이 강해지면 연구 제안서와 논문 발표 사이의 시간 지연이 길어져 실험 도중에 물리학의 목표가 바뀔 가능성이 생겨난다"(Galison, 1987: 165). 과학자들은 판단을 내릴 때 당장 가지고 있는 증거뿐 아니라 새로운 실험 장비가 가동되기까지 장시간 기다리는 동안 새로운 증거가 나타날 가능성도 염두에 두어야 한다. 그러한 실천적 요구는 피커링이 '실천의 뒤엉킴'(mangle of practice)이라고 부른 것(Pickering, 1995)의 일부를 이룬다.

그들은 그 사실이 세계에 관한 사실이기를 바라고 있는데도 말이다. 그러한 협소하고 엄밀한 의미에서, 중력파의 측정(혹은 미측정)은 공동체의 결정에서 나온 결과이며 그 반대가 아닌 것이다. 우주에 관한 기초적 사실들은 나머지 과학자 공동체와 더 폭넓은 문화를 대신해 상대적으로 소수의 내부자들에 의해 결정되고 있다.

당연한 일이겠지만, 중력파 복사 공동체의 구성원들은 이 손에 잡히지 않는 현상을 검출하는 다른 방법을 알아내려 애쓰고 있다. 실험가의 회귀는 어떤 물리 과정을 측정하는 기법이 오직 하나밖에 없을 때 가장 예리하게 작용하여 사람들을 좌절시킨다. 가령 이론적 공준으로부터 특정한 종류의 중력 현상에서 나오는 중력파의 가능한 특징들을 추론해 낼 수 있을지 모른다. 그럴 경우 두 개의 검출기가 반드시 필요하지는 않게 된다. 중력파의 '윤곽'(profile)을 알면 우연히 뾰족 솟아오른 부분과 신호를 구분할 수 있기 때문이다. 그러나 심지어 이때에도 이론으로부터의 추론이 충분히 정확한지, 측정된 윤곽과 예측된 파형이 충분히 비슷한지 등등에 대한 판단은 내려야 할 것이다. 이러한 각각의 결정은 판단을 요구하며 따라서 더 큰 회귀 문제의 일부를 이루게 될 뿐이다.

요컨대 콜린스의 전체적인 결론은, 결국에 가면 과학자들이 물리 세계의 성질에 대한 결정을 내려야 한다는 것이다. 이는 그들이 자유롭게 '그것을 지어낼' 수 있다는 뜻이 아니다. 대체로 볼 때, 과학자 공동체는 증거를 엄청나게 중요하게 여기며, 과학자들의 연구 활동은 종종 그러한 증거의 질을 향상시키는 데 집중된다. 그러나 EPOR은 증거가 결코 완전한 설득력을 갖지는 못함을 말해 준다. 이는 심지어 물리학 공동체 내에서도 데이터에 대한 과학자들의 접근 방식에 문화적 차이가 있을 수 있음을 의미한다. 그러나 그러한 차이는 과학자 공동체 내부의 것으로, 외부의 이데올로기적 내지 물질적 영향과는 관계가 없을 가능성이 높다. 전문가 공동체는 더 폭넓은 사회적 환경으로부터 고도로 격리돼 있을 수 있다. 과학지식사회학을 추구하는 것이 반드시 폭넓은 사회적 요인들이 과학적 개념과 이론의 형성에 영향을 준다는 주장을 펼치는 것은 아니다.[3]

경험적 상대주의 프로그램, 강한 프로그램, 과학 지식의 '실재성'

이 장을 마무리하면서 세 가지 주요 지점들을 짚고 넘어가야 할 것 같다. 첫째, 강한 프로그램과 EPOR을 한편에, 철학적 실재론을 다른 편에 놓고 보면 이 둘은 정면으로 대립하는 것처럼 보이지만, 어떤 의미에서 이 둘은 친밀한 적이다. 이 둘은 모두 과학자 공동체가 자연 세계의 존재 양상을 결정한다는 사실을 인정한다. 실재론자들은 과학자들이 사회적·문화적 요인들을 최대한 많이 — 이상적인 경우 완전히 — 제거함으로써 이런 일을 해낸다고 주장한다. 콜린스는 '실재론'을 현장 과학자의 자연스러운 태도로 보는 점에서는 의견이 일치한다. 하지만 이는 도달 불가능한 이상이다. 콜린스는 사회적·문화적 요인들은 제거 불가능하다고 주장한다. 현실 속에서는 과학자들이 증거가 충분한 시점이 언제인지를 결정해야 하기 때문이다. 두 입장은 마치 거울에 비친 것처럼 닮았다. 실재론이

---

3) 그러나 중력파 사례에서 콜린스는 몇몇 실험가들이 중력파를 검출했다는 주장에 신중을 기한 것이 곧 나올 새로운 세대의 검출기를 만들고 있는 팀들과의 관계를 위태롭게 하지 않으려 했기 때문이라고 주장하고 있다. 만약 현재의 기술이 중력파 연구에 충분한 것으로 밝혀진다면, 새로운 방식의 검출기가 그렇게 긴급하게 필요하지 않을 것이다. 이 때문에 일부 물리학자들은 현재 장비를 가지고는 결정적인 실험 결과를 얻어 낼 수 없다는 생각을 촉진하는 데 이해관계를 가지고 있을 수 있다.

옳으려면 콜린스는 조금만 틀리면 된다. 반대로 EPOR이 정당화되려면 실재론을 조금만 과장하면 된다. 앞으로 4장에서 보겠지만, 사회구성주의와 실재론의 근저에 깔린 이러한 유사성은 브뤼노 라투르나 미셸 칼롱(Michel Callon) 같은 저자들이 둘 모두를 거부하는 이유로 활용된다.

두 번째 지점도 라투르의 주장과 관련이 있다. 사회의 '암흑물질'을 이해하는 것이 사회학에 갖는 중요성에 대한 이 책 첫머리의 주장으로 돌아가 보자. 블루어나 콜린스처럼 수학적 증명의 설득력이나 과학 지식의 외견상 확실성이 (증거의 설득력에서 곧장 나온 것이 아니라) 문화에서 나온 것이라고 주장할 경우, 우리는 잃어버린 질량에 대한 뜻밖의 해석을 얻게 된다. 그것을 잃어버렸던 이유는 단지 사회학이 그것을 간과해 왔기 때문이 아니라, 사회학자들이 그러한 '질량' 그 자체가 얼마나 깊숙이 사회적인지를 이해하지 못했기 때문이라는 것이다. 이 책의 후반부에서는 잃어버린 질량의 사회적 성격에 대한 인식이 어떻게 위험과 같은 좀 더 폭넓은 사회적 쟁점이나 정책 사안에서 전문가 자문 위원의 역할에 대한 사회학적 분석에 도움을 줄 수 있는지를 주로 살펴보게 될 것이다.

블루어와 콜린스는 모두 과학과 수학 지식에 대한 자연주의적 설명을 만들어 내는 일을 하고 있다. 여기서 결론 내릴 수 있는 세 번째 지점은, 그들의 목표가 과학적 믿음이 어떻게 **만들어져야 하는**가가 아니라 그것이 어떻게 만들어지는가를 규명하는 데 있다는 것이다. 이와는 대조적으로 1장에서 검토한 대부분의 저자들은 과학을 어떻게 수행해야 하는가를 밝히는 데 관심이 있었다. 그러나 이러한 접근들이 흔히 생각하는 것처럼 반드시 선명하게 구분되는 것은 아니다. 예를 들어 과학자 공동체 내부의 인지적 가치에 대한 쿤의 분석은 일차적으로 묘사적인 설명이었다(Kuhn, 1977). 그는 그러한 가치들이 공동체의 실천에서 가장 흔히 존중받는 것들이라고 주장함으로써 이를 정당화한다. 블루어는 성찰성 원칙을 통해 자신의 강한 프로그램을 과학적 방식으로 수행하는 것을 분명한 목표로 내걸었다. 그가 이 일을 어떻게 해야 할지에 대해 조언을 하게 된다면, 그가 분명히 참고할 대상 역시 과학자 공동체 내부에서 현재 진행 중인 실천이 될 것이다. 마찬가지로, 최근 콜린스가 중력파 공동체 내에 존재하는 서로 다른 증거 문화를 강조한 것은 그의 초점이 과학 전문직 내에 있는 다양한 문화들(아마 가치들이라고 말할 수도 있을 것이다)에 있음을 의미한다. 이러한 규범적 장에서는 인지적 가치에 대한 묘사적 접근과 블루어와 콜린스의 묘사적 야심이 대다수의 논평가들이 생각하는 것보다 훨씬 더 가까워진다. 이 문제는 7장에서 다시 다뤄질 것이다.

마지막으로 블루어 책의 후기에서 한 가지 점만 더 지적하도록 하자. 강한 프로그램의 으뜸가는 '발견'은 무엇이었는가 하는 질문을 받자 블루어는 한정주의(finitism)를 답으로 내놓았다. SSK가 전체적으로 알아낸 사실은 "**모든** 개념 적용은 논쟁 가능하고 협상 가능하며, 이미 받아들여진 **모든** 적용들은 사회적 제도의 성격을 갖고 있다"라는 것이다(Bloor, 1991: 167. 강조는 원문). 따라서 수학과 논리학의 이른바 진리가 자동으로 적용되는 것은 아니다. 적용례를 규정하는 것은 항상 문화적 성취인 것이다. 마찬가지로 콜린스의 주된 주장은 EPOR의 '단계 3'(외부 요인들이 과학 지식 발전에 미칠 수 있는 영향)이 아니라 '단계 2'(합의는 증거가 사람들에게 합의를 강제한 결과가 아니라 사람들이 다툼을 멈춘 결과라는 주장)에 있다. 이러한 의미에서 한정주의는 과학학에서의 사회학적 전환이 가져온 핵심적인 결과이다. 사람들은 지식이 어떤 것인지 집합적으로 결정한다. 설사 그들이 그 지식을 설득력 있고 그들 외부에 있는 것으로 경험한다고 하더라도 말이다. 이는 1부에 어울리는 끝맺음이 될 것이다.

이어지는 장들에서 나는 사회학자들이 이러한 기반 위에서 어떻게 과학학의 발전을 추구해 왔는지를 개관할 것이다. 2부는 블루어의 근본적 통찰을 가장 체계적으로 발전시킨 사회학적 시도를 검토해 보는 것으로 시작한다.

2부
과학학의 학파들

3장_지식과 사회적 이해관계

들어가며

사회적 이해관계를 과학지식사회학에 적용한 주요 이론을 발전시킨 이들은 배리 반스, 도널드 매켄지, 스티븐 섀핀, 그리고 앤드루 피커링을 포함한 동료 연구자들이었다. 그들은 모두 에든버러의 과학학과에 기반을 두고 있었기 때문에 과학사회학의 이러한 해석은 종종 '에든버러 학파'로 불려 왔다. 그러나 이 명칭은 다소 오해의 소지가 있다. 이 저자들 중 대부분이 지금은 에든버러에 있지 않고, 에든버러에 기반을 둔 블루어는 엄밀히 말하면 한 번도 이러한 접근을 실천에 옮긴 적이 없기 때문이다. 그뿐 아니라 앞으로 보겠지만, 어떤 단일한 사회적 이해관계 이론이 성공적으로 안착하지도 못했다. 다양한 '에든버러 학파'의 저자들은 이 용어를 서로 다른 방식으로 활용했고, 주류 입장을 대변할 만한 단일한 모범적 연구도 존재하지 않는다. 그럼에도 불구하고 과학 지식의 발전을 사회적 이해관계의 작동을 통해 설명한다는 아이디어는 과학지식사회학에서 최초의 포괄적인 이론적 입장을 이루었다. 그뿐 아니라 이러한 아이디어는 콜린스가 제창한 EPOR의 '단계 3'과 흡사한 어떤 것을 수행하려는 최초의 체계적 시도이기도 했다. 이 장은 이해관계 이론의 배경에서 시작해, 에든버러 학파의 지식 이해관계 개념화를 좀 더 명료하게 제시해 볼 것이다. 그 뒤를 이어 사례연구가 하나 제시될 것이며, 마지막으로 비판적 논평과 함께 결론적인 평가가 이어질 것이다.

믿음과 이해관계의 연결

적어도 표면적으로 보면, 믿음과 이해관계의 연관은 이해하기 쉽다. 일상생활에서 사람들은 종종 자신에게 편리한 것들을 믿는 것처럼 보인다. 사회에서 돈 많은 부자들은 흔히 소득세율이 낮아야 한다고 믿는데, 그 이유는 ― 그들의 말에 따르면 ― 그렇게 할 때 그들이 더 부유해지기 때문이 아니라 그것이 사회에 올바른 정책이기 때문이다. 이는 기업가 정신이 넘치고 상업적 재능이 있는 사람들이 한층 더 열심히 일하게 만들며, 따라서 장기적으로 경제를 성장시키고 모든 사람에게 이득을 가져다 줄 것이다. 그들은 낮은 세율에 대한 자신들의 믿음이 경제적 논증에 의해, 또 전 세계 다른 지역의 성공한 경제들에 관한 증거에 의해 잘 뒷받침된다고 생각한다. 이와 흡사하게 노동자 집단이나 노동조합은 종종 보호주의 정책을 선호하는데, 그 이유는 ― 그들의 말에 따르면 ― 그렇게 할 때 자신들의 일자리를 지킬 수 있기 때문이 아니라 은밀한 형태로 보호주의를 시행하는 다른 국가들이 실은 번창한다는 것을 증거가 보여 주기 때문이다. 그들은 진정한 자유무역을 시행하는 것이 국가 재정의 측면에서 종종 가벼운 형태의 자살 행위에 해당한다고 주장한다. 영국에서 여우 사냥을 옹호하는 사람들은 자신들의 스포츠가 사실 여우들에게 유익

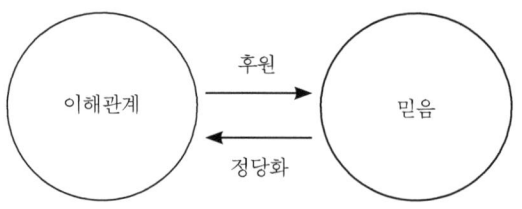

그림 3-1 지식과 이해관계의 상호 지지 관계

하다고 주장하며 그렇게 믿고 있는 듯 보인다. 왜냐하면 사냥할 동물들을 남겨 두기 위해 건강한 여우 개체군을 유지하려는 지역적 동기부여가 없다면, 농부들은 여우를 총으로 쏴 버리고 여우가 몸을 숨길 수 있는 미개간 토지('은신처')를 경작하려는 경향을 보일 것이기 때문이다. 사냥꾼들은 스스로를 여우라는 종의 진정한 친구로 내세운다. 물론 그러한 믿음의 진정성을 의심해 볼 수 있다. 그것은 단지 자기 이해관계를 감추기 위해 고안된 합리화일 수도 있기 때문이다. 그러나 적어도 일부 사례에서는 상대적으로 통일된 사회집단에 속한 사람들이 자신들의 이해관계를 뒷받침하고 정당화하는 진심 어린 — 항상 비판적 검토를 거치는 것은 아니지만 — 믿음을 발전시키게 되는 것처럼 보인다. 아직 용어 사용에서 그리 엄밀하지는 못하지만, 우리는 믿음과 이해관계가 서로를 지지하는 방식으로 연결돼 있다고 말할 수 있다. 믿음은 이해관계를 정당화하는 반면, 이해관계는 그러한 믿음이 번창하는 하위문화를 떠받친다. 이러한 관계는 〈그림 3-1〉에 개략적으로 나타나 있다.

당연한 일이겠지만, 사람들이 자신의 믿음에 대해 이런 식으로 말하는 경우는 드물다. 사냥꾼들은 자신들의 이해관계를 지키기 위해 여우 사냥의 환경적 이득에 대한 믿음을 전개하지만, 그들의 믿음이 그러한 이해관계에 의해 후원을 받고 있다고 말하지는 않는다. 그들은 자신들의 믿음이 사실에 의해, 그들의 개인적 경험에 의해, 혹은 시골 사람들의 증언에 의해 정당화된다고 주장한다. 이해관계와 믿음의 연관에 주목하는 것은 그들의 정치적 적수들이다. 나중에 논의하겠지만, 이 문제는 블루어의 대칭성 관념과 밀접한 연관이 있다.

지금까지 나는 일화적인 사례들에 대해서만, 또 '견해의 문제'로 해석될 수 있는 믿음들 — 즉, 해당 사안에 대해 합당한 방식으로 다양한 견해들을 가질 수 있는 사례들 — 에 대해서만 다루었다. 반스와 동료 저자들이 한 일은 이러한 사고방식을 구체적인 사례연구들로, 또 과학적 믿음의 문제로 확장할 것을 주장한 것이었다. 과학적 믿음의 문제에서는 결정적 증거를 얻어 내려는 치열한 노력이 경주될 것이며, 따라서 오직 하나의 올바른 답을 기대할 것이다.

반스가 기꺼이 인정하고 있는 것처럼, 그와 동료들 이전에도 이해관계와 믿음 사이의 연관에 대한 이론을 발전시키려 한 사회학자들은 많이 있었다(Barnes, 1977: 11). 죄르지 루카치 같은 맑스주의자들은 사회계급의 구성원들이 공통의 이해관계를 가지며, 이에 따라 흔히 자신들의 이해관계와 맞물리는 공유된 믿음을 갖게 된다고 주장했다(Lukács, 1971을 보라). 그러나 이해관계라는 관념을 과학의 사회적 연구에서 중심이 되는 분석적 개념으로 발전시키는 데 가장 큰 기여를 한 사람은 비판이론가인 위르겐 하버마스였다. 하버마스의 목표는 '비판적 사회 이론', 다시 말해 경험적으로 견고함과 **동시에** 정치적·윤리적 함의에서 진보적인 이론의 기반을 분명하게 밝히는 것이었다. 그러한 기획을 위한 모델은 맑스의 자본주의 정치경제학이었다. 이는 자본주의 경제가 어떻게 작동하는지 설명함과 동시에 자본주의 경제를 어떻게 대체할 수 있는지를 보여 준다고 주장했다. 그러나 하버마스는 맑스와 그 뒤를 이은 저술가들이 경험적으로 정확하면서 동시에 해방적인 이론이 무엇을 의미하는지를 적절한 방식으로 분명하게 밝히지 않았음을 시인했다. 어쨌든 정통 맑스주의는 정확성 측면에서 상당히 결함이 많은 듯 보였다.

하버마스가 보기에 해법을 찾기 위해서는 다양한 종류의 지식을 떠받치는 기반에 대한 검토가 요구되었다. 개략적으로 말해 그는 인간의 모든 지식이 종 전체의 이해관계와 관련해 발전되었다고 주장했다(Habermas, 1972). 그런 의미에서 우리는 지식 그 자체를 위한 지식이 아니라 오래도록 이해관계에 봉사해 온 지식을 갖고 있다. 하버마스는 과학기술 지식이 근본적으로 자연 세계를 예측하고 통제하는 이해관계와 관련돼 있다고 주장했다. 다른 형태의 체계적 지식 — 예컨대 문학비평이나 미술비평 같은 — 은 그런 목표를 지향하지 않았다. 문학비평의 핵심은 살만 루슈디(Ahmed Salman Rushdie)가 다음에 어떤 책을 쓸 것인지 예측하는 것이 아니라 창조적인 예술 작품의 의미에 대한 이해를 증진시키는 데 있다. 체계적 지식은 오직 하나의 이해관계에만 종속된 것이 아님을 분명히 한 후에, 하버마스는 사회과학이 기여해야 하는 제3의 이해관계인 해방적 이해관계의 개념을 제시했다. 이러한 관점에 따르면 사회과학의 적절한 목표는 행동을 예측하고 통제하는 것이 아니라 사람들의 행위를 제약하는 요인들을 찾아냄으로써 이러한 요인들에 관해 반성하고 극복할 수 있도록 하는 것이다. 하버마스가 이러한 종류의 지식의 모델로 삼은 것은 환자와 정신분석학자의 만남이었다. 이러한 만남을 거치며 환자는 강박증이나 신경증적인 행동의 배경을 깨닫고 그로부터 해방될 수 있다. 하버마스는 지식 이해관계에 대한 이러한 분석을 통해 사회과학이 지향해야 할 이상과 오늘날의 수많은 사회과학 연구에 대한 비판을 동시에 제기했다. 그가 보기에 문제는 사회과학이 지나치게 도구적 이해관계 — 사람들의 행위를 예측하고 통제하는 것을 암암리에 목표로 하는 — 의 지시를 받고 있다는 것이었다.

초기에 그러한 비판이론의 모델에 열성을 보였음에도 불구하고, 이후 하버마스는 이러한 사고방식과 거리를 두었다(Habermas, 1973).[1] 그는 반성이 정치적 해방에 적합한 모델인지 의문을 품게 되었다. 해방은 반성의 이상이 함의하는 것보다 행동을 더 많이 필요로 하는지도 모른다. 그뿐 아니라 어떤 제약들 — 가령 언어 구조의 제약 — 은 그로부터 해방되려는 노력 자체가 무의미한 것처럼 보였다. 예를 들어 언어학은 인간이 지닌 일단의 숙련의 기반을 재구축하는 것을 목표로 하는 사회과학이지만, 우리가 언어를 초월하게 하는 것을 목표로 하고 있지는 않다. 그것은 하버마스가 애초 상상했던 방식으로 해방의 의미를 담고 있지 않다. 하버마스는 세 겹의 인식론적 이해관계에 대한 자신의 이론을 버렸다. 그러나 이 장의 목적에 비춰 볼 때, 하버마스의 작업이 갖는 매력적인 특징은 그가 객관성과 양립 가능한 이해관계의 관념을 제시한 것처럼 보인다는 데 있다. 그의 이론에 따르면 과학기술은 인간의 이해관계에 토대를 두고 있지만, 아울러 적절한 영역 내에서는 객관성의 자격도 갖추고 있다. 이해관계는 사실 객관성의 전제 조건이라 할 수 있다. 지식은 이해관계 없이 더 나아지지 않을 것이며, 목표를 상실할 것이다. '에든버러 학파'의 이해관계 이론가들이 활용하고자 했던 기회를 만들어 낸 것도 바로 이 점이었다.

---

[1] 이 말은 하버마스가 불과 1년 만에 마음을 고쳐먹었다는 얘기가 아니다. 이해관계에 관한 그의 책은 독일에서 1968년에 출간되었고, 영역판이 1972년에 나왔다.

사회적 이해관계와 과학 지식

'에든버러 학파'의 이해관계 이론가들은 하버마스의 논증을 약간 변형한 형태로 받아들였다. 하버마스에게 있어 우리가 예측과 통제에 대해 가진 관심은 종 전체 차원의 것이었다. 그는 이것을 의사(擬似)초월적인 것으로 지칭했다(2장에서 우리가 자연 세계에 대한 통제에 '불변적인 관심'을 갖는다고 했던 뉴턴스미스의 논증을 떠올려 보라). 그러나 하버마스에게 있어서도 이러한 이해관계들이 발현되는 방식에서 우연적이고 경험적인 차이들이 나타날 가능성은 다소간 남아 있다. 그는 자신의 이론이 비판으로서 작동할 수 있도록 우리가 이러한 이해관계를 혼동할 수 있다는 ― 특히 도구적 이해관계를 사회과학에 적용하는 식으로 ― 생각을 제시했다. 그럼에도 불구하고 그는 왜 이런 일이 일어나는지 혹은 이른바 초월적인 이해관계들을 '혼동하는' 일이 어떻게 가능한지에 대해 구체적으로 밝히지는 않았다. 결국 그는 이러한 이해관계에 대한 사람들의 반응에서 다소의(비록 완전히 구체화된 것은 아니지만) 경험적 차이가 나타날 수 있다고 보았다. 반면 '에든버러 학파'의 이해관계 이론가들은 이러한 통찰에 기반해 체계적이고 그 근본에 있어 경험적인 연구 프로그램을 발전시키고자 했다. 만약 과학 논쟁이 일어난 이유를 탐구하거나, 논쟁에서 진영이 나뉘고 경쟁하는 학파들이 생겨나는 것을 설명하고자 한다면, 공통의 이해관계라는 개념은 그리 도움이 못 될 것이다. 대신 이해관계 이론가들은 과학 논쟁 양측의 배후에 숨은 상충되는 이해관계를 찾아내려 했다. 기본적인 아이디어는 과학자들(그리고 그 외 다른 사람들)이 자신들의 이해관계에 비추어 지식 주장을 제기하며, 이해관계가 충돌할 때 논쟁이 발생한다는 것이다. 이러한 논증의 본질을 가장 잘 이해하는 방법은 널리 알려진 사례연구를 살펴보는 것이다.

매켄지는 20세기 초 영국에서 명목변수(nominal variable)들의 통계적 유관성을 평가하는 가장 좋은 방법이 무엇인지를 놓고 벌어진 논쟁을 탐구했다(MacKenzie, 1978; 1981). 눈의 색깔이나 구독하는 일간지와 같은 명목변수들은 (가령 체중처럼) 정확한 수치 값을 부여할 수 없을 뿐 아니라 많은 경우 (정당의 성향이 좌우 스펙트럼에서 어디쯤 위치하는가처럼) 등급을 매길 수도 없다는 점에서 통계학자들이 분석하는 다른 변수들과 구분된다. 이 논쟁에서는 두 인물이 두드러진 역할을 했다. 각각은 자기 나름의 통계량을 발전시켰고, 자신의 것이 상대편이 제안한 것보다 더 우수하다고 주장했다. 매켄지는 논쟁이 어떻게 생겨나고 발전했는지를 설명하면서 두 가지 통계량이 논쟁 당사자들의 실천적 의제와 관련돼 있었고 따라서 특정한 경험적 이해관계의 후원을 받았다고 주장했다. 이 중 좀 더 잘 알려진 인물은 칼 피어슨(Karl Pearson)이었다. 그는 사람의 키와 같은 가측변수(measurable variable)들 — 등간변수(interval variable)로 알려진 — 사이의 상관관계를 확립하는 선구적 연구를 이미 수행한 바 있었다. 이제 그는 두 개의 명목변수, 좀 더 정확하게는 각각 서로 별개인 두 가지 범주들을 가지고 있는 두 개의 변수(갈색 눈이나 푸른 눈을 가지고 있는 부모와 자식들이라고 해보자) 사이의 상관관계를 표현하는 사분계수(tetrachoric coefficient)라는 통계량(아래에서는 매켄지를 따라 r_T로 표기한다)을 도입했다. 이 통계량은 상대적으로 복잡했지만 피어슨은 r_T가 이러한 변수들 간의 연관성을 측정하는 가장 좋은 방법이라고 주장했다. 이는 그러한 측정을 가능하게 해주었을 뿐 아니라 기존의 통계량들과도 양립 가능했기 때문이다. 아울러 그가 r_T를 옹호한 것은 이 통계량이 취할 수 있는 모든 값들이 의미 있는 것이기 때문이기도 했다. r_T

는 +1에서 -1 사이의 어떤 값도 취할 수 있었는데, 그 모든 값들은 정확한 의미를 가지고 있어야 했다. 예를 들어 r_T가 +0.6으로 나오면 이는 값이 +0.3일 때보다 상관관계가 두 배 더 강하다는 것을 의미했다.

그의 적수인 조지 율(George Udny Yule)은 Q라는 대안적 통계량을 고안했는데, 이는 계산하기 쉬웠다. 예를 하나 들어 Q가 어떤 식으로 기능하는지 알아보자. 어떤 마을에서 주민들 중 일부는 백신 접종을 받았고 다른 일부는 받지 않았다고 가정하자. 이에 따라 일부는 예상되었던 질병에 걸려 사망한 반면, 다른 일부는 질병에 노출됐지만 생존했다. 율이 고안한 Q는 백신이 매우 성공적인 경우, 즉 백신 접종을 받은 모든 사람들이 생존했거나(반면 다른 일부는 사망했다) 백신 접종을 받지 않은 모든 사람들이 사망한(반면 접종을 받은 일부는 생존했다) 경우 그 값이 1이 되었고, 백신이 어떤 사람의 생존 확률에 아무런 차이를 낳지 못하면 그 값이 0이 되었다. 이 통계량이 -1을 기록하는 경우는 백신 접종을 받은 모든 사람들이 사망한 반면 접종을 받지 않은 일부는 생존하거나, 백신 접종을 피한 모든 사람들이 생존한 반면 접종을 받은 일부는 사망하는 불행한 사태에 해당했다. 만약 흔히 있을 법한 경우처럼 백신 접종이 어느 정도 긍정적 결과를 보이지만 아주 효과적이지는 못해서 오직 백신 접종을 받은 사람들만 생존할 가능성이 있다면, Q는 0에서 1 사이의 플러스 값을 갖게 되었다.

두 지도적 인물과 그 동료들은 이용 가능한 모든 통계량들을 활용하는 법을 알고 있었지만, 매켄지에 따르면 그들은 그러한 통계량들이 지닌 가치를 매우 다른 방식으로 바라보았다. 율은 피어슨의 통계량에 반대했는데, 이는 2×2 표 아래에 한 쌍의 정규분포 변수들이 존재한다고 가정했기 때문이다. 예를 들어 아버지와 아들(당시에는 통계 작업에서 남성을 우선시하는 경향이 있었다)을 각각 키가 작거나 큰 사람으로 범주를 나누면 그런 표를 만들 수 있었고, 이어 키가 큰 아버지는 키가 큰 아들을 갖는 것과 얼마나 강하게 연관돼 있는지 물어볼 수 있었다. 그러나 물론 키가 큰 범주에 속한 사람들은 실제로는 키가 일정한 범위에 드는 사람들을 나타내며, 따라서 범주들은 그 밑에 깔린 통계적 분포로부터 '잘라낸' 것이었다. 만약 줄자가 없는 세상이라면 이렇게 하는 것이 말이 될지도 모르지만, 율은 명목변수들이 종종 이와는 다르다고 주장했다. 앞서 든 예를 이용해 율은 사람들이 백신을 맞거나 안 맞거나 둘 중 하나라고 주장했고,

> 천연두로 죽은 사람들은 모두 똑같이 죽은 것이다. 그중 어느 누구도 다른 사람보다 더 죽었다거나 덜 죽은 것이 아니며, 죽은 사람은 살아남은 사람과는 분명하게 구분된다. (MacKenzie, 1981: 162에서 재인용)

그뿐 아니라 설사 범주들이 그 밑에 깔린 변수와 관련이 있다고 가정하는 것이 의미 있는 사례라 하더라도, 그 밑에 깔린 변수가 정규분포에 따른다고 가정할 만한 일반적 이유는 없었다. 마지막으로 율은 피어슨이 제시한 일부 표들을 다시 계산해서 r_T를 공격했다. 키가 크고 작은 남성 친척들의 사례로 돌아가 보면, 키 큰 사람과 키 작은 사람을 나누는 선을 정확히 어디에 긋는지 ― 가령 173센티미터에 긋는지 178센티미터에 긋는지 ― 는 피어슨의 통계량에 상관이 없어야 했다. 연관성의 강도, 그리고 r_T값은 동일해야만 했다. 율은 이 값이 변화했기 때문에 크게 상찬받은 r_T값의 일관성은 환상에 불과하다고 주장했다.

매켄지에 따르면, 피어슨도 마찬가지로 율의 접근법에 비판적이었

다. 미리 약정된 값들(+1, 0, −1)을 제외하면 율의 통계량이 산출하는 어떤 값도 아무런 과학적 의미를 지니지 않았다. 두 개의 Q값을 간단한 수학적 기반 위에서 비교하는 것은 불가능했다. 더 나쁜 것은 Q값이 상관관계에 있는 등간변수들에 쓰이는 상관계수(r) 값처럼 보임에도 불구하고 이 둘은 서로 아무런 체계적 관계도 없다는 사실이었다. 반면 r_T는 애초에 피어슨이 그렇게 값을 설정해 놓았기 때문에 r과 직접적으로 비교할 수 있었다. 마지막으로 피어슨과 그 동료인 데이비드 헤론(David Heron)은 많은 범주들이 그 밑에 깔린 변수들을 한데 뭉뚱그려 놓은 것임을 지적했다. 아픈 환자들 중 일부는 다른 환자들보다 더 아프며, 일터에서 다친 사람들 중 일부는 다른 사람들보다 더 심한 부상을 입었다. 따라서

> [그들은] 관찰된 부류들이 그룹을 이루는 연속 도수분포의 본질에 관한 **모종의 가설**을 갖는 것이 필요하다고 주장함으로써 생체 측정 입장[즉, 자기 학파의 입장]을 정당화했다. 그들은 실제로 적용해 보면 정규분포에 기반한 방법이 거의 항상 적절한 결과를 내놓는다고 주장했다. (MacKenzie, 1981: 164)

따라서 그들이 서로의 작업을 이해하고 있었고 상대방의 통계량을 활용하는 데 능했음에도 불구하고, 양측을 이끄는 통계학자들은 세계를 다르게 바라보았다. 매켄지의 주장에 따르면, "양측은 모두 상대방의 이론이 단지 **잘못 적용된** 것이 아니라 **틀렸다고** 느꼈다"(MacKenzie, 1978: 60. 강조는 원문). 나중에 반스와 함께 쓴 논문에서 논평을 할 때, 그는 논쟁의 주역들이 "말하자면 서로 다른 세계에 사는 것처럼 주장을 펼치고 있었다"라고 썼다(Barnes and MacKenzie, 1979: 58).

이어 매켄지는 이처럼 서로 경쟁하는 통계적 시각을 설명하고자 한다. 두 사람은 모두 뛰어난 통계학자였고 두 사람이 내세운 통계량들은 모두 어떤 의미에서는 성공적이었기 때문에, 이 사례에서는 한쪽이 옳았고 다른 쪽이 틀렸다는 식으로 합당하게 설명할 수 없다. 따라서 분석가는 이러한 차이를 설명하기 위해 통계적 추론과 증거의 바깥을 보아야 한다. 매켄지는 논쟁 참가자들의 이해관계의 측면에서 차이를 설명하면 이해가 쉽다고 제안한다. 각각의 인물들은 자신의 이해관계에 부합하는 통계량을 만들었기 때문이다. 피어슨의 경우가 더 이해하기 쉽다. 그가 "통계 이론에서 했던 작업은 상관관계의 …… 수학과 여러 대에 걸친 유전 관계를 다루는 우생학의 문제 사이의 …… 연결 고리를 연장한 것이었다"(MacKenzie, 1981: 168). 그가 직면한 주된 장애물은 많은 생물학적 특징들, 특히 "우생학에서 매우 중요한 정신적 특성들"(MacKenzie, 1981: 169)이 정량화될 수 없다는 점이었다. '지능'에 대한 표준화된 척도가 널리 쓰이기 전까지 피어슨은 오직 정신적 총명함, 양심적 성격, 그 외 등등에 대해 폭넓은 범주의 측면에서만 데이터를 얻을 수 있었다. 예를 들어 아이들을 인지된 지능에 따라 분류하도록 교사들에게 요청할 수 있었다.[2] 일단 피어슨이 이러한 데이터를 얻으면 그는 r_T를 이용해 친척들의 지능 사이의 상관관계의 강도를 계산할 수 있었다. 이어 r_T를 동일한 유형의 친척들의 키 사이의 상관관계를 나타내는 기존 수치('r'로 측정된)와

---

[2] 충분히 이해할 만한 일이지만, 아들과 아버지에 관한 데이터를 얻기는 어려웠다. 아버지는 이미 학교를 떠난 후였기 때문이다. 그래서 피어슨은 쌍둥이와 형제자매에 대한 연구를 해야 했다(MacKenzie, 1981: 171). 아울러 매켄지가 지적한 것처럼, 그러한 데이터를 고려할 때 피어슨이나 율 어느 쪽도 우리가 오늘날 표본의 통계와 인구 집단의 통계로 생각하는 것을 체계적으로 구분하지 않았다는 사실도 언급해 둘 필요가 있다. 표본의 편향에 관한 주장이 그들 간의 논쟁에서 실제로 제기되었는데도 말이다.

비교함으로써, 그는 지능이나 그 외의 정신적 특성들이 다른 생물학적 특징들만큼 강하게 유전되는지 여부를 확립하려는 희망을 품을 수 있었다. 이러한 기획에서 r과 r_T의 밀접한 관계는 말 그대로 결정적인 것이었다. 그뿐 아니라 매켄지에 따르면 우생학 운동의 진전은 피어슨의 폭넓은 사회적 이해관계 중 하나였는데, 이는 다시 그가 새로 부상하는 전문직 계층의 일원이었다는 사실과 연결되었다. 이러한 계층들은 자신들을 노동 대중의 무리와 구분 짓고자 했고, 성공한 경쟁 사회에서 자신들의 중요성을 확립함으로써 영향력을 얻고 싶어 했다. 우생학 프로그램 — (부모에게서 물려받는 것으로 여겨진) 지적 능력의 수준을 높이기 위한 선별 재생산을 옹호했던 — 은 전문직에 속한 사람들의 심오한 지식에 의존하고 있었고, 즉각 피어슨 같은 사람들의 흥미를 끌었다. 매켄지는 피어슨의 계층적 입장이 그에게 특정한 정치적 관점을 심어 주었고, 이것이 '과학적 기반을 갖춘' 정치적 우생학 프로그램에 대한 지지로 이어졌다고 주장한다. 그 결과 피어슨은 인구 중에서 지능의 분포에 대한 자신의 견해와 일치하는 통계적 척도의 필요성을 인식하게 되었다는 것이다. 여기에 더해 매켄지는 피어슨의 정치적 신념이 그가 사분계수를 이끌어 낸 것보다 시기적으로 앞섰다는 증거를 인용한다. 〈그림 3-1〉의 도식을 빌리자면, 이해관계는 연관성을 측정하는 올바른 방법에 관한 피어슨의 믿음을 후원했고, 반대로 이러한 척도는 그가 권위 있는 주장 — 지능은 유전에 크게 의존하며 선별 재생산은 사회 전체적으로 지적 능력의 수준을 높여 줄 거라는 — 을 펼 수 있게 함으로써 그의 사회-정치적 이해관계를 정당화해 주었다.

매켄지는 율의 이해관계와 믿음 사이의 연결이 덜 분명하다는 점을 인정한다. 율은 우생학에 반감을 가졌던 것으로 보이며, 따라서 명목 자료와 등간 자료의 처리를 하나로 합치는 데 특별한 이해관계가 없었다. 통계학 분야에서 그의 주된 실천적 관심은 인구 중에서 궁핍과 비참한 가난의 분포를 그려 내는 문제와 관련돼 있었는데, 여기서는 정교한 통계 이론이 필요하지 않았고 그때그때 실용적인 방식으로 활용할 수 있는 즉각 계산 가능한 척도들이 가치가 있었다. 그가 가치 있다고 본 Q와 같은 척도는 이러한 실천적 목적에 잘 맞물렸다. 마지막으로 매켄지는 궁핍한 사람들을 도와 상황을 개선하는 사회적 개입을 선호하고 우생학적 계획에 반대하는 율의 통계학적 집착이 계층적 하락을 겪고 있는 귀족적 보수주의자의 이해관계 및 관점과 손쉽게 엮일 수 있다고 제안했다. 그러한 인물들은 전문직 계층이 지닌 야심과 잘 어울리지 못했다. 그들이 지닌 개혁의 아이디어는 사회의 최하층에서 소요를 일으키는 가장 큰 자극 요인을 제거하는 데 맞춰져 있었다. 매켄지는 율의 가족 배경과 경력에 관한 증거를 들어 그를 한때 엘리트였으나 지금은 계층적 하락을 겪고 있는 이러한 집단에 위치시켰다. 결국 그의 사회적 이해관계는 그의 계수들이 가장 잘 기여하는 듯 보이는 인지적 이해관계와 부합하는 것처럼 보인다. 매켄지는 자신의 논증을 다음과 같이 요약하고 있다.

> 피어슨과 율의 작업에서 찾아볼 수 있는 연관성의 측정에 대한 두 가지 서로 다른 접근법은 서로 다른 인지적 이해관계를 표현한 것으로 볼 수 있다. 이처럼 서로 다른 인지적 이해관계는 우생학 연구 프로그램에 주로 헌신하고 있는 통계학자와 그처럼 강력한 구체적 헌신 대상을 결여한 통계학자의 서로 다른 문제 상황에서 유래했다. 마지막으로 우생학 그 자체는 영국 사회를 구성하는 특정 부문의 사회적 이해관계를 담은 것이었고, 다른 부문들의 이해관계는 담고 있지 않았다. 따라서 서로 다

른 사회적 이해관계가 우생학의 '매개'를 통해 간접적으로 영국의 통계학 이론의 발전에 개입한 것으로 볼 수 있다. (MacKenzie, 1978: 71)

사회적 이해관계를 이용해 설명하기

매켄지의 사례연구는 수많은 논문들에 논의 주제를 제공해 왔다. 그런 논의들은 비판자들이 시작한 것도 있지만(Woolgar, 1981; Yearley, 1982), 이해관계 접근법의 지지자들이 시작한 것도 있었다(Barnes and MacKenzie, 1979; MacKenzie and Barnes, 1979). 이 절에서는 이 사례가 전반적인 이론적 입장을 지지하는 증거로서 갖는 가치에 대한 세 가지 주요 논점을 검토할 것이다. 하지만 그러기 전에 먼저, 피어슨과 율의 일화를 이런 식으로 활용하는 것이 반드시 사례연구의 모든 세부 사항을 받아들이는 것은 아님을 언급해 두어야겠다. 예를 들어 증거를 다시 들여다보면 논쟁의 두 주역이 매켄지의 설명에 나오는 것보다 서로에 대해 더 포용적이었다고 볼 만한 근거를 찾을 수도 있다(Yearley, 1982: 368을 보라). 그러나 이는 큰 가지에서 벗어나는 논의이며, 내가 펼칠 논증은 이러한 종류의 재평가에 의존하지 않는다. 아래 이어질 비판적 논점들은 이 사례연구의 세부 사항에 대해 기본적으로 동의가 이뤄졌다는 것을 전제로 한다.

이 사례가 이해관계 이론에 제기하는 첫 번째 난점은 지식과 이해관계 사이의 연관성이 갖는 본질과 관련돼 있다. 매켄지는 자신의 사례연구에서 전반적으로 조심스럽게 주장을 전개한다. 그는 인지적 이해관계를 파악해 내는 데 있어서나 ─ 그는 이를 '잠정적'인 것이라고 말한다 (MacKenzie, 1978: 48, 66) ─ 이해관계가 믿음의 생산을 어느 정도로 (그리고 정확히 어떤 방식으로) 추동하는가에 있어서나 모두 조심스러운 태도를 취한다. 매켄지는 명목 자료와 등간 자료의 처리를 하나로 합치는 데 있어 "피어슨의 접근법이 …… 분명히 이해관계에 의해 구조화되었다"라고 설명한다(MacKenzie, 1978: 49). 그러나 이 문장에서 '구조화되었다'(structured)라는 것이 정확히 어떤 의미인지는 불분명하다. '구조화되었다'는 두 가지 선택지 사이에서 양다리를 걸치고 있는 것처럼 보인다. 이해관계가 특정한 접근법과 전략을 채택할 것을 행위자들에게 강제했거나, 아니면 행위자들이 적극적으로 자신의 이해관계를 해석해 나름의 결론에 도달했거나. 전자의 입장은 유물론적이며 강한 프로그램의 가장 엄격한 요구를 따르는 것처럼 보인다. 반면 후자는 결정론의 위험을 피하면서 인지적 과정에 어느 정도 자율성을 남겨 두고 있다. 매켄지는 자신의 사례연구에서 내내 후자의 해석을 선호하는 것이 분명해 보인다. 그의 사례연구에서 논쟁 당사자들은 자신이 고안한 통계량의 수정에 관여하면서 상대방의 비판과 반대 논증에 창의적으로 대응하고 있다. 그러나 매켄지가 선호하는 것처럼 보이는 해석 방향에는 서로 관련된 두 가지 문제가 감지되었다. 이 둘은 모두 이해관계와 그것이 후원하는 지식 사이의 연관성과 관련돼 있다. 제임스 브라운은 일단 지식과 이해관계의 연관성이 해석에 입각한 것임을 시인하고 나면, 이해관계와 그것이 후원하는 믿음 사이에 필연적 연관성이 사라진다고 지적했다(Brown, 1989: 55). 믿음을 지지하는 것은 이해관계에서 연역되거나 그 외의 방식으로 자동적으로 유도되는 것이 아니라 해석에 입각한 성취라는 것이다. 이에 대한 이해관계 이론가의 답변은 어찌 보면 당연하게도 그 연관성이 반드시 자동적인 것일 필요는 없다는 ― 사실 그럴 수도 없다는 ― 것이다. 단지 각각의 사례에서 논쟁 양측이 자신들의 의제를 진전시키는 데 특정한 믿음들이 도움을 준다는 사실을 어떻게든 이해하기만 하면 되었다(Barnes et al., 1996: 121을 보라). 율은 Q를 반드시 선호할 필요는 없었지만, 그가 Q를 옹호했다는 역사적 사실은 그것이 어떻게 그의 이해관계를 증진시켜 주었는가의 측면에서 설명될 수 있다(고 이해관계 분석가들은 말하고 싶어 한다).

그러나 이는 밀접하게 연관된 두 번째 지적으로 이어진다. 지식과 이해관계가 연결되기 위해서는 그 둘이 어떤 식으로든 '부합'해야 한다는 것이다. 행위자들은 이론 X가 집단 Z에 이익이 된다는 데 동의해야 한다. 그리고 이러한 부합을 파악해 내려면, 행위자들이 그들의 믿음이 지닌 함의를 어떻게든 합리적으로 평가할 수 있다는 관점을 받아들여야 한다. 다시 말해 어떤 믿음은 누구의 이해관계에 봉사하는가 하는 질문에 대해 '올바른' 해답이 있을 수 있다고 생각해야 한다. 만약 이러한 수준의 지적 합의가 가능하다면 ── 에든버러 학파의 설명은 실제로 이 사실을 당연하게 여긴다 ── 왜 행위자들이 지닌 믿음의 나머지 부분까지 개념적 용어로 설명할 수 없는 것일까? 이러한 종류의 비판에 대한 블루어의 답변은 본질적으로 이를 무시하는 것이다.

> 이해관계는 우리가 그것에 대해 성찰하고 선택하고 해석함으로써 작용하는 것이 아니다. 그들 중 어떤 것들은 때때로 그저 우리를 특정한 방식으로 사고하고 행동하도록 **만든다**. 이해관계 설명에 대한 반론들의 진정한 근원은 인과적 범주들에 대한 두려움이다. 이 근원은 자유와 미결정성을 축복하려는 욕망이며, 단순히 묘사하지 않고 설명하려고 하는 것에 대한 거부감이다. (Bloor, 1991: 173. 강조는 원문)

여기서의 난점은 바로 사람들이 자신의 이해관계가 무엇인지 알 수 있는 어떤 능력을 가졌다면 분명 그들은 동일한 능력을 가지고 자연 세계에 대한 것들을 알 수 있다는 것이다.

에든버러 학파의 설명에서는 먼저 논쟁 참가자들의 수중에 있는 증거가 모호하다는 사실을 보여 준다. 이는 (앞선 장에서 논의했던) EPOR의 '단계 1'과 흡사하다. 매켄지가 선택한 사례에서는 골치 아픈 명목변수들을 다룰 수 있는 방법이 하나 이상 존재한다. 그러나 뒤이어 어느 쪽이 더 나은 통계적 접근법인지에 대해 행위자들이 합의할 수 없음에도 불구하고, 어떤 통계량이 자신들의 이해관계를 더 잘 증진시키는지에 대해서는 양측 모두가 분명하게 파악할 수 있는 것으로 드러난다. 아울러 이런 식으로 행위자들을 이해관계의 해석자로 만드는 것은 행위자들이 취하는 시각 그 자체가 행위자들의 이해관계와 상반될 가능성을 분석가가 손쉽게 받아들일 수 없음을 의미한다. 가령 율과 Q를 결부시키는 것은 Q를 채택하는 것이 어떤 결과로 이어지는가와 무관한 듯 보인다.

이는 두 번째의 주된 비판적 논점으로 곧장 이어진다. 에든버러 학파의 설명에서는 지식과 이해관계가 정확히 어떻게 관련되는지가 다분히 불분명할 뿐 아니라, 도구성(instrumentality)의 의미도 정확하지가 않다. 이 용어는 앞서 지적한 바와 같이 반스와 다른 이론가들이 하버마스로부터 물려받은 것이다. 다시 한 번 난점은 해석의 문제와 상관이 있다. 가장 단순한 형태로 표현하면, 문제는 다음과 같다.

- 단지 우연적인 역사적 이해관계들만 존재하는지, 아니면
- 그러한 다른 여러 이해관계들과 나란히 도구적 이해관계가 존재하는지, 아니면

- 수많은 도구적 이해관계들이 존재하는지.

    이해관계 이론의 관점에서 보면 이러한 가능성들 중 첫 번째 것에 따르는 연구를 쉽게 상상해 볼 수 있다. 손쉬운 검증이 불가능한 종교적 내지 미신적 믿음들은 이러한 가능성들 중 첫 번째 것에 해당한다고 볼 수 있다. 기독교 전통 내에서는 가령 '삼위일체'의 본질에 관한 길고 열띤 논쟁이 전개되어 왔다. 신이 세 가지 위격(位格)을 취한다는 것이 정확히 어떤 의미인가 하는 문제이다. 때로는 서로 다른 해석들이 서로 다른 교파에 호소력을 가지며 받아들여졌고, 삼위일체의 해석을 둘러싼 논쟁 탓에 교파들 사이에 피비린내 나는 대립이 빚어지기도 했다. 논쟁 당사자들 중 적어도 일부는 자신들이 옳고 상대방이 틀렸다는 진실한 믿음을 갖고 있었던 것으로 보인다. 상대방이 신에 대해 거짓을 유포하고 있다는 사실은 (심지어 폭력을 써서라도) 그들을 벌하고자 하는 이유로 보일 수 있었다(물론 종교 이데올로기가 정치적 동기에 입각한 공격을 가려 주는 멋진 위장막을 제공하기도 했지만). 그러나 논쟁이 지속된 것은 (적어도 현세에서는) 이 문제에 대한 해답을 줄곧 찾아낼 수 없었기 때문이라는 주장도 가능하다. 논쟁 양측은 논쟁이 결정적으로 해소될 수 없다는 바로 그 이유 때문에 서로 끝없이 논쟁을 할 수 있었다. 반스와 그 동료들은 대체로 과학과 수학 지식에 대해 이런 종류의 논증을 펼치는 것을 원하지 않았다. 그들은 과학이 이끌어 낸 객관성의 의미와 과학자 공동체가 특징적으로 보여 주는 경험적 검증에 대한 신념을 제대로 평가하고 싶었기 때문이다.[3]

---

[3] 조너선 스위프트(Jonathan Swift)는 『걸리버 여행기』(Gulliver's Travels)에서 그처럼 이해관계에 기반을 둔 믿음들을 풍자한 것으로 유명하다. 난쟁이 왕국인 릴리퍼트에서 걸리버는 삶은

다른 두 가지 가능성에 대해 반스는 하버마스의 원래 정식화와 훨씬 더 가까운 입장을 채택했다. 여기서 반스는 행위자들이 자연에 관한 주장을 하는 데 수많은 이해관계를 갖고 있는데 그중 하나가 도구적 이해관계라는 주장을 펼친다. 과학자들은 흔히 자신들이 이러한 의미의 이해관계를 전혀 갖고 있지 않다고 부인할 것이다. 자신들은 이해관계에서 벗어나 있다고 주장하는 것이다. 그러나 반스는 이렇게 단언한다.

> 지식에 대한 '불편부당한 평가'라는 것은 대부분의 맥락에서 충분히 무해한 정식화이며, '예측과 통제에 대한 진정한 관심이라는 측면에서의 평가'와 사실상 동등한 것으로 간주할 수 있다. (Barnes, 1977: 91)

여기서 '진정한' 관심을 파악해 낼 수 있다는 생각은 반스와 매켄지가 이후에 제기한 관점과는 잘 부합하지 않는다. 그들은 과학자들이 "자신들의 평가를 사전에 구조화하는 도구적 이해관계에 있어 …… 서로 다를" 수 있다고 했다(Barnes and MacKenzie, 1979: 52). 이는 실제로 매켄지의 사례연구에서 채택된 입장인 듯 보인다. 피어슨과 율은 서로 다른 목적을 갖고 있었고, 그들이 이끌어 낸 통계량과 그러한 통계량의 가치를 평가하기 위해 그들이 활용한 검증은 그러한 목적과 긴밀하게 결부돼 있었다. 그러나 여기서의 난점은 이러한 이해관계들이 서로 다르면서도 둘

달걀을 뾰족한 쪽 끝부터 먹어야 한다고 믿는 사람들(체제 측 관점)과 납작한 쪽 끝부터 먹는 것을 선호하는 반란군들 사이에 정치적 논쟁이 맹위를 떨치고 있음을 알게 된다. 이러한 다툼으로부터 엄청난 사회 불안이 빚어졌고 최소 한 명 이상의 국왕이 목숨을 잃었다. 이 작품에서 스위프트는 삼위일체에 관한 논쟁이 아니라 성찬식 중에 먹은 '빵'이 예수의 살로 변한다는 화체설을 둘러싼 개신교와 가톨릭 사이의 다툼을 풍자하고 있다.

다 도구적이라는 말이 무슨 뜻인지를 이해하는 데 있다. 이러한 이중적 해석을 받아들이는 것은 이해관계 이론가들에게 도움이 된다. 그들은 과학자들이 세계를 이해하는 데 관심이 있지만, 바로 그 과학자들의 믿음은 행위자들의 도구성 이해가 다양할 수 있기 때문에 이데올로기적일 수도 있다고 주장할 수 있기 때문이다. 그러나 서로 어긋나는 여러 형태의 도구성들이 어떻게 부상하고 지속될 수 있는지에 충분히 주의를 기울이지 않은 상황에서 이러한 타협은 불편해 보인다. 다시 한 번 블루어의 답변은 문제를 비껴가는 것이다. 그는 "이해관계 설명에서 쓰이는 용어들이 직관에 기대고 있음은 부인할 수 없으며, 많은 점들이 좀 더 명료하게 밝혀져야 하지만, 비판자들은 이런 점들을 실행상의 난점으로 보는 대신에 설명 원리가 가지고 있는 약점으로 간주한다"라고 주장한다(Bloor, 1991: 170~171). 그러나 이 점에 관한 명료성의 결여가 10년 이상 지속되고 있다는 사실은 여기서의 난점이 단순히 실행상의 것이기보다는 좀 더 뿌리 깊은 것임을 나타내는지도 모른다.

이해관계 이론의 마지막 개념적 난점은 이해관계가 논쟁의 결과를 이해하는 데 얼마나 도움이 되는가와 관련돼 있다. 매켄지는 피어슨과 율이 (그들의 이해관계에 의해 구조화된) 상반되는 통계적 접근법을 발전시켰고 그중 어느 쪽도 상대방의 논증에 의해 설득되지 않았음을 보여 주는 증거를 제시했다. 그러나 설사 우리가 이러한 주장을 받아들인다 하더라도 장기적으로 볼 때 과학적 믿음에 어떤 일이 생겼는가 하는 질문은 여전히 남아 있다. 과학에 대한 통상적인 이해는 (심지어 포퍼주의자의 이해도) 서로 경쟁하는 목적이 경합하는 믿음을 낳는다는 사실을 인정할 수 있다. 그러나 (뉴턴스미스 같은) 합리주의자는 과학적 검증이 점차 그러한 이해관계의 영향력을 제거하거나, 적어도 믿음들을 예측과 통제에 대한 관심과 가장 가깝게 부합하는 것들로 만들 거라는 가정에서 도피처를 찾을 것이다. 이러한 이유 때문에 이해관계 이론가에게 이상적인 사례 연구는 참가자들의 이해관계가 압도적으로 논쟁의 결과를 형성한 사례가 될 것이다. 그러나 이 경우에는 논쟁이 결코 딱 부러지는 방식으로 해소되지 못했다(MacKenzie, 1981: 179). 과학적 관심은 그 밑에 깔린 쟁점에서 멀어졌고, 결국 어느 쪽 믿음도 배타적 내지 압도적으로 옳은 것으로 받아들여지지 못했다.

이 사례에는 문제를 더욱 복잡하게 만든 요인이 있다. 매켄지가 지적한 것처럼, "오늘날 통계학계의 견해는 어떤 하나의 계수가 유일무이한 타당성을 갖는다는 사실을 부인하는 경향을 보인다"(MacKenzie, 1981: 179~180). 그는 이러한 관점이 율 자신의 전망과 어느 정도 연관이 있다고 보았다. 그렇게 보면 율이 피어슨의 통계량을 그저 틀린 것으로 보았다는 매켄지 자신의 앞선 주장을 깎아내리게 되는데도 말이다. 좀 더 설득력 있는 주장은 이 사례가 다분히 이례적이라는 것이다. 이 사례에서는 서로 경쟁하는 믿음들이 어떤 의미에서는 모두 옳은 것으로 간주될 수 있는 상황을 그려 내고 있기 때문이다. 논쟁 양측이 서로 다른 가치를 지닌 여러 가지 계수들을 만들어 냈기 때문에, 그들이 이러한 수학적 측정치들의 실용적 측면을 어느 정도 받아들였다고 결론 내리는 것도 합당해 보인다. 물론 애초에 내가 매켄지의 연구에 초점을 맞추기로 했기 때문에 이는 부당한 지적이라고 반박할 수도 있다(MacKenzie, 1984를 보라). 그러나 반스와 매켄지 자신은 이를 모범적인 사례로 제시하고 있다(Barnes and MacKenzie, 1979: 54~55). 따라서 지식과 이해관계가 밀접하게 연역적으로 연관돼 있지 않고, 이해관계가 지식 주장의 궁극적 평가를 결정하지 않는다면, 이해관계 이론의 설명력은 다분히 희석되는 것처럼 보인다.

이 사례를 보면 다음 세대의 통계학자들이 그냥 작업을 계속해 피어슨-율 논쟁에 영향을 준 것으로 보이는 이해관계로부터 아무런 지속적 영향도 받지 않고 통계적 사고를 발전시킬 수 있을 것처럼 보인다. 물론 이러한 관점은 뉴턴스미스도 받아들일 만한 것일 테지만, 반스가 애초 내세운 목표에는 거의 부합하지 않으며 콜린스와 블루어의 목표에도 미치지 못한다.

이해관계 이론의 지위

이해관계 이론은 과학지식사회학의 기획에 매우 큰 중요성을 지닌 것이었다. 이는 SSK의 실천적 사례연구와 연계된 이론적 어휘들을 발전시키려는 최초(이자 최상)의 시도였기 때문이다. 블루어와 콜린스(그리고 반스. Barnes, 1974)가 SSK가 원칙적으로 가능한 이유를 제시하려 했고, 콜린스는 EPOR의 '단계 1'과 '단계 2'를 보여 주는 사례연구들을 발전시켰던 바로 그 지점에서, 이해관계 이론은 수많은 사례연구들을 관통해 활용할 수 있는 이론적 개념들을 도입하고자 했다. 이는 과학자들 간의 갈등을 서로 경합하는 분과적 이해관계나 경쟁하는 전문직업적 이해관계를 보여 주는 것으로 탐구함으로써 콜린스의 '단계 2'를 분석하는 데 쓰일 수 있었다(Dean, 1979; Pickering, 1980; 1984). 아울러 이는 사회적·정치적 논쟁들을 과학 논쟁의 핵심으로 곧장 끌고 들어감으로써 '단계 3' 연구에도 활용될 수 있었다. 예를 들어 경쟁하는 계급적 이해관계가 어떻게 서로 다른 인지적 이해관계를, 더 나아가 서로 다른 과학적 믿음을 지지하고 촉진하는지를 제시하는 방식으로 말이다(Shapin, 1979도 보라). 그러나 에든버러 학파가 명시적으로 내세운 이론적 지향은 약점도 드러냈다. 이해관계의 파악과 개념화에 얽힌 문제들이 이 프로그램의 발목을 잡았다. 경험적 사례연구에서는 장기적 이해관계와 단기적 이해관계를 구분하는 어려움이 두드러졌다. 그리고 지식과 이해관계 사이의 정확한 연관성은 한 번도 SSK 공동체 전체를 만족시킬 정도로 구체화된 적이 없었다. 이해관계 이론에 대한 그러한 개념적 도전들은 대단히 중요했다. 이해관계가 SSK에서 폭넓은 설명의 기반으로 계속 남아 있으려면 이론적 측면에서 견고한 옹호가 가능해야 했기 때문이다. 굳건한 이론적 논증이 없이는 사례연구 증거를 어떤 식으로든 이례적이거나 예외적인 것으로 취급하는 것이 항상 가능했고, 따라서 이해관계가 **일반적인** 설명적 중요성을 갖는다는 증명은 되지 못한다고 치부할 수 있었다. 마지막으로 이해관계가 과학 논쟁의 결과에 책임이 있음을 보여 주는 것도 상당히 어려웠다.

    이러한 난점들에도 불구하고 이해관계 이론의 매력은 쉽게 이해할 수 있다. 사람들의 이해관계라는 측면에서 지식 주장의 호소력을 설명하는 것은 직관적으로 이치에 닿으며, 이 이론은 과학이 어떻게 동시에 도구적이면서 이데올로기적이고, 객관적이면서 당파적으로 보일 수 있는지를 분석하는 데 있어 감질나는 전망을 SSK에 제공해 주었다. 다음에 검토할 접근법은 이 이론에 내재한 이해관계 모델에 대한 불만에서 시작한다.

4장_과학에서의 행위자 연결망

행위자 연결망과 역할 부여

행위자 연결망 이론(Actor-Network Theory, ANT)은 의미심장한 방식으로 요약을 거부한다. ANT는 강한 프로그램이나 EPOR처럼 근본적이고 불변인 체계적 진술로부터 출발하지 않았다. 그뿐 아니라 라투르의 으뜸가는 방법론적 명령은 "과학자들을 졸졸 따라다니는" 것이다(Latour, 1987: 97). 이는 매력적일 정도로 간단하게 들리지만, 또한 수수께끼처럼 모호하기도 하다. 그보다 더 골치 아픈 문제는 ANT가 눈에 띄게 계속 움직이는 목표물이라는 것이다. 이 접근법을 주로 책임지고 있는 두 명의 저자 라투르와 칼롱은 결코 동일한 지적 궤적을 따르지 않았고, 일부 비판자들에게는 비판에서 언급한 연구가 대표적인 것이 아니라며 응수해 왔다(Callon and Latour, 1992: 344. 이는 Collins and Yearley, 1992a에 대한 답변이었다). 그렇게 비판을 받았던 비판자들 중 한 사람으로서(Collins and Yearley, 1992b를 보라), 나는 이 장에서 특정한 사례들을 선택하면서 신중을 기했고 칼롱과 라투르의 최근 저작에서 그들이 표준적 내지 대표적인 것으로 간주하는 듯 보이는 연구들과 관련해 제시한 선례를 조심스럽게 따랐다(Callon, 1995; Callon and Latour, 1992; Callon and Law, 1997을 보라. 아울러 Latour, 1999b; 2000도 참고하라). 그럼에도 불구하고, 이 일단의 연구를 이해하는 데는 두 가지 편리한 출발점이 있다. 하나는 칼롱이 널리 읽힌 사례연구의 첫머리에서 제기한 방법론적 관찰이고(Callon, 1986), 다른 하나는 칼롱이 공저자로 참여해 이해관계 이론을 비판한 초기의 논문이다.

후자부터 시작해 보자. 칼롱과 존 로는 이해관계 이론이 어떤 의미에서 보면 일방적이고 정적이라고 지적했다(Callon and Law, 1982). 정적인 이유는 이해관계를 (행위자에게 내재하거나 행위자가 처한 상황에서 유래한) 상대적으로 안정된 속성으로 간주하기 때문이고, 일방적인 이유는 이해관계가 어떻게 인지에 영향을 미치는지만 추적할 뿐 그 반대 방향은 다루지 않기 때문이다. 이러한 결함을 바로잡기 위해 저자들은 좀 더 역동적인 이해관계 관념을 사용해야 한다고 제안한다. 이러한 해석에 따르면, 행위자들의 이해관계는 그 자체로 협상과 상호작용의 결과물이다. 사람들은 그들이 '가질' 수 있는 이해관계에 대해 설득되어야 하며, 적어도 부분적으로는 그들에게 제시된 유형의 지식 주장을 고려함으로써 그렇게 되어야 한다. 이처럼 이해관계를 끌어내는 좀 더 적극적인 의미를 포착하기 위해 그들은 역할 부여(enrolment)라는 용어를 사용한다. 역할 부여는 누군가가 어떤 것에 이해관계를 갖도록 만든 활동의 결과이다. 이처럼 좀 더 유연한 용어를 고안해 냄으로써, 그들은 이해관계가 지식을 추동하지만 아울러 지식 생산의 상황이 역으로 이해관계를 형성할 수도 있다고 주장할 수 있게 되었다. "우리는 이해관계의 조작과 변형에 관심이 있다. 왜냐하면 우리는 모든 사회적 이해관계를 이전의 역할 부여 과정이 일시적으로 안정된 결과물로 보기 때문이다"(Callon and Law, 1982: 622). 칼롱과 로는 아울러 '번역'(translation)이라는 용어를 도입한다. 어떤 행위자가 또 다른 행위자에게 역할 부여를 할 수 있는 경우는, 그(첫 번째 행위자)가 자신의 지식이 두 번째 행위자의 목표를 달성하는 수단이 될 수 있다고 제안할 때이다. 이제 첫 번째 행위자의 아이디어 내지 이론의 진전은 두 번째 행위자의 이해관계에 부합하는 것으로 보인다. 그(두 번째 행위자)의 이해관계는 이제 첫 번째 행위자의 이해관계로 번역되었고, 그가 지녔던 원래 이해관계는 미묘하게 재구성되었다. 그의 이해관계는 보존되었지만 아울러 수정되기도 했다. 라투르는 19세기 중엽에 파스퇴르가 전염성 미생물에 대한 자신의 연구에서 농부들에게 역할 부여를 하려고 시도했다고 쓰면서 같은 점을 지적했다. 파스퇴르는 농부들에게 가축 질병을 줄일 수 있는 방법을 제시했지만, 이는 그들이 파스퇴르의 조언과 아이디어를 받아들일 경우에만 가능했다. 그의 지적 작업의 진전은 농부들의 이해관계에 부합하게 되었다. 이러한 의미에서 농부들의 "이해관계는 그들이 원하는 것, 혹은 그들이 원하게 만든 것을 번역하려는 파스퇴르의 노력의 결과이지, 그 원인은 아닌 것이다"(Latour, 1983: 144. 또한 Latour, 1988a를 보라). 따라서 칼롱에게 있어 과학지식사회학은 근본적으로 번역의 사회학이다. 이해관계는 이러한 번역의 원천임과 동시에 결과물이기도 하다. 이렇게 수정된 이해관계 개념은 이어 칼롱이 과학의 방법론적 기반을 재작업하는 데 반영되었다.

바다 양식을 다룬 널리 알려진 사례연구 논문에서, 칼롱은 블루어와 콜린스 같은 저자들이 스스로 설정한 대칭성의 요구를 충족시키지 못했다고 비판했다(Callon, 1986). 그는 블루어와 콜린스가 하나 남은 마지막 비대칭성, 즉 사회적인 것(내지는 사회학적인 것)과 자연적인 것 사이의 비대칭성을 그대로 내버려 두었다고 지적한다. 콜린스가 과학적 발견은 항상 열려 있고 과학 논쟁의 종결은 사회적 협상 과정을 통해 일어난다고 말할 수 있으려면, 사회 세계(결정을 내릴 능력이 있는)와 자연 세계(그것의 '목소리'가 항상 해석적 유연성에 노출돼 있는)를 분명하게 구분할 수 있어야 한다. 이해관계 설명에 대해서도 마찬가지 얘기를 할 수 있다. 사회적 요소(이해관계)가 해석을 결정하는 반면, 자연 세계로부터 나온 증거는 행위자들의 지식-이해관계를 통해 굴절되기 때문이다. 그러나 이해관계가 부분적으로는 번역과 역할 부여의 결과라고 보는 칼롱과 로의 아이디어는 인지적인 것에 대한 사회적인 것의 선차성을 이미 위협한다. 이러한 논증을 좀 더 밀어붙일 수도 있다. 자연적인 것과 사회적인 것의 구분, EPOR에서 '단계 1'과 '단계 2'의 구분 그 자체를 구성물로 간주할 수 있다는 것이다. 물론 철저한 대칭성은 인간과 비인간을 대칭적으로 볼 것을 요구하며, 대칭적 분석은 구분 그 자체를 구성물로 볼 것을 요구한다고 칼롱은 주장한다. "일반화된 대칭성의 원칙을 염두에 두면, 우리가 존중해야 할 규칙은 연구 대상 문제의 기술적 측면에서 사회적 측면으로 넘어갈 때 문체를 바꾸지 말아야 한다는 것이다"(Callon, 1986: 200. 이러한 사고방식은 Latour, 1993의 기초를 이루고 있기도 하다). 칼롱과 라투르의 프로그램이 매력적인 이유는 역할 부여와 '이해관계의 번역' 사이의 역동적 상호작용을 강조했기 때문이기도 하고, 대칭성의 성취를 완성하자는 주장 때문이기도 하며, 자연 세계를 재도입한 ― 혹은 적어도 사회 세계와 자연 세계를 다시 공동으로 분석가의 시야에 들어오게 해준 ― 것처럼 보였기 때문이기도 하다. 그들의 프로그램은 잃어버린 질량을 인도해 과학의 사회적 연구로 되돌려 준 것처럼 보인다.

일반화된 대칭성의 실제 적용

가장 잘 알려진 칼롱의 사례연구는 브르타뉴 북쪽 해안의 생브리외만(灣)[1]에서 가리비 양식을 시도한 사례를 다루고 있다. 칼롱에 따르면 가리비 어업이 체계적으로 개척된 것은 1960년대 이후의 일이었지만, 그가 연구에 착수했던 즈음에는 이미 조개의 개체수가 줄어들고 있었다. 가리비는 (생브리외 북동쪽의) 노르망디에서도, 브르타뉴 서쪽 끝의 브레스트 인근에서도 잡혔다. 가리비의 개체수가 더 크게 줄어든 곳은 브레스트였는데, 이 지역에 서식하는 가리비 종은 1년 내내 어획이 가능했기 때문이다. 프랑스 소비자들은 '산호빛을 띠는'(coralled) 가리비를 더 좋아하는 것처럼 보였다. 이는 항상 있는 흰색 조갯살과 함께 '산호'(coral)로 불리는 주황색 알이 같이 들어 있는 것을 말한다. 브레스트의 가리비는 항상 산호빛을 띠는 반면, 생브리외만의 가리비는 봄과 여름에 산호빛을 잃어버렸고 따라서 1년 중 여러 달 동안 어획되지 않았다. 그럼에도 불구하고 생브리외에서 가리비 개체수의 감소는 우려를 자아냈는데, 특히 가리비 '양식' — 자연산 가리비의 채취와 반대되는 의미에서 — 은 실용적이지 못하다는 견해가 지배적이었기 때문에 더욱 그러했다. 가리비에 대해 알려진 지식은 별로 없었지만, 홍합이나 굴과는 달리 가리비는 '키워서' 성공적으로 수확할 수 없는 것처럼 보였다.

그러나 칼롱에 따르면, 일본에서 이뤄진 몇몇 실험적 시도들은 보호

---

1) 여기서 'St Brieuc'의 철자 그 자체가 안정화된 것이 아님을 지적해 두고자 한다. 칼롱과 라투르의 나중 논문에서도 'St Brieux'로 쓴 것을 볼 수 있는데, 1986년의 원 논문에서 칼롱은 'St Brieuc'로 쓰고 있다.

와 구속을 적절하게 가할 경우 가리비가 수확에 필요한 정도로 충분히 긴 기간 동안 성장하고 머무르도록 만들 수 있음을 시사했다. 브레스트에서 온 일군의 프랑스 수산 과학자들이 가리비 양식 계획을 가지고 생브리외만에 도착했다. 이는 앞선 장들에서 검토했던 것과 같은 의미에서 '논쟁'(가령 통계적 연관성을 측정하는 방법에 관한)은 아니지만, 몇 가지 공통된 요소들이 존재한다. 두 가지 서로 경합하는 관점이 있고, 사람들은 어느 쪽 관점이 옳은지 결정을 내려야 한다는 점에서 그렇다. 가리비들은 수산 과학자들의 새로운 계획대로 부화장에 머무르거나 그렇지 않거나 둘 중 하나였다. 칼롱은 그가 이 사례에서 받아들인 접근법을 다른 논쟁 내지 분쟁 사례들에도 적용할 수 있음을 시사했다.

칼롱은 프로젝트가 네 단계 과정을 거쳐 진행됐다고 주장한다. 그는 각각의 단계를 네 가지 '번역의 계기'로 그려 낸다(Callon, 1986: 203). 첫 번째 '계기'는 문제 설정(problematisation)의 과정이다. 처음에 새로운 전략의 주창자들은 새로운 프로젝트를 지지하는 것이 어떤 식으로 다른 그룹들의 이해관계에 부합하는지를 제안해야 했다. 만약 가리비 어부들이 자신들의 경제적 미래를 지키고자 한다면, 그들은 줄어드는 개체수의 문제를 극복해야 했고 새롭고 실험적인 부화장 프로그램에 찬성함으로써 그렇게 할 수 있었다. 앞서 소개한 용어로 표현하자면, 어업을 지속시키고자 하는 어부들의 욕구는 가리비 양식 프로젝트를 받아들이는 것으로 번역되었다. 마찬가지로 가리비들 자신의 생존 가능성은 새로운 프로그램에 의해 높아졌다. 이 프로그램은 가리비들의 이해관계에 부합했다. 칼롱은 수산 과학자들이 자신들의 가리비 양식 절차를 다른 모든 이들이 처한 문제들에 대한 유일한 해답으로 해석하고 제시하는 방식을 묘사하기 위해 '필수 통과점'(obligatory passage point, OPP)이라는 용어를 도입했다. 만약 어부들이 어로 활동을 계속하고자 한다면, 그들은 연구자들의 OPP를 통과해야 할 것이다. 만약 가리비들이 생브리외만에서 살아남고자 한다면, 그들 역시 동조해야 할 것이다. 그리고 만약 다른 과학자들이 프랑스산 가리비에 대해 더 많은 지식을 얻고자 한다면, 그들 역시 이러한 연구자들의 혁신을 활용할 필요가 있다.

그러나 물론 연구자들이 제안한 문제 설정에 다른 이들이 따를 거라는 보증이 있는 건 아니다. 제안은 다른 행위자들에게 대가를 강요한다. 어부들은 어획 기간을 일부 포기해야 하며, 다른 이들은 돈을 투자해야 하는 것처럼 말이다. 그들은 자신들에게 제시될 수 있는 다른 제안들도 포기해야 할 것이다. 이에 따라 칼롱은 번역의 두 번째 계기가 '이해관계 부여'(interessement)[2]로 묘사한 과정이 된다고 주장한다. 이해관계 부여는 "어떤 존재자(여기서는 세 명의 연구자들)가 문제 설정을 통해 정의한 다른 행위자들의 정체성을 강제하고 안정화하려 시도하는 일군의 행동"으로 정의된다. "이러한 행동을 실행에 옮기기 위해 다양한 장치들이 활용된다"(Callon, 1986: 207~208). 이해관계 부여는 '장치들'에 의해, (말하자면) 함정에 빠뜨리는 기법들에 의해 성취된다. 예를 들어 가리비들은 촘촘한 그물 가방에 가둬 둠으로써 '이해관계가 부여'된다. 이 가방은 어린 가리비들에게 그들을 묶어 두는 피난처와 함께 영양물질을 공급하는 바닷물의 지속적 흐름을 제공해 주지만, 아울러 가리비 유생들이 흩어져 버리지 않도록 막으려는 의도도 담고 있다. 어부들에 대한 이해관계 부여는 다른 방식으로 진행된다. 어부들의 대표자들과 여러 차례 모임을 가지

---

[2] 이미 영어화된 단어이긴 하지만, 여기서는 이 용어에 대해 영어화된 철자법을 사용했음을 밝혀 두고자 한다. 프랑스어로는 'intéressement'이라고 쓴다.

면서 줄어드는 가리비 개체수에 관한 메시지를 되풀이해 강조하고 일본 실험가들이 거둔 성공을 상기시키는 것이다. 요컨대 "관련된 모든 집단들에게 이해관계 부여는 존재자들을 궁지로 몰아 역할 부여가 되도록 돕는다. 여기에 더해 이해관계 부여는 이와 경쟁하는 모든 잠재적 연합들을 중단시키고 동맹의 체계를 구축하려 시도한다. 사회적·자연적 존재자들 모두로 구성된 사회구조가 형성되고 강화된다"(Callon, 1986: 211).

이러한 이해관계 부여의 과정은 역할 부여(이 용어는 앞서 로와 공저한 논문에서보다 좀 더 구체적인 의미를 갖게 되었다)의 가능성을 높인다. 일단 역할 부여가 되면 다른 이들은 연구자들의 계획에 대한 참여자가 된다. 칼롱의 말을 빌리면, "이해관계 부여가 성공을 거둘 경우 역할 부여를 이루게 된다"(Callon, 1986: 211). 다른 당사자들의 관심은 연구자들이 채택한 프로젝트로 번역되었다. 어부들과 다른 새로운 후원자들은 자신들의 상정된 이해관계를 바꾸지 않으면서 새로운 접근법을 받아들이게 되었다. 그들이 이전에 가졌던 목표는 새로운 제안의 용어로 번역되었다. 역할 부여의 달성은 장시간에 걸친 협상을 요구할 수도 있고 상당히 쉽게 이뤄질 수도 있다. 부화장을 두자는 제안은 이제 외부인 연구자들과 연관된 낯선 제안이 아니라, 다른 행위자들의 이해관계에 '내내' 있었던 것에 대한 깨달음으로 변모했다.

칼롱은 번역의 마지막 계기를 동맹군에 대한 동원(mobilisation)이라고 이름 붙였다. 연구자들이 자신들의 프로젝트에서 다른 행위자들에 대한 역할 부여에 성공을 거두면, 그들은 이제 서로 연결된 동맹군 전체 — 가리비들, 어업 공동체, 가리비의 생태에 관심이 있는 과학 전문가들까지 — 에 대한 대변인으로 행동하려는 야심을 품을 수 있다. 칼롱은 동원이 동맹군들 전체에 대한 권력의 행사를 가능하게 한다고 주장한다.

브레스트에서 온 연구자들은 이제 지속적으로 다른 행위자들을 언급하지 않고 그들을 대신해 발언할 수 있게 되었다. "다른 것을 대변하기 위해서는 먼저 우리가 대변하는 것들을 침묵시켜야 한다"(Callon, 1986: 216). 그뿐 아니라 동맹군들은 다양한 방식으로 동원될 수 있다. 가리비들은 그들의 개체수를 나타내는 그래프를 통해 불러올 수 있다. 어부들은 그들의 어획량이나 수입에 관한 데이터를 통해 동원될 수 있다. 칼롱은 '동원'이라는 용어에 숨은 함의를 강조하는데, 역할 부여된 동맹군들이 진정으로 이동성을 갖게 된다(mobile)는 것을 보여 주고자 하기 때문이다. 가리비들은 바닷속에 머물지만, 그들의 개체수를 나타내는 그래프는 훨씬 더 큰 이동성을 갖는다. 그래프는 과학 논문에 실릴 수도 있고, 파리의 시장에서 가리비 상인들이 구매를 권유하는 말의 일부를 이룰 수도 있다. 라투르는 그래프나 도표 같은 동원을 가리켜 '불변의 동체'(immutable mobile)라고 부른다(Latour, 1987: 227). 바다의 산물은 바다에서 멀리 떨어진 곳에서도 유용할 수 있는 것이다.

그러나 칼롱이 선택한 사례는 결국 동맹에 좋지 못한 결말로 막을 내렸다. 시간이 흐르면서 가리비들은 말을 안 듣기 시작했다. 가리비들은 연구자들이 설치해 놓은 장치 속에 머무르는 걸 거부하는 듯 보였다. 어부들도 변절했다. 프로젝트에 진력이 난 일군의 어부들은 프로그램 초기에 부화시킨 가리비들을 모두 긁어 올린 후 크리스마스 성수기 때 시장에 내다 팔아 버렸다. 다른 학자들은 이 연구자들의 작업에 의문을 품게 된 듯 보였다. 일본에서의 발견은 대서양에서 서식하는 가리비 종들에 적용되지 않는지도 몰랐다. 마침내 프로젝트가 의지하고 있던 자금도 바닥을 드러냈다. 연구자들은 프로젝트를 포기하거나 역할 부여의 전체 과정을 처음부터 다시 시작해야 하는 처지가 되었다.

행위자 연결망 이론의 독특성

가리비 양식 프로젝트의 전모는 이해관계 이론가들이나 EPOR의 주창자들의 관심을 끄는 유형의 사례는 아닐지 모르지만, 여기까지는 그들에게 특별히 논쟁적이라고 할 만한 대목은 없다. 우리는 블루어나 콜린스의 추종자가 조개 양식 기법을 둘러싼 상반된 주장들이 논쟁을 일으키고 있는 상황 — 일부 행위자들은 그 방법이 효과가 있다고 주장하는 반면 다른 행위자들은 이를 부인하는 — 을 연구하는 모습을 쉽게 떠올려 볼 수 있다. 예를 들어 북서 유럽의 연어 양식이 미칠 수 있는 환경적 영향을 놓고 엄청난 논쟁이 전개되어 왔다. 여기에는 물고기의 배설물이 미치는 환경적 영향과 가둬 놓고 키우는 연어들에게 대량으로 투여하는 항생물질이 미치는 결과에 관한 오랜 논란도 포함돼 있다. 연어 양식 어부들은 아일랜드, 스코틀랜드, 노르웨이 연안의 바다에 양식 어장을 만드는 것을 선호했는데, 이 지역들은 야생 생물에게도 중요한 가치를 지닌 곳으로 믿어지고 있었기 때문에 논쟁이 치열하게 전개되었다. 그러한 논란은 쉽게 논쟁 연구의 초점이 될 수 있었다. 콜린스의 추종자는 심지어 그러한 논쟁에서 이뤄지는 책략들을 기술하기 위해 칼롱의 연구에서 도입된 몇몇 용어들(이해관계 부여나 역할 부여 같은)을 받아들일지도 모른다. 그러나 칼롱은 대칭성을 다루는 방식에 있어서 지금까지 검토했던 다른 저자들과 차별된다. 칼롱은 대칭적 분석을 지향하는 행동을 완결 짓기 위해 역할 부여 같은 용어들을 사회적 행위자들뿐 아니라 가리비들을 지칭할 때도 똑같이 사용했다. "문제 설정, 이해관계 부여, 역할 부여, 동원, 반대 …… 같은 용어는 어부들, 가리비들, 과학계의 동료들 모두에게 쓰였다. 이러한 용어들은 차별 없이 모든 행위자들에게 적용되었다"(Callon,

1986: 221). 블루어, 콜린스, 반스, 그 외 다른 학자들이 자연 세계의 설명적 역할에 접근하는 올바른 방법을 놓고 개진한 온갖 논증들을 떠올려 보면, 칼롱이 이처럼 결정적인 분석적 행동을 취하는 방식은 놀라울 정도로 조용하다. 나는 다음 절에서 이 점을 다시 다룰 것이다. 그러나 지금 단계에서는 행위자 연결망 이론의 입장을 좀 더 상술하는 작업에 집중하려 한다.

칼롱과 특히 라투르가 제시하는 과학 활동의 근본 모델은 행위자들 — 개인이든 제도든, 파스퇴르든 가리비 연구자들이든 간에 — 이 연합군 내지 동맹군의 긴 연쇄를 만들어 내려 시도하는 것이다. 이러한 연쇄에서 가리비 양식의 옹호자들과 파스퇴르는 필수 통과점으로서 중심이 되는 지위를 차지하려 애썼다. 그 결과 과학 논쟁은 사실상 경쟁하는 동맹 간의 '힘겨루기'(trials of strength)가 되었다. 생브리외만 사례에서 연쇄는 가리비 유생들에서부터 어부들, 과학자들, 재정 후원자들을 거쳐 파리의 미식가들에게 가리비를 공급하고자 하는 마케팅 및 판매 조직들에까지 뻗어 나갈 수 있었다. 튼튼하고 긴 연합의 연쇄를 만드는 것은 논쟁에서 승리하는 것과 동등하다. 여기서는 군사적 유추가 쓰이고 있다. 충분히 강력한 동맹군의 연쇄를 갖추면 무적에 가깝다. 논쟁은 어느 '편'이 진리에 가장 많이 접근했는가가 의해 결정된다는 생각 대신, ANT는 진리가 성공적인 동맹을 구축한 결과라는 생각을 중심으로 삼는다. ANT의 입장에서 또 하나 두드러진 점은 이러한 동맹들이 이종적(heterogeneous)이고 개방적인 것으로 간주된다는 것이다. 동맹은 행위자들과 제도들, 기술들과 비인간 행위자들로 구성된다. 칼롱의 사례연구에 따르면 가리비 어업은 결국 성공을 거두지 못했다. 그러나 이것이 성공을 거둬 관련 당사자들이 가리비 양식 키트를 개발해 판매했다고 가정해 보자. 시장에 나온 그러한 키트의 존재는 그들이 맺은 동맹의 일부가 될 것이다. 누군가 새로운 어업 프로그램에 문제를 제기하고자 한다면, 그는 과학자들 및 어부들과 논쟁을 해야 할 뿐 아니라 키트의 유효성도 부정해야 할 것이다. 따라서 충성의 연쇄는 동맹이 발전하면서 새로운 동맹군들이 창출되고 '모집될' 수 있는 한 계속 열려 있다. 이러한 의미에서 키트 그 자체는 논쟁에서 '행위자'가 될 것이다. 라투르는 새로운 존재자와 협력자 들을 잘 제도화되고 종종 자동화된 절차(앞서 가상적으로 제시한 가리비 양식 키트처럼)로 만드는 것을 일컬어 암흑상자화(black-boxing)라고 부른다. 그는 자신의 관점을 다음과 같이 요약하고 있다.

> 우리는 항상 **동맹의 본질**에 관해 결정하는 것이 중요하다고 느낀다. 동맹의 요소들이 인간인지 비인간인지, 기술적인 것인지 과학적인 것인지, 객관적인지 주관적인지처럼 말이다. 그러나 진정으로 중요한 유일한 문제는 이것이다. 이러한 새로운 **연합이 다른 연합보다 약한가, 아니면 강한가?** 파스퇴르가 연구를 시작했을 때 수의학은 실험실에서 행해지는 생물학과 아무런 관계도 없었다. 이는 이러한 연결이 만들어질 수 없음을 의미하는 것은 아니다. 기나긴 동맹군의 목록을 확보함으로써, 배양에 의해 약화된 이 작은 세균은 갑자기 농부들의 이해관계와 관련을 맺게 된다. 힘의 균형을 결정적으로 역전시킨 요인이 바로 이것이다. 자신들의 과학을 갖게 된 수의사들은 이제 파스퇴르의 실험실을 경유해서 논란의 여지가 없는 암흑상자가 된 파스퇴르의 백신을 빌려야 한다. 그는 없어서는 안 되는 존재가 된 것이다. [번역] 전략의 달성 여부는 **관련성을 갖도록 만들어진 새로운 의외의 동맹군들에게 전적으로 달려 있다.**
> (Latour, 1987: 127. 강조는 원문)

이 단계에서 또 하나의 분석 지점을 지적할 수 있다. ANT의 핵심 주장은 동맹이 진리에 대한 호소를 무시하며 건설된다는 것이 아니다. 성공한 동맹은 그들이 영향력을 가진 영역에서 진리를 구성한다. 라투르는 이 점을 여러 번 되풀이해서 분명하게 밝히고 있다. 사후적으로 볼 때 그저 진리를 자기편에 둔 동맹처럼 보이는 것은 실은 진리를 만들어 낸 동맹이라는 것이다. 과학자들이 지식을 구성할 때 하는 일의 일부는 이러한 구성 활동의 흔적을 감추는 것이다(Latour, 1987: 99).

결국 행위자 연결망 이론은 사회 속의 지식을 이해하는 독특한 접근법을 제시해 준다. 과학자들(그리고 다른 종류의 행위자들)은 자신들의 프로젝트를 진전시키기 위해 동맹군의 연쇄를 만든다. 이러한 연쇄를 만들기 위해 행위자들은 (문제 설정, 이해관계 부여, 역할 부여, 동원을 통해) 다른 이들의 이해관계를 자신의 것으로 번역한다. 그들은 스스로를 필수 통과점 ─ 다른 행위자들이 자신들의 목표를 달성하는 데 없어서는 안 되는 단계 ─ 으로 제시함으로써 자신들을 이러한 동맹에서 중심이 되는 존재로 만든다. 연쇄에서 다른 요소들은 동원될 수 있고, 이는 종종 그래프, 도표, 이미지 같은 상징적 형태를 띤다. 이들은 이른바 불변의 동체가 되는 것이다. 행위자들이 건설한 연쇄는 사람, 사물, 장치, 기법, 텍스트, 상징 등의 이종적 요소들로 구성돼 있다. 연쇄는 그것의 구성 요소들을 암흑상자로 만듦으로써 강화될 수 있다. 가령 어떤 장치(예컨대 측정 기구나 통계적 도구)를 표준화해서 연쇄를 풀거나 해체하기 어렵게 만드는 것처럼 말이다. 그럼에도 불구하고 연쇄는 오직 그것의 가장 약한 연결 고리만큼만 강하다(Latour, 1987: 121). 과학 논쟁은 경쟁하는 동맹 간의 힘겨루기이다. 널리 인정된 진리(그리고 널리 인정된 암흑상자와 공인된 장치)는 이러한 힘겨루기의 결과 ─ 그것이 만들어 낸 산물 ─ 이다.

두 가지 방향의 비판

행위자 연결망 이론은 과학학 내에서 대단히 인기 있는 접근법으로 성장해 왔다. ANT가 도입한 혁신적 용어들이 널리 채택되었고, 지식 생산에 내재한 실천적 목표(과학자들이 지식의 구성을 진척시키려면 연구비 지원 기관이나 장비 공급업체 들과 동맹을 맺어야 한다는 깨달음)를 강조한 것은 대다수의 철학적 전통들(가령 포퍼나 러커토시 같은)에서 개진한 다분히 이지적인 과학의 이미지에 대한 매력적인 대안임이 입증되었다. 그러나 칼롱과 라투르가 개관한 프로그램을 겨냥해 주로 두 가지 형태의 비판이 되풀이해서 제기되어 왔다(Yearley, 1987; Collins and Yearley, 1992a를 보라. 아울러 Amsterdamska, 1990; Schaffer, 1991도 보라). 첫 번째는 둘 중에서 좀 더 사소한 것처럼 보이지만, 실제로는 심오한 함의를 지닌 것으로 드러났다. ANT가 내세우는 것 중 하나는 그것이 대칭성을 모든 종류의 행위자들에게 확장함으로써 사회구성주의를 넘어설 수 있는 능력을 가졌다는 것이다. 칼롱이 초기 사례연구에서 열성적으로 선언했던 것이 바로 이러한 이종성(heterogeneity)이었고, 이는 그가 블루어의 대칭성 제안을 비판한 핵심이기도 했다. 라투르가 오늘날 자신을 **사회구성주의자**가 아니라 구성주의자로 부르는 이유도 여기에 있다.

 이러한 방식의 논증에 내재한 난점은 이것이 현대 과학학의 출발점이 되었던 중심 문제를 회피한다는 데 있다. 가리비나 미생물, 그 외 자연 세계의 다른 요소들이 연결망에서 역할 부여가 되었다고 말하기 위해서는 그들이 어떻게 행동하는지를 알아야 한다. 사회학자들은 사회적 행위자들이 어떻게 행동하는지 안다고 주장한다. 그들('우리'에 더 가깝겠지만)이 사회적 행위자들을 연구하기 때문이다. 그러나 칼롱은 가리비의 행동에 대해 어떻게 아는가? 실제 상황에서는 칼롱이 개인적으로 가리비의 행동에 대해 폭넓은 연구를 직접 수행하지 않았다면, 가리비의 행동에 대한 그의 설명은 가리비가 하는 일에 대해 그가 지닌 상식적 가정에 의존하거나, 가리비를 실제로 연구하는 과학자들이나 다른 인간 행위자들(아마도 어부들)에게서 힌트를 얻어야 할 것이다. 마찬가지로 라투르도 파스퇴르가 미생물에게 역할 부여를 한다고 말하려면, 미생물들이 정말 파스퇴르의 동맹을 지지하는 쪽으로 행동하는지 알아보기 위해 그들의 행동에 대해 알아야 할 것이다(앞선 인용문에서 라투르가 '힘의 균형을 결정적으로 역전시킨' 것은 세균이었다고 주장한 것을 떠올려 보라). 따라서 실제 상황에서 ANT는 그것의 성공을 이해하고자 하는 바로 그 과학적 견해들을 액면 그대로 믿는 데 의존하게 된다. 이러한 이유로 콜린스와 이얼리는 "지식 생산에 대한 사회적 설명으로 보면 그것[칼롱의 연구]은 평범하기 짝이 없다. 가리비들 자신의 이야기는 비대칭적인 낡은 방식의 과학 이야기이기 때문이다"라고 단언한다(Collins and Yearley, 1992a: 314).

이러한 비판은 완전히 해소된 것이 아니다. 행위자 연결망 이론가들은 그들이 가리비나 파스퇴르의 세균 등등의 행동에 대해 포괄적인 정보를 알 필요가 없다고 답할 것이다. 그들은 가리비들의 행동이 논쟁의 성패를 가르는 특정한 시점의 그러한 '행동'에 관해서나 가리비들이 나타내는 특정한 행동에 관해서만 알면 된다. 따라서 가리비들이 브르타뉴의 양식장에 머무르지 않을 경우, 행위자 연결망 분석가들은 가리비들이 왜 그물망에 달라붙지 않는지 알 필요가 없다. 그들은 가리비들이 달라붙지 않았다는 사실에만 주목하면 된다. 말하자면 가리비들이 진심으로 동맹에 가입했는지는 확인할 필요가 없으며, 단지 가리비의 특정한 행동이 역할 부여(혹은 그 반대)를 나타내는 것으로 간주되는지만 보면 된다. 마찬가지로 파스퇴르의 사례에서도 ANT의 지지자들은 미생물의 행동에 관해 모든 것을 상세하게 기술할 필요는 없다고 주장할 것이다. 단지 세균 군락이 파스퇴르에 대한 '충성'을 표시하며 일련의 용기들 속에서 만들어지는지가 문제일 뿐이다. 때때로 라투르는 이러한 분석을 인간 행위자의 경우까지 기꺼이 확장하려는 것처럼 보인다. 중요한 것은 행위자 전체가 아니라 인간 행동의 자취라고 말이다. 어부들에 대해서는 그들이 가리비 양식이라는 새로운 가능성을 중심으로 조직하는지만 알면 되며, 그들이 하는 모든 일에 대해서는 알 필요가 없다. 결국 충성의 연쇄는 행위자들 '전체'가 아니라 '행동 사건'(act event)이라고 부를 법한 것들로 구성돼 있다. 이러한 의미에서 동맹은 그것의 조성에서 대칭적이다. 동맹은 행위자들의 자취로 이뤄져 있다. 라투르는 그것이 인간이건, 동물이건, 미생물이건, 기술이건 개의치 않고 이를 행위소(actant)라고 부른다.

그러나 이러한 책략이 먹히기 위해 행위자 연결망 분석가들은 여전히 가리비들(그리고 그 외의 것들)이 실제로 무슨 일을 했는지를 판단할 수 있어야 한다. 이는 말처럼 쉬운 것이 아니다. 과학 논쟁은 종종 데이터가 진정으로 의미하는 바가 무엇인지에 의해 좌우된다. 생명의 자연 발생을 둘러싼 파스퇴르와 푸셰의 유명한 논쟁에서, 푸셰가 시험 용기에서 미생물을 발견하는 실험을 할 때마다 파스퇴르는 생명의 증거가 나타나지 않은 실험을 했다. 이 사례에서는 미생물 일반이 어떤 존재인가 하는 질문에서 특정한 시점에 미생물이 어떤 일을 했는가 하는 질문으로 한 발 물러나려 시도하는 것은 통하지 않는다. 왜냐하면 어떤 특정한 시점에서 미생물이 전형적으로 행동하고 있는지 아닌지를 알 수가 없기 때문이다. 생명을 발견한 푸셰의 실험이 미생물이 어떤 존재인가를 더 잘 보여 주는지, 아니면 생명을 발견하지 못한 파스퇴르의 실험이 더 잘 보여 주는지는 실험만 가지고 보여 줄 수 없었다. 마찬가지로 콜린스가 기술한 중력파 사례에서는 중력파가 존재하는지 그렇지 않은지가 바로 경쟁하는 검출 집단들 사이에서 논쟁이 되었던 문제였다. 행위소의 자취를 동맹에 끌어들이려 할 경우, 어떤 자취가 동맹에 무게를 실어 줄 만큼 충분히 튼튼한지, 어떤 자취가 그것이 연루된 연쇄를 약화시킬 가능성이 높은 미심쩍은 것인지 아는 문제가 여전히 남아 있다. 왜냐하면 우리가 이미 본 것처럼, 연쇄는 그것의 가장 약한 연결 고리만큼만 강하기 때문이다.

따라서 대칭성에 대한 도전과 관련된 이러한 첫 번째 문제는 심오한 함의를 지닌 듯 보인다. 칼롱이 선호했던 급진적 대칭성을 성취하기 위해 ANT는 자연적 행위자(행위소)들을 충성의 연쇄 속에 포함시킬 수 있어야 한다. 그러나 그러한 자연적 행위자들이 연쇄에서 믿을 만한 동맹군인지를 알아내는 것은 이 연구가 애초에 해결하고자 했던 바로 그 문제를 다시 제기한다. ANT는 파스퇴르와 그의 동맹군들이 (부분적으로는) 그가 인간 행위자와 조직뿐 아니라 미생물에게도 역할 부여를 할 수 있었기 때문에 성공했다고 대칭적으로 주장하고 싶어 한다. 그러나 미생물에 대한 성공적인 역할 부여는 그러한 생명체에 대한 그의 믿음이 옳은지에 — 이는 그의 동맹이 승리를 거둠으로써 확립된다 — 달려 있다.

이렇게 보면 첫 번째 난점은 두 번째 난점인 동어반복의 문제로 곧장 이어진다. 만약 과학 논쟁이 힘겨루기로 이해될 수 있으려면, 동맹들의 상대적인 힘을 잴 수 있는 모종의 방법이 있어야 한다. 만약 동맹이 지닌 힘에 대한 증명이 그것이 승리를 거뒀다는 사실뿐이라면, 전체 과정은 명백하게 순환 논리가 된다. 물론 ANT는 이 지점에서 주장을 약화시킬 수 있다. ANT는 대체로 볼 때 논쟁에서 당사자들은 동맹을 건설하는 것이 유리하다고 주장할 수 있다. 아울러 동맹들은 이종적인 성분들로 만들어질 수 있다는 유용한 관찰도 여기 보탤 수 있다. 믿음이 지닌 힘을 오직 그것의 인지적 견고성에서만 찾는 과학철학자들과 달리, 그러한 힘이 복수 성원의 충성으로 만들어질 수 있다는 아이디어는 새롭고 유익하다. 그러나 동맹이 지닌 힘이 무엇을 의미하는지에 대한 추가적인 분석이 없다면 ANT의 '이론'은 공허할 뿐이다. 논쟁은 더 강한 동맹의 승리와 함께 해소된다. 그 동맹의 우월한 힘은 그것이 경쟁에서 승리했다는 사실에 의해 입증된다. 그러한 이론은 언제나 옳을 수밖에 없지만, 동시에 가망 없을 정도로 불분명하기도 하다.

과학학의 새로운 지평

지금까지 나는 ANT가 마치 이해관계 이론, EPOR, 전통적 과학철학에 대한 직접적 경쟁자인 것처럼 제시해 왔다. 그런 이론들과 동일한 과제, 즉 특정한 과학적 믿음, 이론, 실천 들이 어떻게 지배적인 것이 되는지를 설명하려 애쓰는 이론으로 그려 왔다는 말이다. ANT 저자들의 저술을 보면 이런 해석을 뒷받침하는 내용을 많이 찾아볼 수 있지만(예를 들어 Latour and Woolgar, 1979와 Latour, 1987을 보라), 그와는 반대되는 명시적 주장들도 일부 볼 수 있다. 특히 라투르는 대략 1990년 이후부터 여러 편의 저술을 통해 이러한 입장과 거리를 두면서, 과학학은 새로운 지평 위에서 활동해야 한다는 주장을 전개했다(아울러 Callon and Latour, 1992: 346도 보라). 1999년에 그는 장난스러운 어조로 지금까지의 행위자 연결망 이론에는 딱 네 가지가 잘못되었다고 주장했다. 요컨대 '행위자', '연결망', '이론', 그리고 추가로 ['행위자'와 '연결망' 사이에 들어가는 — 옮긴이] 하이픈(-)에 대한 이해가 잘못되었다는 것이다(Latour, 1999a: 15). 좀 더 최신의 이러한 관점에 따르면, 경험적 상대주의 프로그램과 그 외의 강한 사회구성주의 프로젝트들은 연속선상의 한쪽 끝에 위치해 있으며 반대쪽 끝은 실재론 철학이 차지하고 있다(이러한 관점은 2장 말미에 실재론과 구성주의를 친밀한 적으로 그려 냈을 때 어느 정도 예견되었다). 이러한 적수들은 맹렬하게 티격태격 다투고 있지만, 그들의 주장은 오직 사회적 구성이 얼마나 많이 혹은 적게 있는가에만 맞추어져 있다. 라투르는 이 둘이 모두 결함이 있다고 주장한다. 그들은 그러한 1차원적 다툼을 넘어서지 못하기 때문이다.

그가 이처럼 평평한 세계를 거부하는 것은 최근에 출간된 논문집 『판도라의 희망』(*Pandora's Hope*)에서 '사회적 구성'[3]이라는 용어를 거부한 데서도 강조되고 있다. 여기서 그는 "과학학은 내적 접근법과 외적 접근법 사이의 고전적 논쟁 내부에 있는 위치를 점하는 것이 아니다. 과학학은 질문 자체를 완전히 재구성한다"라고 단언한다(Latour, 1999b: 91. 강조는 원문). 최근 라투르의 분석적 접근법을 가장 잘 보여 주는 사례는 『판도라의 희망』에 재수록된 첫 번째 사례연구에 나와 있다. 널리 알려진 이 논문은 브라질에서 숲/대초원 경계에 대한 분석을 수행하는 현

---

[3] 라투르는 자신의 웹사이트(http://www.ensmp.fr/~latour)에서도 자신을 사회구성주의자가 아닌 구성주의자로 소개하는 데 신경을 쓰고 있다. '자주 묻는 질문'(FAQ)에서 그는 이렇게 쓰고 있다. "BL[브뤼노 라투르 — 옮긴이]은 사회구성주의자인가? 답은 그렇지 않다는 것이다. 1979년에 나온 『실험실 생활』(*Laboratory Life*) 초판에 쓰였던 이 단어는 2판이 나오면서 빠졌다. …… 그러나 사회구성주의자는 아니더라도 BL은 분명 열렬한 구성주의자이다." 마이클 린치는 자신이 쓴 주제 서평에서 장난기 섞인 제안을 하고 있다. 라투르의 사상이 발전해 가면서 이후에 나올 판들에서는 제목에서 단어들이 더 빠져서 결국 책 제목에 한 단어만 남을 거라는 것이다. 그는 '사실 물신'(Factishes)이라는 제목을 제안했다(Lynch, 2001: 226).

장 과학자들에 대한 라투르의 상대적으로 짧은 연구를 다루고 있다. 여기서 그는 지식이 사회의 산물이나 자연의 산물이 아니라 여러 차례의 번역에서 나온 결과물임을 보여 주고자 한다.

그가 연구 대상으로 삼은 연구자들은 숲의 일부가 대초원 쪽으로 확장되고 있는지 아니면 그 반대인지, 그도 아니면 경계선이 멈춰 있는지를 알아내려고 애쓰고 있다. 식물학 증거에 따르면 숲에서 대초원으로 침투한 첨병이 있는 듯 보이지만 장기적이고 정확한 기록이 없이는 숲을 추적하는 일이 쉽지 않다. 상황을 더욱 복잡하게 만드는 것은 표면적으로 보면 서식지 밑에 있는 토양의 유형이 서로 구분된다는 사실이다. 대초원 밑에는 모래 토양, 숲 밑에는 진흙 토양이 있다. 토양 과학자들의 예상은 진흙이 모래로 질이 나빠질 수는 있지만 그 반대는 불가능하다는 것이다. 모래가 진흙으로 '질이 상승할' 수는 없다는 얘기다. 결국 토양 과학에 따르면, 숲은 후퇴해야 하거나 숲의 관점에서 봤을 때 최선의 경우 평형을 이뤄야 한다. 라투르가 연구한 현장 과학자 팀은 이 문제를 해결하려 애쓰고 있다.

라투르는 과학계의 청중들이 숲이 넓어지고 있는지 아닌지에 대체로 관심이 있음을 인정한다. 이해관계 이론가가 제시하는 통상적인 과학사회학 설명은 왜 이러한 과학자들이나 연관된 정책 결정자들 내지 운동가들이 숲이 줄어들고 있다는(혹은 그렇지 않다는) 믿음을 갖게 되는지 조사하는 것을 목표로 할 것이다. 그러나 라투르는 이 말썽 많은 지평을 떠나고 싶어 한다. 그는 독특한 어떤 문제에 관심이 있다고 주장한다. 바로 지식이 어떻게 구성되는가 하는 것이다. 그는 숲과 대초원이 어떻게 탈국소화되어 브라질의 다른 지역에 있는 연구소로, 심지어 프랑스로, 더 나아가 논문으로 되돌려질 수 있는지에 관해 이 사례가 무엇을 보여 주는지에 초점을 맞춘다. 그는 이러한 현장 과학자들의 실천과 행동이 어떻게 하나의 존재자를 다른 존재자로 환원하지 않고, 한 방에 끝낼 수 있는 어떤 기법을 통하지도 않으면서 정신과 사물 사이의 틈을 연결하는지를 보여 주고자 한다. 그보다는 솜씨 좋게 연결된 일련의 번역들이 숲/대초원 경계의 형태를 만들어 내고 그러한 경계의 재현이 논문으로, 지도나 도표로 유통될 수 있게 해준다. 린치는 라투르의 책에 대한 서평에서 라투르 연구의 개략적인 상을 대단히 정확하게 표현하고 있다.

> [라투르의 진술에는] 패러다임의 시선도 없고, 단일한 발견의 순간도 없으며, 대상과 이론적재적 내지 개념적재적 해석 사이의 궁극적 대면도 없다. 대신 일시적으로 증거의 연쇄로 조직된 다양한 재료들에 기입된 개입들의 결합체가 있다. 그러한 연쇄에서 각각의 연결 고리들은 조사 대상이 되는 야생의 지역에 '이미 있던' 것들에 대한 증거를 유지하고 보존하고 측정하고 부호화하고 결합시키려는 공들인 노력을 나타낸다. 숲-대초원 경계는 점차 데카르트 좌표계에 에워싸이지만, 데카르트의 이원론을 따르지는 않는다. (Lynch, 2001: 225)

민족지방법론자들이 그렇듯이(여기서 린치가 라투르의 '프로젝트'에 공감하고 있다는 사실은 분명 이해할 만한 것이 된다. 6장을 보라), 라투르는 과학자들이 어떻게 자연을 현장에서 가져와 실험실에 집어넣고 뒤이어 논문으로 만드는 과업을 달성하는지에 초점을 맞추고자 한다. 그가 다른 지면에서 밝힌 것처럼, ANT는

결코 사회적인 것이 무엇으로 구성되어 있는지에 대한 이론이 아니었

다. …… 우리에게 ANT는 단지 민족지방법론의 통찰에 충실하는 또 다른 방법일 뿐이었다. 행위자들은 자신들이 무슨 일을 하는지 알고 있고, 우리는 그들로부터 그들이 무슨 일을 하는지뿐 아니라 어떻게, 왜 그런 일을 하는지를 배워야 한다. 그들이 무슨 일을 하는지 지식을 결여하고 있는 것은 **그들이** 아니라 **우리** 사회과학자들이다. 그들은 왜 자신들이 외부에 있는 힘들 — 사회과학자들의 강력한 시선과 방법에 의해 밝혀진 — 에 의해 부지불식간에 조작되고 있는가에 대한 설명을 아쉬워하고 있지 않다. …… ANT는 사회적인 것에 대한 이론이 결코 아니었고, 사회가 어떻게 행위자들에게 압력을 행사하는지에 대한 설명은 더더욱 아니었다. 그것이 생겨난 가장 초기부터 언제나 행위자들로부터 배우는 대단히 미숙한 방법이었다. 그들의 세계 건설 능력에 대한 선험적 정의를 그들에게 부과하지 않으면서 말이다. (Latour, 1999a: 19~20. 강조는 원문)

이렇게 이해하게 되면 ANT는 이론이 아니며, 적어도 사회학에서의 이론은 아니다. ANT는 행위자들의 믿음을 설명하려 애쓰지 않는다. 대신 ANT는 지식이 어떻게 만들어지는지를 조명하려 시도한다. 콰인이나 블루어와 마찬가지로, 라투르는 통상적인 인식론을 버리고자 한다. 그의 제안은 이를 행위자들이 어떻게 번역을 통해 지식을 만들어 내는가에 대한 이해로 대체하자는 것이다. 브라질에서 온 토양 샘플은 토양 유형의 대표로 번역되고, 이어 토양 분포의 개략적인 지도로 번역되며, 이는 다시 공식적인 지도로 이전되어 과학 논문과 전 세계 실험실들로 유통될 수 있다. 이처럼 수많은 장치와 번역을 통해서만 지식이 만들어질 수 있으며, 그러한 이유에서 라투르는 자신의 사례연구를 다음과 같이 촉구하며 끝

맺고 있다. "이러한 기나긴 변형의 연쇄, 잠재적으로 끝이 없는 이러한 매개자들의 연속을 보며 기뻐하도록 하자"(Latour, 1999b: 79). 린치의 말을 빌리면, "라투르는 이러한 작업의 최종 산물이 숲-대초원 경계의 점진적 이동을 잠정적으로 재구성할 것임을 의심하지 않는다. 그는 회의적 태도를 부추기는 대신, 연구자들의 시각적 재현이 절묘하게 들어맞는 조건의 생산을 그려 낸다"(Lynch, 2001: 225).

결론적 언급

행위자 연결망 이론은 과학사회학의 이론으로 널리 간주되고 있다. 이는 이 접근법이 과학의 사회적 분석가들에게 수많은 이점을 제공하는 듯 보인다는 점을 감안하면 쉽게 이해할 수 있다. ANT는 과학 논쟁의 단계들을 기술할 수 있는 풍부한 용어 목록(이해관계 부여, 번역 등등)을 제안하고 있다. ANT는 일반화된 대칭성을 제시함으로써 강한 프로그램을 완성한 것처럼 보인다. 그리고 ANT는 자연 세계에 대해서도 두드러진 설명적 역할을 부여하는 듯 보인다는 점에서, 겉으로 드러난 강한 프로그램과 EPOR의 극단주의에 불편함을 느끼던 과학 분석가들을 끌어들여 왔다. 많은 사람들에게 ANT는 사실상 온건한 형태의 강한 프로그램(앞서 주장했듯이 궁극적으로는 일관성이 결여돼 있지만)을 제공해 주었다. (좀 더 대칭적이라는 점에서) 일견 좀 더 급진적인 자격을 갖추긴 했지만 말이다. 아이러니한 점은 역사가와 다른 과학 분석가들이 자신들의 실천을 크게 바꾸지 않은 채로 — 새로운 용어들은 받아들이지만 사례연구는 예전 그대로 수행하는 식으로 — ANT를 실행에 옮길 수 있었다는 것이다. ANT의 신봉자들은 용어들을 갖다 쓰지만, 대체로 설명적 목적을 염두에 두고 그렇게 한다. 이는 오늘날 라투르가 처음부터 ANT에 결여돼 있었다고 주장하는 바로 그 지향점이다. 문헌에서 찾아볼 수 있는 대다수의 ANT '분석'들은 칼롱의 초기 방법론적 수칙들을 아무런 의심도 품지 않고 대단히 문제가 많은 방식으로 따르고 있다.[4]

그렇다고 해서 ANT의 용어들이 아무런 가치도 없다는 말은 결코 아닙니다. 대부분의 용어들은 과학 논쟁에서 되풀이되는 책략들을 밝혀 주고 있다. 그러나 라투르와 칼롱은 자신들이 반대자들이나 수많은 추종자들이 하는 것처럼 과학사회학이나 과학철학을 하는 것이 아님을 인식해 왔다. ANT는 과학사회학이 아니라는 그들의 말은 옳다. 그러나 이것이 가치 있는 사회 이론인지 여부는 과학에 대한 민족지방법론 연구와 함께 6장과 7장에서 다시 생각해 볼 것이다(아울러 Lynch, 2001: 230도 보라).

---

[4] 널리 반감을 일으키고 싶지는 않다는 생각에 수많은 구체적 연구들을 여기서 인용하는 것은 피했다. 그러나 내 논점을 잘 보여 주는 최근 사례가 있어 소개한다. 이 연구는 1980년대에 잉글랜드와 웨일스에서 농업 폐수가 강 오염의 주요 원인으로 '구성되는' 방식을 통찰력 있게 분석했다(Lowe et al., 1997). 저자들은 자신들의 분석적 색깔을 ANT라는 돛대 꼭대기에 고정시켰지만, 분석에서는 행위자 연결망 이론의 특유한 측면들을 의미 있는 방식으로 전혀 활용하지 않았다. 좀 더 자세한 세부 사항은 이 책에 대한 내 서평(Yearley, 1999b)과 연구 그 자체를 참조하라. 린치 역시 수많은 사례연구들에서 공허하게 ANT를 들먹이는 것에 관한 이러한 지적을 받아들이는 것처럼 보인다. 다만 그는 자신의 비판적 지적을 ANT의 '미국인' 수용자들로 한정하고 있다.

5장_젠더와 과학학

과학학의 주제로서 젠더가 갖는 특유성

과학 지식이 왜 젠더를 분석하는 학자들에게 중요한지를 이해하는 것은 쉬운 일이다. 원론적으로 과학은 우리에게 자연 세계가 어떠한지를 말해 준다. 따라서 과학적 탐구 방법은 젠더의 차이나 특정한 젠더의 속성이 어느 정도로 자연적인지를 우리에게 말해 줄 수 있어야 한다. 과학의 성격에 관해 널리 인정되는 견해에 따르면 올바른 과학 지식은 가치중립적이어야 한다. 다시 말해 과학 지식은 사물의 본성이 우리의 정치적·문화적 취향에 부합하는지 그렇지 않은지와 무관하게 사물이 어떠한지를 우리에게 말해 주어야 한다. 그 결과로 나온 다양한 부류의 사람들 사이의 자연적 차이 내지 유사성에 관한 주장들은 결국 이러한 차이 내지 유사성을 '자연화'한다고 말할 수 있다. 그러한 주장들은 차이나 유사성이 자연에 기반한 것이며, 따라서 어떤 면에서는 인간의 선택을 넘어선 것이라고 제시하기 때문이다. 서장에서 개관한 바와 같이, 가치중립성에 대한 이러한 신념은 좀 더 전통적인 가치뿐 아니라 자유주의적이고 진보적인 이해관계에 대해서도 때로 위안이 될 수 있다. 예를 들어 19세기와 20세기에 자연사에서 나온 압도적인 증거가 우리 인간은 유인원과 흡사한 조상의 자손임을 제시하자, 이는 확립된 사실인 것처럼 보였다. 인간의 영적 특유성을 보면 인류는 영혼이 없는 동물들과 확연하게 구분되는 기원을 가지는 것이 틀림없다고 해석하는 종교 당국의 입장에서 이것이 아무리 당황스럽게 여겨진다 하더라도 말이다. 동일한 고려가 젠더의 경우에도 적용돼 왔다. 비록 상세한 결과는 좀 더 복잡하게 나타났지만.

지난 30년 동안 과학 지식이 갖는 이러한 자연화의 측면은 페미니스트 연구의 관점에서 가장 중요한 주제였다. 그러나 이러한 역사에서 도출된 복잡한 함의를 따라가려면 다소 시간이 필요하다. 가장 일반적인 수준에서 페미니스트 분석가들은 그러한 자연화에 회의적인 경향을 보여 왔다. 주된 이유는 흔히 여성에게 불리한 점이나 남성이 가진 특권이 자연화의 대상이 되어 왔기 때문이다. 100여 년 전에 여성의 뇌는 엄밀한 분석 작업에 부적합하다고 주장했던 초기의 '과학적' 연구에서부터(Tuana, 1989. 인용된 사례는 p.vii) 수컷 포유류의 부정(不貞)이 만연해 있으며 진화적으로 이해 가능할 뿐 아니라 결코 고칠 수 없는 것이라는 좀 더 최근의 사회생물학 연구에 이르기까지, 자연화의 저울은 남성의 편으로 기울어져 있는 듯 보인다(Hubbard, 1990: 96). 남성들은 화성에서 온 것은 아닐지 몰라도, 여성과 다른 숙련, 욕구, 젠더 이해관계(가령 흔히 여성에 대해 경제적·문화적으로 유리한 점들을 계속 지속시키고자 하는 이해관계)를 갖는 자연적으로 특유한 존재이다.

많은 페미니스트 분석가들에게 그러한 이른바 과학적 발견들은 의심스럽게 보였다. 단지 여성의 불리한 점을 자연화해서가 아니라 그러한 결과를 떠받치는 연구들이 종종 취약해 보였기 때문이다. 이는 그러한 결과가 다분히 수가 적고 그다지 체계적이지 못한 연구들 — 일견 상식적이고 정형화된 결론에 도달하지 않았다면 아마 충분히 설득력을 가진 것으로 보이지 않았을 연구들 — 에 기반하고 있기 때문일 수 있다. 그러한 발견들이 당연하게 여겨지는 가정들을 너무 가깝게 반향한 나머지 사람들이 익숙한 결론으로 비약했기 때문일 수도 있다. 때로는 동물이나 다른 생물계의 행동과 인간의 문화적 패턴 사이의 어떤 직접적 유사성이 액면 그대로 받아들여지는 반면 차이점은 평가절하되기 때문일 수도 있다. 나중에 우리는 난자와 정자의 행동에 관한 유명한 연구와 유인원의 행동으로부터의 외삽과 관련해 이러한 주제들로 돌아올 것이다. 그러나 여기서 한 가지 지적해 둘 것이 있다. 자연화가 여성들의 젠더 이해관계로 생각되는 것에 불리한 관념들을 반드시 지지하는 것은 아니다. 예를 들어 여성과 남성의 지적 능력이 근본적으로 비슷하다는 관념을 뒷받침하는 데 주류 과학의 주장을 근거로 제시할 수도 있다. 지적 능력에서 젠더 간에 차이가 난다는 이유로 여성들이 제도적으로 불이익을 겪는 사례에서는, 그런 차이가 존재하지 않는다는 주류 과학의 연구 결과를 들어 차별 대우에 반대할 수 있다. 적어도 이 사례에서 유사성의 자연화는 환영할 만하고 진보적인 것처럼 보인다. 사실 1960년대 말과 1970년대의 많은 페미니스트 저술은 (말하자면) 여성과 남성이 일반적으로 가정되는 것처럼 그렇게 다르지 않으며, 여성들의 일자리 요구나 남성의 육아가 결코 부적합한 것이 아님을 보여 주는 데 초점을 맞추었다. 가령 1972년에 앤 오클리는 만족스러운 기색으로 이렇게 썼다. "아울러 생물학은 남성과 여성의 **정체성**을 밝혀냈다. 양성 간의 기본적 유사성과 발달 과정에서의 연속성을 입증한 것이다"(Oakley, 1972: 18. 강조는 원문)

따라서 핵심이 되는 분석적 질문은 과학의 분석가들이 모든 '자연화'에 대해 우려해야 하는가 아니면 단지 차이를 자연화하려는 그릇된 내지 성급한 시도만 문제 삼아야 하는가에 있다. 페미니스트 과학학을 선도하는 경향 중 하나는 개혁주의적 의제를 지향해 왔다. 이러한 종류의 접근법 — 샌드라 하딩은 이를 '페미니스트 경험론'(feminist empiricism)으로 이름 붙였다(Harding, 1991: 111) — 은 지나치게 성급한 자연화의 위험을 경계하는 좀 더 신중한 과학을 해법으로 제안한다. 여기서는 잘못된 일반화에 대한 가장 좋은 해독제가 그것의 단점을 폭로하고 이를 건실한 일반화로 대체하는 것이라고 주장한다. 물론 1장에서 개관한 것처럼, 머튼은 이미 과학자 공동체가 보편주의라는 핵심적 신념을 가지고 있기 때문에 과학의 규율 잡힌 진전이 극단적인 주장을 넘어설 수 있는 가장 좋은 방법일 가능성이 크다고 주장한 바 있다. 이를 확실히 보장하기 위해 과학 전문직에 대한 다양한 유형의 사회적 개혁이 옹호된다. 더 많은 여성들이 과학 전문직에 진입하고, 특히 지도적 위치에 오르게 되면 여성적 특징에 관한 그럴싸한 일반화의 위험을 좀 더 의식하는 사람들이 생겨날 것이다. 우리는 과학자들이 과학 연구를 하는 과정에서도 (젠더 특성이나 동성애자들의 본성이나 소수민족 인구에 속한 사람들의 특성 등에 관한) 편파적인 결론으로 비약할 위험을 안고 있다는 관념을 받아들이면서, 동시에 더 많고 더 나은 과학이야말로 이러한 위험을 극복할 방법이라고 여전히 생각할 수 있다.

그러나 이러한 개혁주의적 입장에는 적어도 두 가지 문제가 해결되지 않은 채 남아 있다. 첫째는 편파적 판단의 성격과 원천이며, 둘째는 오늘날의 과학을 가지고 단지 더 열심히 노력하는 것만으로 이러한 편견들을 넘어서는 전망에 한계가 있을 가능성이다. 이 중 첫 번째 것에 관해서, 페미니스트 학자들은 3장에서 설명한 이해관계 이론가들이 직면했던 것과 흡사한 난점에 봉착한다. 사회제도와 믿음 들이 (가령 남성들의 부정은 자연스러운 것이라는 진화심리학자들의 해석을 통해) 남성들의 이해관계에 유리한 방식으로 조직되어 있는 듯 보인다는 점을 지적하기는 쉽지만, 이러한 불평등이 정당화되고 (결과적으로?) 영속화될 수 있도록 남성들의 이해관계가 정확히 어떻게 조율돼 있는지를 구체적으로 보여 주기는 어렵다. 가령 맑스의 추종자들은 자본가 계급의 이해관계는 어떤 것이어야 하고 반대로 노동자 계급의 이해관계는 어떤 것이어야 하는지에 대해 (틀렸을지는 모르지만) 분명한 관념을 갖고 있었다. 반면 제도와 믿음들이 여성들에게 완고하게 불이익을 주도록 구조화되는 방식을 이해하기 위해 페미니스트 학자들이 가부장제라는 관념을 동원할 때는 남성들의 이해관계가 정확히 어떠한 것인지를 알아내기가 어렵다. 남성들은 너무나 다양하며 그들 간에도 상충하는 이해관계를 가지고 있기 때문이다. 남성들은 쉽게 감지하기 어렵고 도처에 만연해 있으며 서로 조율되지 않은 행동들을 통해 자신들의 패권적 통제를 연장하는 것처럼 보인다. 우리는 페미니스트 경험론이 올바르고 충분한 해결책인지 판단을 내리기에 앞서 왜 이러한 패권이 계속 유지되는지에 대해 잘 발달된 설명을 필요로 한다.

둘째, 우리는 여성 과학자들이 (기회가 주어지면) 과학을 다른 방식으로 수행한다(혹은 수행할 것이다)는 관념을 페미니스트 과학학 문헌 내에서 찾아볼 수 있다. 예컨대 그들은 다른 방법을 사용하거나, 문제를 틀 짓는 대안적 가정을 동원하거나, 좀 더 전일론적인 방식으로 주제에 접근한다(이 문제에 대한 경험적 탐구는 Kerr, 2001을 보라). 만약 이러한 관점이 옳다면, 문화적으로 억압적인 과학은 동일한 접근 방식을 더 많이 추구함으로써가 아니라 이와는 다른 더 훌륭한 접근 방식을 통해서 교정되어야 한다. 그러나 이렇게 할 경우 페미니스트 과학을 사회학적 연구에서 완전히 면제해 주는 위험에 빠질 수 있다. '주류' 과학의 사회학은 비판과 폭로로 귀결되는 반면 페미니스트 과학에 대한 연구는 상찬과 동일시될 수 있다는 말이다. 그뿐 아니라 여기에는 본질주의라는 널리 알려진 위험도 도사리고 있다. 만약 여성들은 과학을 다른 방식으로 수행한다는 주장을 하고 싶다면, 여성의 어떤 점이 그들을 인식론적으로 다른 존재로 만들어 주는지 답할 필요가 있다. 여기서 가장 간단한 주장은 여성들이 지닌 '여성성'이 바로 그들을 구분해 주는 요소라는 것이다. 그러나 이러한 경로는 분명 썩 매력적이지 못하다. (모든 문화와 시대를 아우르는) 모든 여성들이 뭔가를 공통적으로, 즉 남성들과는 다른 뭔가를 가지고 있다고 가정해야 하기 때문이다. 더욱 어려운 문제는 무엇이 이처럼 특별한 자격을 이룰 수 있는지 후보를 설사 찾아낸다 해도, 모든 여성들에게 귀속되는 것으로 쉽게 상상할 수 있는 어떤 특별한 성질이 어떻게 여성들이 과학을 수행하는 방식을 형성할 수 있는지가 대단히 불확실하다는 점이다. 하딩(Harding, 1991: 121)을 포함해 페미니스트 경험론에 비판적인 학자들조차도 본질주의의 함정은 피하고 싶어 한다. 이러한 막다른 골목에서 빠져나올 때 선호되는 경로는 흔히 '입장'(standpoint) 이론이라고 불리며 나중에 좀 더 자세하게 검토해 볼 것이다. 지금 단계에서는 헬렌 롱기노의 지적처럼 페미니스트 학자들이 양쪽을 다 가지려 할 때의 위험을 의식하고 있음을 머릿속에 넣어 두면 도움이 된다(Longino, 1990: 11). 즉, 일견 성차별적인 과학적 연구 결과가 경험적으로 틀렸다고 주장하면서 (이는 그것이 옳을 수도 있음을 의미한다) 동시에 그것은 원칙적으로 잘못되었다고 주장할 수는 없다는 말이다(이 경우에는 좀 더 평등주의적인 결과에 대한 경험적 지지뿐 아니라 경험적 반박도 원칙적으로 잘못된 것이 된다). 추상적이고 이론적인 논증으로 더 나아가기 전에 이러한 논증들이 실제로 어떻게 작동하는지 볼 수 있는 두 가지 사례를 검토해 보면 도움이 될 것이다.

남자다운 정자와 '계집애 같은' 난자

자연화라는 현상은 (수없이 재수록된) 에밀리 마틴의 연구를 통해 살펴보면 이해하는 데 도움이 된다(Martin, 1996). 이 연구는 생물학과 의학 문헌에서 인간의 생식을 다루는 부분들을 분석한 것에 기반을 두고 있다. 이러한 문헌들은 여성의 몸에 난자가 있고 남성의 몸은 정자를 제공한다는 당연한 사실을 기술하고 있다. 그러나 난자와 정자가 어떻게 행동하는가에 관한 설명을 보면, 인간적(그리고 서구적) 용어를 써서 난자는 여성적인, 정자는 남성적인 전형에 따라 그려 내는 경향이 나타난다. 그 결과 난자는 나팔관을 따라 떠내려오는 수동적 존재로 제시되는 반면, 정자는 난자에 도달하기 위한 경주에서 강한 꼬리로 추진력을 얻는 능동적 존재로 그려진다(Martin, 1996: 327). 그뿐 아니라 본문을 보면 수정 과정 그 자체에서도 정자가 좀 더 능동적인 작인으로 제시된다. 정자는 난자를 관통해서 난자막을 뚫고 들어간 후에 "난자의 발생 프로그램을 활성화시킨다". 정자는 난자보다 좀 더 맥락으로부터 독립적인 것으로 그려진다. 정자든 난자든 수정이 일어날 때까지 제한된 '수명'을 갖고 있다는 점은 매한가지인데도 말이다. 마틴은 심지어 이렇게 주장하는 문헌도 찾아냈다. "반수체[즉, 배우자와 결합하지 않은] 상태를 포기하는 결정을 실행에 옮기기 위해, 정자는 난자에게로 헤엄쳐 가서 그곳에서 막(膜) 융합을 일으키는 능력을 획득한다"(Martin, 1996: 329에서 재인용). 마틴은 이러한 묘사에 숨은 기업 같은 이미지에 주목했다. 여기서 분명한 점은 여성의 생식 요소들에 전형적으로 새침하고 여성적인 특징이 부여된 반면, 정자는 일류 회사에서 승진을 추구하는 경쟁력 있는 젊은 남성처럼 행동한다는 것이다. 허버드가 지적한 것처럼 "이는 젠더 관계의 이데올로기를 반영하고 있다. 남성들은 쫓아다니고 여성들은 내놓는 그런 관계 말이다" (Hubbard, 1990: 102). 아이러니한 점은 난자 그 자체는 어떤 자명한 의미에서 여성이 아니라는 데 있다. 난자가 생물학적으로 여성들과 연관돼 있긴 하지만, 난자 그 자체는 성이 없다. 난자가 여성적인 속성을 나타내 보일 것으로 기대할 만한 이유가 전혀 없는 것이다.

이어 마틴은 난자와 정자에 대한 기존 견해에 의문을 제기한 최근의 몇몇 연구들을 검토한다. 생물물리학에서 얻어진 몇몇 측정치들은 정자의 운동이 비록 격렬하긴 하지만 난자를 꿰뚫고 들어가는 목적을 위해 잘 설계된 것은 결코 아님을 보여 주었다. 정자가 '헤엄치는' 동안 정자의 머리는 좌우로 추진력을 받으며, 따라서 난자 속으로 뚫고 들어갈 가능성은 매우 낮다. 정자를 특징짓는 운동은 오히려 머리를 좌우로 흔들어 그것이 만난 난자로부터 떼어 놓는 경향에 좀 더 가깝다. 이는 난자를 뚫고 들어가는 것이 물리적 현상, 즉 난자막에 물리적으로 구멍을 뚫는 것이라는 관념에 의문을 제기하며, 정자가 난자의 외층을 뚫는 화학적 수단을 써서 난자 속으로 파고 들어갈 가능성도 낮아 보인다. 대신 제안된 이론은 난자와 정자가 "각각의 표면에 있는 점착 분자 때문에" 서로 묶이게 된다는 것이었다(Martin, 1996: 331). 마틴에 따르면 이는 "난자가 정자를 포획"함을 의미한다. 그럼에도 유사한 견해를 받아들인 다른 생물학 연구자들은 전형적인 용어를 써서 난자와 정자의 만남을 표현할 방법을 찾아냈다. 한 가지 제안은 정자와 난자가 정자 속에 저장돼 있던 단백질로 만들어진 가는 실 덕분에 서로 묶이게 된다는 것이었다. 저자들은 이 실을 난자에 '작살을 꽂는' 장치로 묘사했다. 이 실이 작살과 달리 사냥감의 표면에 부착되는 것뿐이고(그 속으로 뚫고 들어가지 않고), 마치 부교(浮橋)처럼 구획들로 이뤄져 있다는(따라서 발사체와는 비슷한 점이 없다는) 사실에도 불구하고 말이다.

그뿐 아니라 저자들이 난자와 정자 사이가 처음 들러붙는 것을 상호작용의 과정으로 다루는 경우에도, 정자가 난자 내부로 진입해 핵을 만나는 과정을 뚫고 들어가는 행동으로 표현하는 경향이 여전히 남아 있다. 정자의 약한 추진력에 관한 동일한 주장이 여기에도 적용되는데도 말이다. 어떤 종에 대한 연구 결과(마틴은 생쥐와 성게를 예로 들고 있다)를 보면 정자는 난자 표면과 융합하면 모든 기동력을 잃어버린다. 예를 들어 성게의 경우, 정자는 핵에서 뻗어 나와 그 속으로 다시 들어가는 미세 융모(아주 가는 '털')에 의해 난자 내부로 끌려들어간다. 그러나 이 과정에 대한 개관을 제공하는 본문에는 '정자가 뚫고 들어가다'(Sperm Penetration)라는 제목이 붙어 있다. 마틴이 지적하듯, 해당 본문에는 '난자가 에워싸다'(The Egg Envelops)라는 제목을 쉽게 붙일 수 있을 텐데도 말이다. 그리고 본문에서 난자에 좀 더 능동적인 역할이 부여되는 경우, 마틴은 해당 설명이 "또 다른 문화적 전형을 끌어들이는" 것을 감지했다. "위험하고 공격적인 위협으로서의 여성"이라는 전형이 그것이었다(Martin, 1996: 336). 여성의 난자에 행위 능력이 부여되는 순간, 난자는 끈적거리는 거미줄 같은 함정으로 정자를 꾀어들이는 '팜므파탈'로 행동하기 시작한다.

마지막으로 마틴은 이러한 전형화가 난자와 정자에 전가된 특징들을 넘어 확장된다고 지적하고 있다. 그녀의 분석에 따르면, 의학과 생물학 문헌들은 여성과 남성의 생식 능력을 문화적 의미로 가득 찬 방식으로 다루는 경향을 갖는다. "매일 수억 개의 정자를 생산하는" 남성의 능력은 굉장한 재능으로 제시되는 반면, "여아 신생아는 평생 갖게 될 모든 생식세포를 이미 가지고 태어난다"(Martin, 1996: 324, 325). 여성들은 그저 소모해 버리는 생식 물질의 저장고를 가지고 있는 반면, 남성들은 창조성의 경이를 보여 준다. 심지어 선택된 동사들도 남성과 여성이 지닌 속성들의 이러한 서열을 반영한다. 남성들은 정자를 '생산하'지만 여성들은 난자를 '흘린다'. 그리고 여성과 남성이 자신의 생식 자산을 '관리하는' 방법도 비슷한 방식으로 다룰 수 있다. 마틴에 따르면, 여성들이 매달 내보내 쓸 수 있는 것보다 더 많은 난자를 가지고 태어나는 것은 낭비적인 것으로 간주되지만, 생산되는 정자의 개수와 생식 성공에 이르는 정자의 개수 사이의 엄청난 불균형은 남성의 창조적 능력에 대한 증거로 제시된다. 정자는 생식 성공에 이르건 그렇지 않건 간에 가치 있는 것처럼 보이지만, 수정되지 않은 난자는 마치 유통기한이 이미 다 되어 가는 재고품처럼 무가치한 것으로 간주된다. 그리고 이는 남성과 여성 간의 불평등의 측면들을 반영하고, 더 나아가 '정당화'하고 영속화하는 것처럼 보인다.

마틴은 이러한 언어적 전형들이 유해하다는 주장을 분명하게 펼치고 있다. 그녀는 여성적인 난자를 팜므파탈로 제시하는 것이 "악영향을 미친다"라고 단언하면서 좀 더 중립적이고 사이버네틱한 은유를 대신 쓸 것을 제안한다. 그러나 여기서 주장하는 위험이 정확히 어디에 있는 것인지는 그리 분명치 않다. 그녀의 연구는 과학의 언어가 은유에서 자유롭지 않으며 이러한 은유가 보수적인 사회적 가정에 동조할 수 있음을 보여 준 것이 사실이다. 생물학적 의미에서 — 오늘날 서구의 문화적 의미에서는 말할 것도 없고 — 분명하게 남성 혹은 여성이 아닌 이러한 생물학적 시스템들은 여성과 남성의 행동에 대한 문화적 기대라는 렌즈를 통해 해석된다. 정자가 (동등하게 그럴 법한 다른 해석이 존재하는데도) 전형적으로 남성적인 방식으로 행동하는 것으로 해석되고, 이러한 남성적 행동이 일종의 증거로서, 즉 남성들이 이러한 방식으로 행동하는 것이 얼마나 깊은 의미에서 자연스러운지를 보여 주는 것으로 제시된다면, 이와 같은 자연화는 극히 의심스럽고 공허한 것처럼 보인다. 그러나 마틴은 이러한 문헌들이 실제로 전형적인 남성의 행동을 자연화하는 데 쓰인다는 사실을 보여 주지는 않았다. 물론 그것을 읽는 독자들은 자신들이 지닌 편견을 암암리에 더욱 굳힐 수도 있고, 생물학 교육과 함께 이러한 문화적 메시지들을 흡수할 수도 있다. 그러나 마틴의 논문은 전적으로 텍스트 분석에 기반하고 있으며, 따라서 실제 독자들에 대해서는 아무것도 말해 주는 것이 없다. 한 사람의 독자로서 여기서 암시된 전형을 분명히 거부할 수 있었던 마틴 자신을 예외로 한다면 말이다. 아울러 그녀의 분석 자료 선택과 관련해 두 가지 우려가 있다. 그녀의 논문은 해석적 에세이로 쓰였고, 그녀가 선택한 문헌이나 발췌문이 얼마나 대표적인 것인가에 대해서는 거의 주의를 기울이지 않고 있다. 더 중요한 문제는 그녀가 선택한 저술 대부분이 교과서에서 나온 것이기 때문에, 이처럼 은밀한 가정들이 연구의 최전선에서 과학 지식이 발전하는 데 영향을 미치는지가 불분명하다는 데 있다. 그녀의 발견들은 과학 교육에서의 전형화에 대한 유효한 비판으로 읽을 수는 있지만, 새로운 과학이 어떻게 구성되는가에 반드시 어떤 함의를 갖는다고 볼 수는 없다. 그녀가 교과서의 설명에 대한 자신의 비판을 뒷받침하는 근거로 최근의 연구 성과(예를 들어 생쥐와 성게에서 미세 융모의 역할에 관한)를 인용하고 있다는 사실은, 페미니스트 경험론에서 주장했던 것처럼 혁신적 과학이 낡은 성차별적 가정들을 몰아낼 수 있음을 보여 준 것으로 읽을 수도 있다. 요컨대 마틴의 설명은 문화적 은유들을 생물학적 현상에 도입함으로써 자연화가 어떻게 생겨나는지 실례를 통해 보여 주었다. 그러나 이는 이러한 자연화가 독자들에게 이데올로기적 영향을 미친다는 점을 입증하지도 못했고, 자연화된 가정들이 연구의 첨단에서 과학 지식의 발전에 영향을 미친다는 점을 보여 주지도 못했다. 자연화와 과학 지식의 최전선에서의 발전 사이의 연결 고리라는 이러한 결정적 문제는 이어질 사례연구를 통해 살펴볼 수 있다. 널리 알려진 이 사례는 허버드와 롱기노가 탐구했던 주제이기도 하다.

인간의 진화를 이끈 것은 여성인가 남성인가?

인간 진화의 역사가 밟아 온 대강의 단계들에 대해서는 폭넓은 합의가 존재한다. 유인원 같은 존재(원인原人, hominids)가 나무에서 초지로 이동해서 직립 자세를 갖추기 시작했고, 특유의 식단을 바꾸고 폭넓은 도구 사용 능력을 발전시켰다. 치아의 배열이 바뀌어 새로운 형태의 식품을 이용할 수 있게 되었고, 아울러 뇌와 지능의 발전도 뒤따랐다. 그러나 이와 같은 과정들은 점진적으로 일어났고, 이러한 발전을 기록한 흔적은 거의 남아 있지 않다. 따라서 과학자들이 핵심적인 변화(가령 직립 자세의 도입)의 시점을 특정하기는 어렵고, 심지어는 이를 순서대로 배열하는 것조차 쉽지 않다. 그럼에도 불구하고 남아 있는 자료들 ─ 특유의 방식으로 마모된 치아, 발자국, 버려진 도구 등 ─ 과 일정한 추론을 통해 과학자들은 인류 발달의 줄거리를 짜맞출 수 있었다. 이는 자료를 한데 모아 이해하려는 이론적 해석의 결과였다. 롱기노는 이 중에서 가장 널리 유포된 형태가 '수렵인 남성'(man-the-hunter)의 이야기라고 지적한다. 롱기노의 연구는 대안이 되는 여성 중심적 설명이 적어도 그에 못지않게 설득력이 있는데도 동일한 방식으로 제시되지 못했음을 보여 주고자 했다. 인간의 사회적·해부학적 진화에 대한 '수렵인 남성' 이론과 '채집인 여성'(women-the-gatherer) 이론은 한쪽 성의 행동 변화를 종의 진화에서 중심에 둔다. "어느 쪽의 가정도 화석 기록에서 분명하게 드러나거나 진화이론의 원칙들에 의해 지시되는 것이 아닌"데도 말이다(Longino, 1990: 107).

도구의 사용은 두 가지 설명 모두에서 중심을 이룬다. 도구를 사용한 원인들은 분명히 적응 우위를 누렸을 것이기 때문이다. 이와 동시에 두 다리로 걷는 자세를 취한 원인들은 도구를 조작할 수 있는 '팔'과 '손'이 자유로워지기 때문에 유리한 상황에 처하게 되었을 것이다. 직립 자세에 대해서도 마찬가지 얘기를 할 수 있다. 아울러 '인간 특유의 지능 형태'를 발전시킨 원인들은 도구 사용의 정교화에서 이점을 가졌을 것이다(Longino, 1990: 107). 이러한 변화들은 선순환으로 연결될 수 있었다. 즉, 원인들이 (적어도 어떤 지점까지는) 더 직립 자세를 취하고 더 영리해질수록 도구 사용이 더 향상되었다. 남성 중심적 설명에서 "도구 사용의 발전은 남성에 의한 수렵의 발전이 낳은 결과로 이해된다"(Longino, 1990: 107). 이러한 남성 중심적 시각에 따르면, 원인들은 주로 남성들의 수렵 활동 과정에서 도구의 사용을 발달시키고 다른 진화적 변화들에 시동을 걸었다. 싸움에서 도구를 쓸 수 있게 되면서 남성에게서 더 컸고 과시나 실제 싸움에 쓰였던 송곳니는 중요성이 떨어졌다. 이에 따라 송곳니가 작아질 수 있었고, 어금니가 음식을 좀 더 효과적으로 갈아서 넘기는 데 쓰일 수 있게 됐다(이전에는 송곳니가 방해가 되었다).

롱기노의 결론은 이러한 남성 중심적 이론의 개요에서 곧장 따라 나온다. 남성들은 진화의 중심에 위치하는데, 그 이유는 이러한 설명이

> 원인의 형태적 특징의 발달에 유리한 선택압에 기여하는 행동 변화를 남성의 행동과 결부시킨다. 그저 남성의 행동이 아니라 20세기의 사고방식에 여전히 남성성의 전형으로 남아 있는 행동과 묶어 준다는 말이다. (Longino, 1990: 107)

이는 그저 남성의 행동이 이야기의 중심에 있다는 것이 아니다. 진화를 도구 사용과 확장된 지적 능력이라는 '진보적' 방향으로 이끌고 간 바로 그 행동이 본질적으로 남성적이라는 것이다. 원인들은 남성 집단 구성원들이 오늘날 남성성의 전형에 부합하도록 행동하게 함으로써 커다란 진화적 보상을 얻었다.

반면 여성 중심적 제안은 도구 사용이 부상한 이유에 대한 설명을 여성들의 행동 변화에서 찾는다. 숲에서 생산성이 떨어지는 초지로 이동하면서 식량 수집에 압력이 가해졌고, 이는 식량 수집에 도움을 얻기 위해 도구를 사용한 이들에게 유리한 점을 부여했다. 이러한 압력은 여성들에게 가장 두드러지게 나타났다. 그들은 "자신뿐 아니라 임신, 수유, 그 이후 과정을 통해 새끼들도" 먹여야 했기 때문이다(Longino, 1990: 108). 이러한 해석에 따르면, 도구는 식량 수집과 공격적 동물들로부터의 방어를 위해 우발적으로 사용되었다. 여성들은 나뭇가지나 갈대 같은 도구들을 되는대로 쓰기 시작했을 수 있다. 이러한 도구들은 썩어서 분해되기 때문에 오늘날 과학적 분석이 가능한 유물을 남기지 못했다. 이는 최초의 석기 증거에 초점을 맞추는 여러 형태의 남성 중심적 시나리오보다 도구

사용이 시작된 시점을 앞당기게 된다. 롱기노는 이처럼 앞당겨진 시점이 현재 치아 변화가 나타난 것으로 추정되는 시기와 좀 더 잘 부합한다고 주장한다. 마지막으로 여성 중심적 시각에 따르면, 남성들의 치아 변화는 여성들로부터 나타난 선택압으로 그 원인을 돌릴 수 있다. 여성들은 덜 공격적이고 더 사교적이며 '치아에 문제가 있는'[즉, 송곳니가 더 작고 덜 뾰족한 — 옮긴이] 남성들을 반려자로 선호했기 때문이다.

이 연구를 이러한 용어를 써서 제시함에 있어, 롱기노가 후자의 설명이 반드시 옳다고 주장한 것은 아님을 기억해 둘 필요가 있다. 그녀가 강조하고자 했던 점은 두 가지 설명 모두가 알려져 있는 자료와 부합하며, 둘 모두가 종종 부지불식중에 통용되는 가정들에 의지하고 있다는 것이었다. 예를 들어

> 비판자들은 연구자들이 남성 정보원에 의지하고, 남성적 집착을 반영한 질문들을 던지며, 자신들의 결론을 뒷받침하는 사회를 모델로 고르는 경향이 있음을 일찍이 지적했다. 예를 들어 수컷 비비에서 볼 수 있는 공격성을 인간 남성의 공격성을 보여 주는 모델로 쓰는 것을 들 수 있다 [그에 못지않게 분명한 선택 후보인 침팬지는 상대적으로 좀 더 사교적인데도 말이다]. (Longino, 1990: 106)

결국 인간 진화의 역사에 관한 통상의 과학 연구는 남성들의 활동에 높은 우선순위를 두는 경향이 있다. (롱기노와 허버드에 따르면) 진화적 변화가 여성이 아닌 남성에서 기인했을 가능성이 더 높음을 시사하는 자료나 기존 이론이 전혀 없는데도 그렇다. 남성 분석가들은 자신들에게 자명해 보이는 결론으로 비약해 온 것처럼 보인다. 그러한 결론이 페미니스

트의 관점에서는 대단히 의심스러워 보이는데도 불구하고 말이다. 따라서 이 사례를 통해 우리는 (단지 교과서나 교육용 자료뿐 아니라) 연구의 최전선에서 과학 지식의 구성이 젠더화된 가정들에 의해 영향을 받아 왔다는 설득력 있는 증거를 볼 수 있다. 그러한 '발견'들은 남성이 좀 더 중요한 젠더라는 관념을 (적어도) 암암리에 뒷받침하며, 결과적으로 남성의 우위와 젠더 불평등을 자연화하는 데 일조한다.

페미니스트 과학학의 설명에 대한 평가

겉으로 보기에는 한편으로 롱기노가 하는 작업과 다른 한편으로 블루어, 콜린스, 매켄지 등이 하는 작업이 대단히 유사한 듯하다. 그들은 경합 중인 과학적 해석들을 검토해 상충되는 관점들과 그러한 관점의 지지자들에게 내포된 사회학적 측면들을 찾고 있다. 그러나 이러한 유사성은 중요한 점에서 오직 피상적으로만 그렇게 보일 뿐이다.[1] 블루어와 콜린스가 대칭성과 공평성에 전념하고 있다면, 롱기노는 공공연하게 비대칭성을 표방한다. 그녀의 목표는 남성 중심적 설명이 그것의 주창자들이 생각

---

[1] 이러한 유사성이 피상적인 측면에 그친다는 사실은 두 종류의 문헌들이 서로를 무시한 채 지나치는 정도에도 반영돼 있다. 2-4장에서 검토한 사회학 저자들이 페미니스트 학자들을 인용하는 경우는 아주 드물다. 반면 롱기노와 하딩 같은 저자들은 강한 프로그램 저자들을 일부 인용하긴 하지만, 그것에 대한 관여는 저조하다. 예를 들어 롱기노는 강한 프로그램을 소개하면서 이 주제로 글을 쓴 페미니스트 학자들을 언급하고 있지만(Longino, 1990: 10), 반스나 블루어의 구체적 견해에 대해서는 거의 아무런 설명도 하지 않고 있다. 하딩은 각주에서 강한 프로그램 "지식사회학이 여러 가지 점에서 결함이 있다"라는 지적을 하고 있지만(Harding, 1991: 167), 어떤 점에서 부족한지에 대해서는 그 이상으로 설명하지 않는다. 이러한 상호 경시가 빚어낸 유감스러운 결과에 관해서는 세라 델러먼트의 연구를 보라(Delamont, 1987). 롱기노가 좀 더 최근에 쓴 책에서는 과학학 저자들에 좀 더 많은 주의를 기울이고 있다(Longino, 2002).

하는 것보다 덜 확고하며 — 아무 의심 없이 받아들여진 젠더화된 가정들에 기반하고 있기 때문에 — 경쟁 해석이 기성 과학자 공동체가 인정하는 것보다 더 주목할 가치가 있음을 보여 주는 데 있다. 결국 롱기노는 '주류' 과학학자들과 달리, 지식 생산의 사회적 맥락을 분석하는 것과 동시에 그 결과로 나타난 지식 주장의 평가에 참가하는 것을 목표로 한다. 따라서 주된 질문은 롱기노가 이러한 이중의 역할을 방어하고 수행하는 데 얼마나 성공을 거두고 있는가가 될 것이다. 블루어와 콜린스는 대칭성과 공평성에 전념하면서 그러한 이중의 역할을 포기했다. 그들은 두 가지 역할을 동시에 수행하는 것이 애초에 가능한지 의문을 품고 있다. 그들의 시각에서 보기에 롱기노는 종종 '그저' 인간의 유래를 탐구하는 연구자로 비친다. 물론 EPOR의 관점에서 보면, 롱기노가 페미니스트 경험론의 입장을 견지하는 한, 이는 문제 될 것이 없다. 실재론은 과학자 공동체 내에서 자연스럽게 통용되는 태도이며, 롱기노가 인간의 기원을 연구하는 과학에 참여하고 있다면 철학적 실재론의 태도는 두말할 것 없이 적절한 것이 된다. 그러나 그녀의 분석을 보면 어떤 지점에서는 페미니스트 경험론과 어긋나는 입장을 취하는 듯 보인다. 1장에서 쿤이나 뉴턴스미스의 작업과 관련해 논의했던 부류의 과학적 가치에 관한 논증을 중심에 둔 입장 말이다.

 롱기노는 과학적 주장들이 그녀가 구성적 가치(constitutive values)라고 이름 붙인 것들에 비춰 평가되어야 한다고 주장한다(Longino, 1989: 206). 그녀는 이러한 가치의 목록을 제시하지는 않았지만, 쿤이나 뉴턴스미스가 선호했던 종류의 (정확성, 일관성 등과 관련된) 인지적 지향성과 대체로 일치하는 것처럼 보인다. 그러나 그녀는 이러한 가치들이 그 자체로 과학적 추론의 방향을 제시하기에 항상 충분한 것은 아니라고 주장한다. 때로는 그것만으로 충분할 수 있지만 많은 경우 그렇지 못하며, 따라서 다른 고려 사항들이 역할을 맡아야 한다는 것이다. 이러한 다른 고려 사항들 중에는 '맥락적 가치'(contextual values), 즉 '과학이 수행되는 사회적·문화적 맥락'에서 유래한 가치들이 있을 수 있다(Longino, 1989: 206). 인간의 기원에 관한 사례는 (적어도 롱기노가 보기에) 이러한 종류의 과학에 해당하는 것처럼 보인다. 인류의 역사는 구성적 가치에만 의거해 결론지을 수 없다. 왜냐하면 두 가지 서사 모두가 이미 존재하는 증거와 부합하기 때문이다. 그녀가 내놓는 제안은 다음과 같다.

> 우리가 지닌 정치적 신념이 과학자로서의 실천과 관련돼 있음을 인정하는 것이 곧 그러한 관념들을 연구 대상이 되는 자연 세계의 한구석에 단순하고 조악하게 도입하는 것을 의미하지는 않는다. 그러나 지식은 어떤 문화의 가정, 가치, 이해관계에 의해 형성되며 우리는 제한적으로나마 우리가 속할 문화를 선택할 수 있음을 인지한다면, 과학자/이론가로서 우리에게는 선택권이 있음이 분명해진다. (Longino, 1989: 212)

그녀는 인류의 진화 사례가 담긴 후속 연구에서 "페미니스트 과학 실천은 정치적 고려가 과학적 추론과 관련해 제약을 가할 수 있음을 인정한다"라며 유사한 지적을 하고 있다(Longino, 1990: 213). 다시 말해 구성적 가치들이 과학적 해석의 결과를 결정짓지 못할 때는 해석적 '종결'을 성취하기 위해 다른 가치들에 의지해야 한다는 것이다. 흥미롭게도 이러한 논증은 콜린스의 EPOR에서 두 번째 단계와 상당히 흡사하다. 그러한 경우 기성 과학 체제는 대체로 보수적인 사회적 가치들을 선호하는 반면, 페미니스트들은 페미니즘의 가치를 선택해야 한다(라고 그녀는 믿고 있다).

결국 롱기노가 권고하는 입장은 과학의 특정한 일부에 대해 구성적 가치만으로 방향을 제시할 수 있는 경우 페미니스트 경험론을 받아들이라는 것처럼 보인다. 과학이 이런 식으로 진보할 수 없는 경우 페미니스트 실천은 자신들의 문화적·정치적 선호에 가장 잘 부합하는 해석을 선택하도록 페미니스트들을 이끌 것이다.

그러나 롱기노가 품고 있는 듯 보이는 믿음과는 달리, 이러한 분석적 입장은 그리 일관된 것이 못 된다. 주된 난점은 가치가 어떻게 작동하는가에 대한 이해에서 롱기노가 충분히 사회학적이지 못하다는 것이다. 그녀는 구성적 가치를 거의 전적으로 철학적인 방식으로 다루고 있으며, 쿤과 뉴턴스미스의 저작에서 이미 파악된 종류의 약점들을 간과하고 문화적 요인들이 그러한 인지적 가치의 실제 해석에 어느 정도로 영향을 미칠 수 있는지를 놓치고 있다. 반면 연관성의 측정에 관한 매켄지의 연구나 중력파 공동체의 증명 문화를 다룬 콜린스의 연구에서는 사회적·문화적 차이로 인해 '기존 통계학 이론과의 부합 여부'나 '재연 가능성' 같은 구성적 가치들에 대한 다양한 해석이 생겨났음이 분명하게 드러나고 있다. 어떻게 보면 매켄지와 콜린스의 사례연구에서 얻어진 주요 발견 중 하나는 문화적·사회적 요인들이 과학자들의 '과학적' 가치에 대한 해석에 영향을 미친다는 점이었다. 구성적 가치가 객관적 결과를 내놓는 데 실패했을 때만 사회적 요인이 개입하는 것이 아니라는 말이다.

롱기노가 가치의 해석에서 사회학적 통찰을 간과한 것은 인류 진화의 역사 구성에 대한 그녀의 연구가 대단히 사회학적이지 못한 방식으로 제시되고 있다는 사실과 겹친다. 그녀는 과학자들의 견해를 들려주고 있지만, 그러한 견해들이 발달하게 된 맥락에 대해서는 (그것이 남성 기득권

집단 내에 있다는 점을 빼면) 거의 아무런 설명도 하지 않는다. 독자는 왜 과학자들이 그러한 질문에 관심을 갖게 됐는지에 대해 전해 듣는 바가 없으며, 그에 대한 답이 어떤 결과를 빚어낼 수 있는지도 알지 못한다. 가치가 해석되는 방식에 대해 롱기노가 좀 더 사회학적인 이해를 꾀했다면, 자신의 사례연구에 대해 분석적으로 좀 더 일관된 설명을 제시할 수 있었을 뿐 아니라 구성적 가치와 맥락적 가치 사이에 세운 엄격한 구분도 적어도 부분적으로 허물 수 있었을 것이다. 그렇게 되었다면 오직 더 많고 더 나은 과학만을 필요로 하는 사례들과 과학 이론의 선택을 위해 명시적인 정치적 지침이 필요한 다른 사례들을 나누는, 설득력이 떨어지는 이분법도 피할 수 있었을 것이다. 이는 과학적 가치의 맥락적 해석에 대한 연구로 그녀를 이끌었을 것이다.

롱기노가 취한 입장에 내재한 약점을 짚어 보았으니, 이제 검토하지 않은 것은 입장 이론가들이 내놓은 대안만이 남았다. 입장 논증은 헤겔적인 방식으로 전개된다. 입장 이론은 특정한 역사적 단계에 이르면 사회의 특정 집단은 사회 질서가 현재와 다른 것이 될 수도 있었음을 볼 수 없게 된다고 주장한다. 현재의 문화 패턴에서 이득을 보는 사람들은 그러한 패턴을 바꿀 수 없는 것으로 보는 것이 전형적이다. 국외자의 위치에 있는 사람들은 해당 문화를 다르게 경험할 것이고, 따라서 여기에 의문을 제기할 수 있다. 3장에서 지적한 것처럼, 루카치는 이러한 논증의 맑스주의적 변형태를 개진하면서 노동계급은 자본주의 사회에 대한 이해를 발전시키는 특유의 능력을 갖고 있다고 주장했다. 샌드라 하딩과 낸시 하트속은 페미니스트의 관점에서 이러한 논증을 발전시킨다. 하트속은 이렇게 주장하고 있다. "그러나 입장 이론은 이러한 주장을 담고 있다. 사회에 있는 어떤 시각들의 경우에는 그런 시각을 가진 사람이 아무리 선의를 갖고 있다고 해도 사람들이 서로 간에, 또 자연 세계와 맺는 진정한 관계가 보이지 않는다고 말이다"(Hartsock, 1983: 285). 예를 들어 가부장제 사회에서 남성들은 자신들에게 유리한 점을 뒷받침해 주는 지식을 그저 사실로 보는 반면, 여성들은 배제와 열등한 지위 덕분에 이러한 일반화에 의문을 제기할 수 있게 된다(Harding, 1986: 155~158을 보라).

하트속과 하딩은 입장 이론의 시각이 본질주의의 위험을 피해 간다고 믿고 있다. 여성들에게 부여된 관점은 모든 시대의 여성들이 아니라 가부장제하에서의 여성들로 한정된다는 점에서 그렇다. 그러나 롱기노는 입장 이론이 "미심쩍은 보편화의 문제를 안고 있다"라고 단언한다(Longino, 1989: 205). 가부장제하에서 모든 여성들이 실제로 하나의 입장을 공유하는지는 여전히 분명치 않기 때문이다. 더욱 치명적인 문제는 여기서 말하는 페미니스트 입장이 롱기노, 마틴, 허버드, 그 외 관련된 학자들이 이미 제기했던 것 이외의 다른 사례들에 인식론적 함의를 갖는다는 주장을 하딩과 하트속이 하지 못하고 있다는 점이다. 이는 두 가지 이유에서 중요하다. 첫째, 이는 입장 이론이 결코 필수적인 것이 아님을 말해 준다. 롱기노와 같은 학자들은 자신들의 주장을 제기하기 위해 애초부터 입장 이론을 필요로 하지 않았다. 둘째, 이는 페미니스트 '입장'이 과학 탐구의 주제 가운데 제한적인 일부분에 대해서만 함의를 가질 수 있음을 암시한다. "입장 이론가들에 따르면 페미니스트 지식에 정당성을 부여하는 것은 **여성들의 삶에서 나온** 객관적 시각이다"라는 하딩의 야심적 단언(Harding, 1991: 167. 강조는 원문)에도 불구하고, 하딩은 이러한 여성들의 입장이 과학 지식 전반에 함의를 갖는다는 증거를 제시하지 못하고 있다. 하딩의 주장은 과학자들이 남성 혹은 여성의 행동이나 젠더 특성 등에 관한 가정을 하거나 인간의 젠더 전형에 근거한 패턴을 자연계에 투사하는 경우(이런 사례들이 매우 많긴 하지만)에 한정되는 것처럼 보인다.

결론적 언급

페미니스트 접근을 공언한 학자들이 과학학에 기여한 바를 요약해 보자. 페미니스트 학자들은 과학 지식이 젠더 차이와 불평등을 수상쩍은 방식으로 자연화하는 방식의 사례들을 분명 설득력 있게 제공해 주었다. 이에 따르면, 인간의 젠더 특성이 젠더를 갖지 않는 (난자 같은) 자연 세계의 일부에 부여되고 있다. 인간 진화의 역사는 남성 중심적 시각을 통해 이해돼 온 것으로 보이며, 여기서 얻어진 결론은 오늘날 인간의 젠더 전형에 공교롭게도 (그럭저럭) 부합하는 다른 영장류 사회와의 비교를 통해 '정당화'되어 왔다. 이러한 경향들은 널리 퍼져 있는 듯 보인다. 하지만 그러한 발견들이 중요성을 가짐에도 불구하고, 젠더 쟁점이 과학 지식의 형성에 영향을 주는 가장 중요한 문화적 요인임을 입증하지는 못했다. 일례로 론다 쉬빈저는 최근 출간한 야심적인 책에서 페미니즘이 과학을 변화시켰는가 하는 질문을 던졌는데, 여기서 페미니즘이 '인간 지식의 내용'에 미친 변화를 보여 주는 증거로 롱기노의 사례연구 두 개와 다른 사례연구 하나를 제시하는 데 그치고 있다(Schiebinger, 1999: 181. 좀 더 폭넓은 독자들을 대상으로 동일한 사례들을 제시한 글은 Begley, 2001을 보라). 페미니스트 비판 ── 특히 '페미니스트 경험론'에서 나온 ── 은 과학 지식이 젠더 차이를 자연화해 온 영역에 영향을 주었지만, 다른 영역에 미친 영향은 미약했(고 앞으로도 그럴 것처럼 보인)다. 그뿐 아니라 입장 이론이 폭넓은 적용 가능성을 가질 가능성은 낮아 보인다. 이는 내가 앞서 제안한 것처럼, 롱기노의 분석이 페미니스트 경험론을 넘어설 수 있는 가장 성공한 이론적 시도임을 시사한다. 그러나 롱기노가 안고 있는 약점(특히 과학적 가치가 어떻게 작동하는가에 대한 이해와 관련해서)을 감안하면, 이러한 종류의 접근법을 지지하는 사람들은 이 책의 앞선 장들에서 개관한 폭넓은 구성주의 프로그램의 주창자들과 협력을 강화함으로써 도움을 얻을 수 있을 것이다. 그녀의 분석은 페미니스트들의 이론적 견해 중에서는 가장 강력한 것이지만, 과학자들의 자료, 증거, 결과의 해석에서 근간을 이루는 가치들을 이해하려 할 때에는 딱딱한 철학적 태도에 덜 얽매이는 편이 나을 것이다. 과학적 추론을 인도하는 가치들은 그녀의 분석이 인정하는 것보다 사회학적 차이에 더 많이 열려 있다.

6장_민족지방법론과 과학 담론 분석

과학사회학에 적용된 민족지방법론

민족지방법론(ethnomethodology)과 과학 담론 분석은 과학의 사회적 분석을 위한 접근법으로서 한 가지 중요한 점을 공유하고 있다. 그들은 앞선 장들에서 설명한 과학학, 그중에서도 특히 과학지식사회학이 근본적으로 잘못되었다고 생각한다. 양자는 잘못된 과학학 프로그램을 교정하거나 그보다 더 나은 대안을 제시하는 데 관심을 갖고 있으며, 일을 진척시킬 수 있는 유일한 희망은 과학자들이 쓰고, 행하고, 말하는 미세한 세부 사항에 대한 연구에 있다고 보고 있다. 아울러 그들은 EPOR, 에든버러 학파, 입장 이론가들 등이 과학의 세부 사실 중 일부를 간과하고 있으며 과학이라는 생활세계(lifeworld)의 특정한 성격을 평가절하하거나 이에 주목하지 않음으로써 자신들의 분석적 시각을 강화하는 경향이 있다고 주장한다는 점에서도 의견이 일치한다. 그러나 많은 다른 측면에서 그들은 자명한 동맹군이 아니다. 두 접근법에 속한 저자들은 서로의 작업을 폭넓게 활용하지 않고 있다. 사실 그들은 상대방의 작업이 잘못된 방향으로 가고 있다고 보는 경향이 있다. 이러한 차이를 감안하면, 이 장의 주요 절들에서는 두 가지 접근법을 분리해서 다루는 것이 도움이 될 터이다.

    민족지방법론자들은 수많은 진술을 통해 자신들의 프로그램이 무엇을 제공해 주는지 혹은 무엇에 관한 것인지를 개관해 왔다(최근에 나온 것으로는 Garfinkel, 1996을 보라). 통상의 정의에 따르면, 민족지방법론은 사회 구성원들이 사회생활을 이루는 업무들을 수행하기 위해 활용하는 기법들을 체계적으로 탐구하는 것이다. 민족지방법론자들은 행위자들의 기법이 일상생활의 업무 수행에 적합한지, 그리고 그러한 업무 수행이 적절한 사회적 환경 내에서 적합한 것으로 이해되고 인정되는지 모두에 관심이 있다. 마이클 린치 등은 이렇게 주장한다. "민족지방법론 연구에서 가장 중요한 관심사는 보통의 사회적 사실의 육화된 생산을 이루는 상세하고 관찰 가능한 실천이다"(Lynch et al., 1983: 206). 여기서 '보통의 사회적 사실'(ordinary social facts)이란 질서 있게 줄을 서거나 대화할 때 규칙적으로 번갈아 말하는 것 등을 의미한다. '육화된 생산'(incarnate production)이란 행동의 바로 그 순간에 사회생활의 질서가 성취되는 방식을 가리킨다. 민족지방법론 저자들은 이러한 기준을 시금석으로 삼아, (앞선 장들에서 나타난) 과학사회학이 실제로는 과학에 대한 연구(study of science)가 결코 아니라는 특유의 주장을 펼친다. 과학학은 어떤 일반적 의미에서 과학에 관한(about) 것일지 모르지만, 과학의 수행, 과학의 육화된 생산에 대한 상세한 경험 연구는 아니다. 민족지방법론자들이 보기에는 민족지방법론 연구만이 진정 과학에 대한 연구이다. 이러한 견지에서 가령 에릭 리빙스턴은 최근에 수학적 증명을 제시하는 활동을 탐구했다(Livingston, 1999). 그는 자신이 수학 지식의 본성에 관한 블루어의 질문을 다루고 있는 것이 아니라는 확고한 태도를 견지한다. 그는 수학이 불변의 진리를 상술하는지 아니면 우연적인 사회적 관습에 의지하는지에 대해 불가지론의 입장을 취하는 듯 보인다. 대신 그는 "문화적 활동으로서의" 증명에 관심이 있다(Livingston, 1999: 867). 그는 수학자들의 문화에서 어떤 것이 충분한 증명의 제시로 간주되는지를 이해하고 기록하고 명시하는 데 관심을 보인다. 리빙스턴의 요약을 옮겨 보면, 그가 관찰한 사실 중 하나는 다음과 같다.

> 증명자가 다른 증명자들 앞에서 정리를 증명할 때, 그 증명자는 문자 그대로의 수학적 증명을 제시하는 것이 아니다. 증명자는 묘사의 기술을 발휘하고 있는 것이다. 증명자는 마치 그러한 성취가 이미 이뤄진 것처럼 정리의 증명을 묘사하며, 다른 증명자들은 증명자가 그 증명의 묘사로서 칠판에서 하는 작업에 주의를 기울인다. …… 현실의 실천 속에서 수학적 논증은 그것의 제시 이전에 존재했던 증명의 묘사로서 제시된다. (Livingston, 1999: 873)

다시 말해, 증명 활동에 대한 리빙스턴의 연구는 '증명'이 제시될 때 이는 이미 존재하는 증명의 묘사로서 제시되며, 증명을 하는 사람과 증명을 제시받는 사람들 모두가 이처럼 이미 존재하는 지위에 주목한다는 점을 보여 주고 있다.

리빙스턴이 이러한 입장을 개진하는 것은 증명이 어떤 모습을 띠어야 하는지에 대한 추론으로서가 아님에 유의할 필요가 있다. 이는 1장에서 다뤘던 바스카 같은 실재론자들이 제안하는 부류의 초월적 추론으로 의도된 것이 아니다. 수학자들의 문화에서 수행되는 증명의 특징에 대한 상세한 경험적 분석의 결과로 제시되는 것이다. 그럼에도 불구하고, 수학의 문화 내에서 증명을 제시하는 작업이 어떤 모습을 띠는지에 대한 이러한 탐구는 어떤 측면에서 보면 사회적으로 협상된 증명의 성격 같은 문제에 초점을 맞추는 구성주의적 접근과 부합하지 않는 것처럼 보인다. 리빙스턴은 증명 제시가 수학자들에 의해 어떤 것으로 간주되고 있는가를 기록하고 명시하는 데 관심이 있다. 최근 들어 민족지방법론자들은 이러한 관심의 초점을 수학적 증명의 개성원리(haecceity)라고 부르게 됐다. 여기서 개성원리란 "어떤 특정한 대상 내지 활동의 '바로 이것성'(Just thisness)"을 의미한다(Lynch, 1993: 283).[1)]

이는 민족지방법론의 입장에 대해 다음과 같은 종류의 옹호로 이어진다. 웨스 섀록과 밥 앤더슨은 민족지방법론과 그것이 과학 지식의 철학에 관한 논쟁과 맺고 있는 관계를 개관하면서 이렇게 썼다.

민족지방법론은 과학의 현상이 갖는 실재성의 개념을 옹호하기 위해 앞으로 나설 필요가 없다. 과학지식사회학은 흔히 이러한 개념에 도전한다. 문제는 과학자들이 자신들의 작업에 대해 '실재론적' 개념을 갖고 있는 것이 옳은지 그른지가 아니라, 과학자들이 '현상의 실재성'을 찾는 **근본적인** 의미가 실재론적 관점을 갖는 것과 상관이 있는지 여부에 있다. 과학자들이 자신들의 성취를 '실재론적'으로 해석하는 것이 옳으냐 하는 질문은 그들이 다루는 **현상의 실재성**에 과학자들이 부여하는

---

1) 초기의 민족지방법론 저작들에서는 '통성원리'(quiddity)라는 용어를 써서 오늘날 개성원리가 하는 것과 거의 동일한 기능을 담당하게 했다. 통성원리는 이제 쓰지 않는데, 아마도 본질주의적 함의를 갖는 것으로 비칠지 모른다는 우려 때문인 듯하다(이 점에 대한 견해로는 Lynch, 1993: 283~284를 보라).

의미가 실제로 파악된 적이 있는가 하는 질문에 자리를 내준다. 민족지방법론은 과학자들이 현상과 조우하는 방식을 들여다보고, 그들이 탐구 과정에서 '이것과 우연히 만나는' 방식을 탐구하고, 그들이 ─ 예를 들어 ─ 실험실에서 하는 활동이 어떻게 ─ 과학자들이 보는 견지에서 ─ 지금껏 발견되지 않은 현상을 드러내게 되는지를(혹은 잘 확립된 현상의 일상적 재생산을 낳게 되는지를) 살펴보는 것을 선호한다.
(Sharrock and Anderson, 1991: 74. 강조는 원문)

여기서는 과학자들의 활동이 그저 발견되지 않은 현상을 드러내거나 알려진 현상을 일상적으로 재생산하는(그리고 설명 가능한 방식으로 그렇게 보이는) 것임을 강조하고 있다. 이는 프리즘의 색깔에 관한 뉴턴과 괴테의 연구를 다룬 두샨 벨리치와 마이클 린치의 논문에서도 분명하게 볼 수 있다(Bjelić and Lynch, 1992). 18세기 말이 되자 뉴턴이 제안한 빛의 입자 이론은 과학계의 지배적인 해석이 되었다. 가령 렌즈와 관련해서나 백색광이 서로 다른 색깔로 나뉠 수 있는 이유를 이해하는 데서 그러했다. 괴테는 특히 색깔의 분석과 관련해 뉴턴의 관점에 도전하고자 했다. 벨리치와 린치는 이러한 역사적 논쟁과 관련해 특이한 텍스트, 즉 독자를 위한 일종의 연습으로 쓰인 텍스트를 제공한다. 독자는 (이상적인 경우) 적당한 크기의 프리즘을 갖추고 이 텍스트와 프리즘을 이용해 벨리치, 괴테, 린치, 뉴턴이 기술했던 현상을 만들어 볼 수 있다. 벨리치와 린치의 목적은 논쟁의 역사를 개관하거나 괴테가 뉴턴의 접근법을 논박하려 시도하면서 상대적으로 성공을 거두지 못한 이유를 설명하는 것이 아니다. 대신 그들이 내건 목표는 "(과학적) 입증이 포함된 저작을 알기 쉽게 보여 주고" 그 과정에서 "입증 속에, 또 입증으로서 실험 장치의 설비"를 제공하는 것이다(Bjelić and Lynch, 1992: 53. 강조는 원문. 아울러 Bjelić, 1992도 보라). '… 속에, 또 …로서'(in and as)라는 이 거추장스러운 문구는 그들이 가장 관심을 보이는 것의 핵심에 놓여 있다. 실험 장치는 입증에 대한 설명임과 동시에 입증 그 자체를 이루는 것이기도 하다. 그들의 텍스트는 리빙스턴도 지적했던 점 ― 수학자가 칠판 앞에서 하는 일은 증명의 제시임과 동시에 증명 활동이기도 하다는 ― 을 예증하려는 목표를 갖고 있다.

관련된 맥락에서 그레이엄 버튼과 웨스 섀록은 컴퓨터 프로그래머들이 어떻게 코드를 작성하고 그 작성법을 학습하는지를 연구했다(Button and Sharrock, 1995; 1998). 그들은 프로그래머들이 코드를 실행하는 기계뿐 아니라 인간 독자에게도 이해 가능한 코드를 작성하도록 훈련을 받는다고 주장했다. 초보 프로그래머들은 인간의 가독성이 핵심이며 기계가 얼마나 읽기 쉬운가는 '부수적'인 것에 불과하다고 교육받는다(Button and Sharrock, 1995: 233). 하지만 프로그래머들은 쉽게 이해할 수 있도록 코드를 작성하라는 이러한 요구를 어떻게 충족시킬까? 저자들의 답변은 다음과 같다.

> [잘 쓰인] 프로그램의 시각적 구조는 컴퓨터 담당 조직을 반영해 **그 조직이 책임을 질 수 있도록** 설계되어 왔다. 컴퓨터 프로그래머들은 시각**적 구조를 프로그램의 컴퓨터 담당 조직에 대한 설명으로** 활용한다. 프로그래머들은 컴퓨터 담당 조직을 시각적으로 재현함으로써, 컴퓨터 담당 조직 혹은 프로그램 구조의 일부 측면들을 눈으로 볼 수 있게 만들 수 있다. (Button and Sharrock, 1995: 248. 강조는 원문)

나중에 그들은 이 점을 더욱 명시적으로 지적하면서, 프로그램이 코드 작성자의 컴퓨터 스크린과 종이 위에서 시각적으로 구조화되는 방식은 컴퓨터 담당 조직과 일치하도록 "설계되었다는 점에서 그러한 조직에 대한 설명"이라고 주장했다(Button and Sharrock, 1995: 249). 버튼과 섀록은 (인간 코드 작성자와 기계 모두가) 이해 가능한 코드의 육화된 생산이 어떻게 이뤄지는지 보여 줌으로써 프로그램 작성에 대한 연구를 제시하고자 했다.

내가 짧게 개관한 세 가지 연구를 보면 과학에 대한 민족지방법론 분석이 어떤 것이며, 그 결과는 어떤 형태를 띠는지 감을 잡을 수 있을 것이다. 버튼이 주장한 것처럼, 민족지방법론은 사회학 연구가 해야 할 일을 "다시 명시하는" 것을 목표로 한다(Button, 1991: 6). 이는 사회학 내에서 새로운 이론이나 학파가 되고자 하는 것이 아니라 사회학을 새롭게 단장하고자 한다. 이는 수학적 증명이란 무엇인지, 혹은 왜 어떤 수학적 증명은 받아들여지고 다른 증명은 거부되는지 설명하는 것이 아니라 증명 활동은 어떤 모습을 띠는지 보여 주고 증명의 개성원리를 밝히는 것을 목표로 한다. 비슷한 맥락에서 이는 광학적 현상이 어떻게 만들어지는지 기록하고, 프리즘을 이용해 스펙트럼을 보고 그것으로 실험을 수행하는 것의 '바로 이것성'을 알아내고자 한다. 아울러 이는 컴퓨터 코드가 어떻게 프로그래밍 공동체가 읽을 수 있게 만들어지는지를 보여 주려 한다. 그러나 이러한 세 가지 연구가 민족지방법론자들의 목표에 대해 어느 정도 감을 잡을 수 있게 해주는지는 몰라도 대단한 '결과'라고 할 만한 것을 제시하고 있는 것은 아니다. 벨리치와 린치의 텍스트 '설비'는 독자에게 "현상을 밝히기 위해 이용 가능한 설명, 장비, 수치들을 활용할" 기회를 제공하며(Bjelić and Lynch, 1992: 74), 그런 의미에서 독자에게 실험과학의 생활세계가 어떤 것인지 볼 수 있게 해준다. 그러나 이는 제한적으로만 그러하다. 왜냐하면 "어느 정도는 우리 프로젝트가 과학, 과학 담화, 과학적 작업, 혹은 과학 활동을 사회과학 일반의 분석 대상으로 상정하는 모든 시도들에 대해 우리가 애초에 품었던 의구심을 심화시키는 부정적인 …… 결과를 가져오"기 때문이다(Bjelić and Lynch, 1992: 74). 반면 버튼과 섀록의 결론 중 일부는 대단히 알기 쉽고 구체적인 발견을 제시하는 듯 보인다. 이로부터 우리는 코드의 시각적 구조가 코드의 조직 방식을 반영한다는(그러도록 설계됐고 그런 것처럼 보인다는) 사실을 알 수 있다. 그러나 이는 극히 낮은 수준의, 놀랄 것이 없는 결론이자 컴퓨터 프로그래밍의 '바로 이것성'에 대한 다분히 시시한 설명처럼 보인다. 어느 쪽이든 간에 이러한 재명시에서 얻어진 결실은 극단적으로 별것이 없어 보인다.

어떤 독자는 내가 민족지방법론 저작들 중에서 유독 유익한 결론을 이끌어 내기 어려운 연구들을 의도적으로 골라낸 것이 아닌가 하고 의심할지 모른다. 이는 사실이 아니다. 위에서 설명한 세 편의 논문은 과학 및 그와 관련된 주제들을 다룬 민족지방법론 문헌에서 찾아볼 수 있는 가장 구체적이고 정교한 사례에 속하는 것들이다.[2] 이제 민족지방법론 전통 내에서 나왔지만 약간 다른 분석적 지향을 채택하고 있는 연구 하나를 더 보면 이로부터 어떤 개념적 이득을 얻을 수 있는지가 좀 더 분명하게 드러날 것이다.

---

[2] 이 책의 집필 시점에서 이 전통에 속하는 가장 최신의 논문들은 이 주제를 다룬 『영국사회학 저널』(*British Journal of Sociology*) 특집호인 53권 2호(2002)에서 찾아볼 수 있다.

과학학과 망상 담화

최근 발표된 연구에서 데럴 팔머는 정신의학에서 증상 인지의 사회학을 탐구했다(Palmer, 2000). 지난 30여 년 동안 사회학자들은 '정신질환'이 어느 정도까지 사회적·의학적 구성물인지를 놓고 정신의학 전문직과 논쟁을 벌여 왔다. 의학 전문직은 흔히 정신의학적 문제들이 생물학적·생화학적 이상에 기반하고 있다고 주장하는 반면, 많은 사회학자들은 이러한 문제들이 — 적어도 많은 부분에서 — 주변화와 낙인찍기라는 사회적 과정의 결과이며, 보통 사람들이 참을 수 없을 정도로 서로 모순되는 의무를 가진 위치에 놓일 때 나타난다고 주장해 왔다. 얼른 보기에 이 논쟁은 과학 지식의 지위에 관한 구성주의자와 실재론자 간의 견해 차이를 재연하는 듯 보인다. 팔머의 접근법은 이 논쟁에서 한 발 물러나, 망상 환자들의 증언을 들여다보면서 정신의학자들이 정신장애를 가진 환자들의 담화 속에서 어떻게 환자의 질환에 대한 증거를 '듣는가' 하는 민족지방법론의 질문을 던진다.

망상(근거 없는 지속적 믿음)은 오래전부터 일종의 정신병 증상으로 인지되어 왔다. 팔머는 정신의학 교본들에서 나온 증거를 인용해, 망상장애를 어떻게 판단하는가에 관한 정신의학자들 자신의 정의가 망상적 믿음 그 자체의 여러 측면들에 초점을 맞추는 경향이 있음을 보여 주었다. 즉, 그런 믿음은 허위이고, 매우 큰 주관적 확실성을 담아 신봉되며, 입수 가능한 증거와 상관없이 유지된다는 것이다(Palmer, 2000: 664). 그러나 여기에는 두 가지 특징적인 난점들이 내재해 있고, 심지어 의사들도 스스로 이 점을 인정하고 있다. 첫째, 이 정의는 충분한 차별화를 제공해 주지 못하는 듯 보인다. 왜냐하면 오늘날의 다원주의 사회는 믿음에서의 차이를 상당한 정도로 용인하기 때문이다. 가령 과학자들 중 압도적 다수가 별점을 믿지 않는다 해도, 점성술적 예측에 큰 신뢰를 표현하고 우리 사회 내에서 그러한 믿음을 완고하게 고수하면서도 망상장애로 간주되지 않는 것은 얼마든지 가능한 일이다. 심지어는 대중 신문에서 정신의학 전문직의 주목을 끌 것을 걱정하지 않고 이러한 잘못된 믿음을 지속적으로 옹호하면서 높은 보수를 받을 수도 있다. 이 정의를 더 갈고 다듬어 충분한 차별화에 성공한 사례는 아직까지 제시된 바가 없다. 따라서 이러한 기준만으로는 정신의학 종사자가 일상적인 진단 업무를 볼 때 충분한 지침이 되어 주지 못한다.

이러한 문제들에 대한 통상적 이해의 관점에서 더 나쁜 것은 망상장애에 대한 진단이 이 정의에 포함된 지점들을 하나씩 체크해 보지 않고 내려지는 듯 보인다는 점이다. 팔머가 인용한 망상장애 환자 중에는 영국 중부의 야외에서 뇌신 토르를 만났다고 주장하는 사람이 있었다. 하지만 그러한 주장이 허위임은 경험적으로 탐구되지 않았다. 가령 북유럽의 신들이 자주 출몰하는 것으로 생각되는 장소들로 야외 조사를 나간다든가 하는 식으로 말이다. 이에 따라 망상의 공식적 정의는 이 장애를 정확한 의미에서 정의하기에 적절치도 않고, 환자의 경험이 망상에 해당하는지 판단할 때 실제로 쓰이지도 않는 듯 보인다. 설사 공식적 정의가 망상 담화를 접할 때 느껴지는 불쾌감을 잘 포착해 냈다 하더라도, '망상장애를 보이는 것'의 개성원리를 어떻게 인지할지를 설명해 주지는 않는다.

팔머는 이처럼 드러난 정의의 불충분함에 대해 정의의 '구성'에 문제를 제기하는 식으로 대응하지 않는다. 대신 그는 이 정의가 망상적 설명을 인지하는 데 실제로 활용되는 기술을 빈곤하게 만들고 단순화시킨 결과물이라고 보고 있다. 그는 망상장애에 걸린 환자들의 담화를 면밀하게 분석해 그러한 담화의 망상적 속성들이 어떻게 판단되는지 알아내고자 한다. 그는 망상 담화가 초자연적 현상(가령 유령의 목격)을 묘사하면서도 망상장애로 간주되지는 않는 사람들의 담화와 체계적으로 다르다는 중대한 사실을 알아냈다. 한마디로 말해, 후자의 범주에 속하는 사람들은 설명을 할 때 자신들이 묘사하는 사건의 초자연적 성격에 주의를 기울이고 있다. 그들은 청중이 회의적 반응을 보일 거라고 예상하며, 그들이 말하는 방식 그 자체에서 흔히 자신들도 청중만큼이나 초자연적 현상을 보고 놀랐다는 느낌을 전달한다. 그들은 공유된 지각의 경험을, 공통으로 갖고 있는 생활세계의 경험을 '육화된 형태로 생산'한다. 반면 팔머는 망상장애 환자의 설명은 그러한 문제들에 주의를 기울이지 않는다고 적고 있다. 그들은 초자연적 현상을 마치 그것이 예외적인 것이 아닌 것처럼 다룬다. 팔머는 자신의 논증을 이렇게 요약한다.

> 망상장애가 없는 사람들은 자신들의 이야기가 의심을 살 수 있는 이유에 관심이 있으며, 이에 따라 그러한 이유를 약화시키고자 한다. 이를 위해서는 다른 사람과 상당한 정도로 관계를 맺고 그들의 상호적 관심사에 주의를 기울여야 하며, 그들과 논쟁하고 자신의 관점을 주장하기도 해야 한다. [분석 대상이 되는 환자의] 담화에는 이처럼 '외부를' 바라보는 지향성이 결여돼 있고, 그 때문에 그는 정상적인 사회 세계를 구성하는 상호적 관심사로부터 단절된 것처럼 보인다. (Palmer, 2000: 673)

이러한 분석에 따르면, 증언의 세부 사항을 체크해 보지 않고 망상의 공식적 정의에 비춰 진단을 내릴 수 있는 것은 이처럼 별난 지향성 및 그와 관련된 상호적 둔감성 때문이다. 망상의 증거는 망상적 설명의 특이성 '속에, 또' 특이성'으로서' 존재한다.

팔머의 논증은 두 가지를 성취했다. 첫째, 정신의학자의 망상증 진단이 환자와의 논의에 근거해 이뤄지기 때문에, 팔머는 망상 담화에 대한 연구를 활용해 망상 인지의 '바로 이것성'을 명시하는 민족지방법론의 목표를 성취할 수 있었다. 그의 답변은 환자의 행동을 공식적 정의와 비교해서 인지가 이뤄지는 것이 아니라 일상적인 상호작용 기술을 더 많이 활용해서 환자가 "정상적인 사회 세계를 구성하는 상호적 관심사로부터 단절"되어 있음을 알아냄으로써 이뤄진다는 것이다. 둘째, 팔머는 정신의학자의 실천과 공식적 정의의 차이에 대한 이처럼 새로운 이해를 활용해 정신의학에 대한 구성주의 사회학의 비판을 약화시킬 수 있었다. 그는 구성주의자들이 온갖 정력을 쏟아 정의의 문제를 물고 늘어지는 것은 무의미한 일이라고 지적했다. 그러한 정의는 실제로 진단을 내릴 때 쓰이는 암묵적 기술을 얼른 쓸 수 있게 대충 설명한 것에 불과하기 때문이다(정의와 프로토콜에 대해서는 Lynch, 2002도 보라). 이러한 두 가지 의미 모두에서 그의 작업은 (앞서 인용한) 섀록과 앤더슨이 명시한 목적을 온전히 실현시켰다. 그들은 과학에 대한 민족지방법론 연구가 "과학자들이 현상과 조우하는 방식을 들여다보고, 그들이 탐구 과정에서 '이것과 우연히 만나는' 방식을 탐구하고, 그들이 — 예를 들어 — 실험실에서 하는 활동이 어떻게" 문제의 현상을 "구성하는지 살펴보는 것을 선호한다"라고 주장한 바 있다(Sharrock and Anderson, 1991: 74).

과학학의 민족지방법론 연구 프로그램에 대한 평가

팔머의 경험적 분석이 이룬 성취는 민족지방법론 프로그램이 정확한 분석적 성과를 가질 수 있고 과학학에 대한 구성주의적 접근에 특유의 도전을 제기할 수 있음을 시사한다. 설사 검토된 다른 연구들이 훨씬 더 프로그램에 입각한 반면 경험적 풍부함은 떨어진다 하더라도 말이다. 그러나 그의 연구에는 두 가지 특이한 점이 있어 이러한 성취를 쉽사리 낙관하지 못하게 한다. 앞서 개관한 다른 민족지방법론 연구들과 마찬가지로, 팔머는 자신의 연구를 제시할 때 동일한 현상에 대한 구성주의적 접근과 거리를 두려 애쓰고 있다. 그러나 이 사례에서는 그가 거리를 두는 구성주의적 접근이 정신의학적 질환에 대해 경합하는 설명을 제시한다. 이는 정신의학적 현상의 본질이나 분류, 치료를 둘러싼 갈등에 관한 사회학적 연구가 아니다. 오히려 이는 정신질환의 귀속을 사회학적 용어로 설명하려는 시도이다. 이는 분석가의 초점이 가령 물리학이나 생물학에서 경쟁하는 설명 이론들에 대한 서로 다른 당사자들의 지지를 설명하는 데 있는 대다수의 '이해관계 이론' 사례나 경험적 상대주의 프로그램의 연구와 강한 대조를 이룬다. 그러한 사례들에서는 과학의 사회적 분석가가 어떤 현상에 대한 하나의 과학적 설명을 자신의 사회학적 설명으로 대체하려 하는 것이 아니라, 왜 과학자들이 동일한 현상에 대해 경쟁하는 설명들을 개진하고 지지하는지를 이해하려 한다. 이러한 이유로 팔머의 구성주의 접근 비판은 그가 선택한 사례를 넘어 일반화될 수 없다.

그들의 구성주의자 '적'들에 대한 이처럼 불분명한 규정은 다른 민족지방법론 논평가들도 공유하고 있는 듯 보인다. 예를 들어 존 헤리티지는 해럴드 가핑켈(Harold Garfinkel)과 민족지방법론에 대한 널리 알려진 연구에서 과학을 포함하는 작업 실천에 '관한'(about) — 작업 실천에 '대한'(of)이 아니라 — 연구들을 비판하면서, 그러한 연구들이 "수입, 사회적 네트워크, 참가자들 간의 역할 관계 같은 문제들은 완전하고 상세하게 묘사하는 경향이 있지만, 이러한 직업들을 애초에 중요하게 만드는 문제들에 관해서는 대체로 침묵을 지킨다"라는 것을 그 이유로 들고 있다(Heritage, 1984: 298). 이 말이 과학사회학의 초기 연구들에 대해서는 사실일지 모르지만, SSK나 심지어 ANT의 주창자들이 스스로 목표로 삼고 있는 것과는 거리가 멀다. 팔머는 정신의학의 진단에 대한 자신의 접근에서 끌어낸 발견들의 독창성과 설득력을 분명 내세울 수 있지만, 이 영역에서 과학학의 접근법들이 불합리하다는 좀 더 폭넓은 민족지방법론의 주장을 계속 밀어붙일 수는 없다. SSK의 관점에서 정신의학의 진단에 접근하는 것은 정신의학적 질환이 실은 주변화라는 사회적 과정의 결과라고 주장하려는 것이 아니다. 대신 훨씬 더 그럴 법한 지향성은 질환의 인지, 범주화, 치료를 둘러싼 정신의학 공동체 내부의 논쟁을 탐구하는 것일 터이다. 예를 들어 이해관계 이론가들이나 EPOR의 주창자들은 월경전불쾌장애가 공식 질환으로 목록에 오르게 된 최근의 협상 과정이나, 정신질환의 한 형태로 간주됐던 동성애 — 이런 분류는 1960년대까지 유지됐다 — 가 미국의 공식 정신의학 교본에서 빠지게 된 그보다 조금 더 오래된 과정에 관심을 가질 가능성이 높다(Kitcher, 1996: 207). 그러한 사례에서는 분류의 정당성을 둘러싸고 정신의학 공동체 내에서(그리고 여성운동과 레즈비언-양성애자-게이 운동을 각각 포함하는 공공 포럼 내에서) 논쟁이 있었을 터이다. 그러한 논쟁의 전개에 대한 체계적 연구 혹은 비만의 해석을 둘러싼 오늘날의 논쟁(Kitcher, 1996: 209)은 과학학의 영역이 될 것이다.

팔머 연구의 두 번째 예외적 특징은 진단 활동이 거의 전적으로 담화를 매개로 이뤄지는 의학의 한 분야를 다룬다는 것이다. 그는 대화 분석의 기법들을 적용해 망상이 논의되는 상호작용의 특색을 파악하고 이에 따라 '망상에 빠진 것'의 개성원리에 대한 설명을 제시할 수 있다. 그러나 과학 실천에서 이러한 특징을 공유하는 분야는 극히 적으며, 심지어 민족지방법론자들이 연구한 분야들조차도 그렇지 않다. 예를 들어 버튼과 새록은 천문학적 발견을 하는 활동에 대한 가핑켈 등의 잘 알려진 민족지방법론 연구(Garfinkel et al., 1981)가 새로운 현상의 언어적 구성에 관한 이야기가 아니라고 주장한다(Button and Sharrock, 1993: 6). 이러한 이유에서 팔머의 연구는 SSK에 대한 민족지방법론의 일련의 반박에서 첫 번째 주자가 아니라 하나의 예외적 사례로 쉽게 간주될 수 있다. 민족지방법론의 야심적인 프로젝트를 잘 보여 주지만 이러한 야심이 다른 민족지방법론 연구들을 통해 좀 더 일반적인 차원에서 성취 가능하다는 보장은 없는 그런 사례 말이다. 앞서 언급했듯이 이처럼 장래성 없는 평가를 내린 데는 다른 이유들도 있다. 벨리치와 린치는 괴테와 뉴턴에 대한 자신들의 연구에서 비관적 결론을 이끌어 냈고(Bjelić and Lynch, 1992: 74), 여기에 더해 린치는 "가핑켈의 프로젝트가 실패했는지 성공했는지 말하기 어렵다"라고 지적했다. 가핑켈의 선례를 가장 정확하게 따랐던 사람들이 대부분 주류 사회학자로서 자리를 잡는 데 실패했기 때문이다(Lynch, 1993: 275).[3] 팔머의 연구는 과학자들의 실천이 아닌 그들의 정의

---

3) 린치는 겸손하게도 [역시 가핑켈의 민족지방법론으로부터 크게 영향을 받은——옮긴이] 그 자신이 상당한 직업적 성공을 거뒀다는 사실은 빠뜨렸다. 혹자는 린치가 거둔 성공을 보고 이러한 평가를 뒤집을 수도 있다.

를 구성주의 분석의 출발점으로 활용할 때의 문제점을 강력하게 지적하고 있다. 그러나 좀 더 일반적인 주장, 즉 구성주의적 접근은 정당성이 결여된 반면 민족지방법론은 과학 실천을 분석하는 최상의 방법이라는 논증(Lynch, 1992를 보라)은 성공을 거두지 못했다.

과학학의 초점으로서 과학 담론

최근 수십 년 동안 담론 분석(discourse analysis)이라는 용어는 사회과학 내에서 대단히 널리 쓰이게 됐고, 이러한 꼬리표는 당황스러울 정도로 넓은 범위의 기법과 접근법 들에 적용되었다. 이 장의 초점은 주로 마이클 멀케이나 나이젤 길버트와 연관된 한 가지 특정한 접근법에 국한할 것이다. 이것을 담론 분석의 다른 모든 종류들과 구분하기 위해 아래에서는 과학 담론 분석(analysis of scientific discourse, ASD)으로 칭하도록 하겠다. 과학의 민족지방법론 연구처럼 과학 담론 분석은 일차적으로 다양한 과학 '텍스트'의 세부 사항에 집중하는 경험적 접근법이다. 여기에는 과학자들의 공식적·비공식적 저술뿐 아니라 과학자들의 담화를 옮겨 쓴 것도 포함된다.

멀케이는 ASD 프로그램을 시작하면서 주로 두 가지 종류의 주장을 펼쳤다. 첫째로 그는 과학학과 과학지식사회학의 기존 실천들을 방법론적 측면에서 공격했다. 이와 동시에 그는 이를 대체할 탐구 형태 ― 과학 담론 분석 ― 가 제공할 수 있는 것의 사례를 길버트와 함께 제시했다. 이러한 전략은 민족지방법론 비평가들이 취했던 것과 (전술적으로나 개념적으로) 대단히 흡사했다. 너무나 흡사한 나머지 초기에 헤리티지가 길버트와 멀케이를 작동 중인 과학을 연구하는 민족지방법론 프로그램에 기여한 저자의 예로 인용했을 정도였다(Heritage, 1984: 303). 민족지방법론자들이 과학학은 과학의 세부 내용(즉, 개성원리)을 놓쳤다고 주장하던 그 지점에서, 멀케이는 과학학이 '예속된' 지위로 떨어졌다고 공격했다. 과학자들 자신의 담론에서 나온 조각들을 짜 맞춰 만든 이야기를 단지 전하기만 한다는 것이다(Mulkay, 1981). 그리고 민족지방법론이 수학적 증명이나 컴퓨터 프로그래밍의 '바로 이것성'을 탐구하겠다고 제안한 지점에서, 길버트와 멀케이는 과학자들의 저술과 담화에서 반복해서 등장하는 담론들에 대한 체계적 탐구를 통해 과학의 문화에 대한 이해를 제공했다(Gilbert and Mulkay, 1984). ASD 프로그램을 평가하는 최선의 방법은 그들이 찾아낸 담론들에서 시작하는 것이다.

과학의 두 가지 담론

길버트와 멀케이가 제기하는 핵심적인 분석적 주장은 과학자들의 담화와 저술에서 반복해서 등장하는 두 가지 주된 담론들이 있다는 것이다. 그러나 이 저자들은 과학 언어의 연구에 착수하는 대신, 생물의 세포가 에너지를 저장하고 다루는 방식을 둘러싼 생화학 논쟁에 대한 연구를 수행했다. 그들은 이 분야의 대표적 주역들과 인터뷰를 했고 이러한 과학자들의 논문과 그 외 저술들을 수집했다. 그러나 길버트와 멀케이가 특정한 중요 주제들, 가령 과학자들은 어떻게 이론들 중에서 선택을 하는가 내지 왜 어떤 과학자들은 특정 가설을 지지하는 반면 그에 못지않게 믿을 만한 다른 생화학자들은 그것과 경쟁하는 가설을 선호하는가 같은 주제들을 탐구하게 되면서, 그들은 가장 놀라운 사회학적 현상을 이러한 응답자들이 쟁점에 관해 얘기하고 이를 틀 짓는 방식의 일관성에서 찾을 수 있음을 알게 되었다(Gilbert and Mulkay, 1980). 서로 경쟁하는 생화학 가설이 있을 경우, 응답자들은 어느 가설이 더 강력한지, 어느 가설이 증거에 의해 더 잘 지지되는지, 어느 가설이 더 나은 실험가들에 의해 선호되는지 등에 대해 체계적인 의견 불일치를 보였다. 그러나 양측의 옹호자들은 한 가지 측면에서 동등했다. 그들은 자신의 믿음이 증거에 의해 직접 지지되는 반면, 논쟁 상대방의 관점은 심리적 내지 문화적 왜곡이나 다른 우연한 난점들에 의해 손상됐다고 되풀이해서 주장했다.

멀케이와 길버트는 이러한 연구 결과에서 서로 연결된 세 가지 논증을 이끌어 냈다. 그중 첫 번째는 자신이 속한 분야에 대한 과학자들의 설명에서 반복적으로 발견되는 두 가지 담론 내지 레퍼토리의 존재와 관련돼 있다. 그들이 경험주의적 레퍼토리라고 이름 붙인 한 가지 담론은 과학적 믿음이 실험적 사실로부터 상대적으로 별 문제 없이 따라 나온다고 본다. 그러한 설명의 숱한 사례들로부터 저자들은 이러한 담론의 작동에 내재한 다섯 가지 가정들을 이끌어 낸다(Mulkay and Gilbert, 1982a: 173).

① 화자는 실험적 사실들을 인지할 수 있다.
② 올바른 과학적 믿음은 사실들에 의해 결정되며, 사실들 그 자체는 고려 대상이 되는 이론들로부터 독립적이다.
③ 하나 이상의 옳은 이론이 있을 수는 없다.
④ 틀린 믿음은 '비인지적' 영향에 의해 유발되고 틀렸음이 입증된다.
⑤ 올바른 믿음은 그러한 영향으로부터 독립적이다.

화자들은 그들 자신의 믿음과 그들이 동의하는 사람들의 믿음을 설명하고 확인할 때 이러한 레퍼토리를 활용하는 듯 보인다. 반면 과학자들의 행동이 "그들의 개인적 성향과 특정한 사회적 지위에 근거해 행동하는 특정 개인들의 활동 및 판단으로" 묘사되는 우연적 레퍼토리가 있다(Gilbert and Mulkay, 1984: 57). 멀케이와 길버트는 과학자들이 자신의 분야에 관해 말하고 쓰는 방식에서 일관된 비대칭적 설명 패턴을 찾아냈다(Mulkay and Gilbert, 1982a). 과학자들 자신이 가진 믿음은 그 특징이 실험적 증거에서 직접 도출된 것으로 제시되는 반면, 지적 상대방의 견해는 심리적·문화적 변수들의 왜곡 효과를 들먹이며 그저 우연적 측면으로 설명해 버리고 만다. 여기서 핵심을 이루는 분석적 발견은 이러한 설명들 중 어느 것도 액면 그대로 받아들여서는 안 된다는 것이다. 생화학 논쟁에서 양 '진영' 모두가 자신들의 믿음을 경험주의적 측면에서 설명하기 때문에, 자의적으로 한쪽 입장을 수용하고 상대방 입장을 거부하지 않고서는 이러한 레퍼토리를 받아들일 수 없다. 또한 우연적 레퍼토리를 곧이곧대로 받아들일 수도 없는데, 화자들이 이러한 레퍼토리를 다분히 '기회주의적으로' 활용하는 듯 보이기 때문이다. 상대방의 약점에 대한 설명은 내적 일관성에 크게 신경을 써서 구축되는 것으로 보이지 않으며, 다분히 '유연성'으로 특징지어지는 것 같다(Mulkay and Gilbert, 1982a: 169. 오류 설명에 대한 추가적인 분석은 McKinlay and Potter, 1987을 보라).

이러한 담론들을 찾아내 특성을 파악한 후, 멀케이와 길버트는 이를 활용해 그들 논증의 두 번째 단계에서 과학지식사회학자들을 비판한다. 그들은 과학자 공동체에 대한 질적 분석이 우연적 레퍼토리의 작동에서 증거(가령 참가자들의 인지적 이해관계에 관한 증거나 과학자들의 발견을 둘러싼 '해석적 유연성'을 보여 주는 증거)를 끌어오는 경향이 있다고 주장한다. 이러한 의미에서 과학학은 분석적 작업을 위임하는 경향을 보여 왔다. "질적 분석가는 **참가자들**이 분석을 하도록 허용하는 경향이 있다"(Mulkay, 1981: 168. 강조는 원문). 그러나 이는 다음과 같은 이유 때문에 문제가 있다.

> 우리는 정치적 행동에 관한 과학자들의 **진술**에서 발견되는 규칙성이 행동 그 자체의 규칙성이 아니라, 그들이 행동에 대한 자신들의 설명을 구성한 방법의 규칙성에 의해 만들어진 것임을 보일 수 있다. (Mulkay, 1981: 168)

멀케이는 이러한 주장을 따라 "과학의 사회적 연구 문헌은 과학적 행동과 믿음에 대한 나름의 설명에서 대체로 과학자들 자신의 문학적 산물과 회계 절차에 의지한다"라며 공격한다(Mulkay, 1981: 171). 이는 그가 과학학이 예속되었다고 공격하는 근거가 된다.

원칙적으로 ASD가 제공하는 해결책은 민족지방법론의 해법과 흡사하게 들린다. 다시 말해 "행동 그 자체가 아니라 과학자들 스스로가 그들 자신과 다른 사람들의 행동을 설명하고 이해하기 위해 활용하는 방법에" 초점을 맞추라는 것이다(Mulkay, 1981: 170). 이에 따라 멀케이와 길버트는 논증의 세 번째 단계에서 과학 담론의 두 가지 레퍼토리들의 작용에 대한 연구를 이용해 지금껏 무시됐던 과학 문화의 측면들을 탐구한다. 과학 담론의 특징들에 주목함으로써 분석적 통찰을 얻을 수 있는 가장 분명한 사례로는 멀케이와 길버트가 과학적 농담과 유머를 탐구한 것을 들 수 있다. 양립 불가능한 두 가지 담론이 모두 널리 퍼져 만연해 있음을 깨달은 멀케이와 길버트는 담론들이 병치되어 그들 간의 양립 불가능성이 문제가 될 지속적인 가능성이 존재한다고 지적한다. 과학자는 자신의 견해가 오직 실험적 증거에만 기반을 두고 있다고 주장할 수 있지만, 지적 상대방은 그의 믿음을 다르게 설명할 것이다. 멀케이와 길버트는 이러한 곤경을 처리하는 다양한 '장치'들을 탐구한다. 그러한 장치 하나가 제도화된 형태의 유머인 듯 보인다. 멀케이와 길버트는 과학자들이 구사하는 유머의 다양한 사례들을 수집했는데, 그중에는 널리 돌아다니는 텍스트 기반 농담, 만화, '유쾌한' 생화학 노래 등이 포함된다.

한 가지 예로 인터뷰에 응한 많은 생화학자들은 '유용한 연구 관용어 사전' 같은 명칭의 표를 알고 있었고 때로 이를 자기 사무실에 붙여 놓기도 했다. 여기서는 2열로 텍스트가 들어 있었는데, 왼쪽 줄에는 과학자들이 썼다고 하는 용어가, 오른쪽 줄에는 그것이 정말 의미하는 바가 적혀 있었다. 왼쪽 줄에 적힌 '오래전부터 X라는 사실이 알려져 있었다'라는 주장은 '귀찮아서 참고문헌을 찾아보진 않았다'로 번역됐고, '표본 중 세 개를 선택해 상세한 연구를 했다'는 '다른 표본의 결과는 말이 되지 않아서 무시했다'와 같은 뜻이라는 식이었다(Mulkay and Gilbert, 1982b: 593). 이러한 초보적 농담은 탐구 대상이었던 연구 문화 속에 만연한 듯 보이며, 따라서 문화적 감수성을 표현하는 것으로 가정된다. 과학 담론 분석가들은 웃음을 유발하는 주된 원천이 바로 이러한 열들 때문에 두 가지 표현의 병치가 가능해진다는 사실에서 나온다고 주장한다. 이는 경험주의적 레퍼토리를 우연적 레퍼토리로 '번역'하며, 그 결과 두 가지 설명 레퍼토리 사이의 긴장 가능성을 유쾌하게 드러낸다. 보통의 경우 이러한 가능성은 우리 편과 상대방의 견해를 체계적으로 비대칭적 취급을 함으로써 관리된다.

과학 담론의 지위

멀케이와 길버트는 과학자 공동체 내에서 유머의 한 가지 원천을 조명하면서, 이 연구가 과학에서 의미 생성의 좀 더 일반적인 패턴을 시사하고 있다고 본다. "참가자들의 유머러스한 담론 조직은 자신들의 사회 세계에 대한 다양한 해석을 구축하는 그들의 능력에서 단지 하나의 측면일 뿐"이기 때문이다(Mulkay and Gilbert, 1982b: 606). 이러한 주장은 멀케이가 후속 연구를 통해 과학에서 수상 연설의 언어를 탐구한 것을 보면 부분적으로 이행이 되었던 것으로 보인다(Mulkay, 1984). 멀케이는 1978년에서 1981년 사이('그가 연구한' 생화학자들 중 한 사람이 상을 받았던 기간)에 노벨상 시상식에서 이뤄진 연설을 분석해, 노벨상 수상자들이 동료, 스승, 과학자 공동체 전체의 지혜 등에 다시 칭찬을 돌리는 방식을 상세하게 다뤘다. 이는 과도한 자화자찬을 피하고 행사의 중요성을 기리는 이중의 요구에 따른 것으로 보인다. 여기에도 사회학 분석가들이 거의 다루지 않았던 과학 활동의 영역이 있다. 이 영역은 상을 받은 과학자들이 직면한 과제가 "자신들의 사회 세계에 대한 해석을 구축하는" 것이었다고 보는 분석적 통찰을 제공해 줄 수 있다. 이 사례에서는 적절하게 예의 바르고 겸손한 태도를 수반한 것이었지만 말이다.

그러나 ASD 프로그램은 서로 연결된 두 가지 문제를 안고 있다. 첫째는 방법론적인 것이다. ASD 지지자들은 담론보다 더 깊은 차원으로 들어갈 수는 없음을 보여야만 한다. 길버트와 멀케이가 일찍이 지적한 것처럼, 담론 분석 접근법을 채택하는 것은 "과학사회학의 몇몇 오래된 질문들이 통상적 형태로는 답변 불가능한 것임"을 암시한다(Gilbert and Mulkay, 1980: 293). 둘째, 그들은 자신들이 파악한 두 가지 담론이 이용 가능한 주요 담론들이고 이러한 담론들이 중요한 방식으로 내적으로 일관된 것임을 보여야 한다. 이러한 가정들이 지탱될 수 있는지에 대해서는 멀케이의 후속 연구가 어느 정도 보여 준 바 있다. 그는 후속 연구에서 인간 배아에 관한 연구를 허용할 것인지 이를 불법화할 것인지를 놓고 영국에서 진행된 대중 논쟁을 다루었다. 멀케이는 이 사안에 관한 의회의 의사진행 기록을 이용해 두 가지 으뜸가는 레퍼토리 — 각각 희망의 수사(修辭)와 공포의 수사 — 를 찾아냈다(Mulkay, 1993). 최대한 간단하게 표현하면, 희망의 수사는 과학기술이 되풀이해서 질병 극복과 여타 형태의 인간 진보와 연관되어 왔다는 생각을 발전시킨다. 따라서 적절한 규제를 받는 배아 연구는 선을 위한 힘이 될 가능성이 높다. 반면 공포의 수사에 목소리를 보태는 사람들은 자연에 간섭하는 것에 관해 우려를 표하면서 인간이 지나치게 도를 넘을 때 파국적 결과를 초래할 수 있음을 시사한다. 이는 프랑켄슈타인과 그의 괴물 이야기와 흔히 연관되는 수사이다. 멀케이는 의회의 공식 의사진행 기록에서 폭넓게 인용을 하면서, 이러한 레퍼토리들이 반복해서 쓰이며 대다수의 발표자들이 자신들의 발언 내용을 이러한 용어들로 틀 짓고 있음을 보여 준다. 이와 동시에 멀케이는 논쟁 양측의 발표자들이 수사를 유연하게 활용할 수 있음을 보여 준다. 예를 들어 [배아 연구를 허용하는 — 옮긴이] 입법에 반대하는 사람들은 다른 과학적 노력과 관련해서는 희망의 레퍼토리를 활용하지만, 배아 연구는 여기서 배제하는 수사적 개입을 고안해 낸다(Mulkay, 1993: 733). 이러한 의미에서 멀케이의 분석은 길버트와 함께 논문을 쓸 때 했던 예전의 주장과 닮아 있다. 관련된 모든 행위자들이 양쪽 담론을 모두 요구할 수 있는 것처럼 보이기 때문이다. 그러나 이 사례에서 밑에 깔린 모델은 발표자들이 이미 존재하는 문화적 밑천들을 활용해 논쟁에 대한 자신들의 기여를 솜씨 좋게 빚어낸다는 것이다. 이에 따라 멀케이는 공포의 수사의 여러 측면들이 과거의 공포들이 가까운 미래에 반복될 수 있다고 "청중들에게 확신을 줄 수 있도록 고안된 감성적 기법이었다"라고 단언한다(Mulkay, 1993: 738).

일종의 분석적 절차로서 이는 ASD 접근법의 예전 가정들과 매우 다르다. 예전에 멀케이와 길버트는 사회학 분석가들이 행위자들의 이해관계를 다룰 수는 없다고 주장했다. 과학자들의 이해관계 담화는 우연적 레퍼토리를 활용해 구성되는 것에 불과하기 때문이다. 분석가는 과학자들의 믿음에 대해 얘기할 수도 없는데, 이는 오직 그들의 담론에 의거해 판단해야 하기 때문이다. 담론 이외의 어떤 것을 다루게 되면 다시금 스스로를 예속된 지위로 떨어뜨리게 된다. 반면, 나중에 나온 연구에서 분석가는 레퍼토리의 채택이 행위자들의 정치적 목적을 진전시키는 '기법'이라고 주장할 수 있다. 이전에는 담론이 근본적인 분석의 단위였지만, 이제는 특정한 수사적 책략들을 선택하는 행위자들이 있는 것처럼 보인다. 멀케이는 배아 연구 논쟁을 연구하면서 그가 이전에 비판했던 사회학자들처럼 활동하고 있는 듯 보인다. 그뿐 아니라 예전에 경험주의 레퍼토리와 우연적 레퍼토리를 파악했던 것과 꼭 마찬가지로, 희망의 수사와 공포의 수사는 단순히 경험적 일반화로 파악된다. 멀케이는 이러한 담론들이 어디서 나왔는지에 대해 아무런 해석도 제시하지 않으며, 이러한 담론들의 내적 일관성에 대해 아무런 체계적 검토도 제시하지 않고 있다(이는 라투르가 예전의 ASD 연구에 대한 답변에서 반대했던 바로 그 지점이다. Latour, 1984).

결론적 언급

요컨대 ASD 프로그램은 과학을 탐구하는 절차로서 중대한 난점들에 직면하고 있다. 민족지방법론이 주류 과학학을 거부한 이유는 부분적으로 과학지식사회학이 과학의 '바로 이것성'을 놓쳤다는 느낌 때문이었다. 어떤 측면에서 멀케이와 길버트의 주장은 과학학에 대한 이러한 거부와 궤를 같이하는 듯 보였다. 그러나 ASD 접근법은 그러한 중심 질문들이 한마디로 답변 불가능한 것이라고 선언하면서 출발했다. 과학 담론의 층들을 벗겨 내어 행위자의 믿음이나 행위에 도달할 수는 없다는 이유에서였다. 이러한 의미에서 ASD는 (적어도 민족지방법론자들의 용어에서는) 과학에 대한 사회학(sociology of science)이 전혀 아니었다. 이는 과학의 생활세계의 핵심 주제들에 대한 연구를 명시적으로 배제하며, 따라서 과학을 하는 것의 개성원리 — 민족지방법론의 성배 — 를 다룰 수 없다.

민족지방법론과 ASD는 모두 과학학의 통상적 접근법들에 중대한 도전을 제기한다. 이 둘은 흔히 하는 과학학에서 결함을 찾았다고 주장하면서 그런 결함을 피하는 대체 프로그램을 제시한다. 그러나 두 가지 접근법에 대한 판결은 다르게 나타난다. 민족지방법론의 비판이 갖는 호소력은 좀 더 쉽게 이해할 수 있다. 4장에서 지적했듯이, 심지어 라투르도 최근 들어 민족지방법론 접근법을 칭찬하면서 자신의 '구성주의적' 작업을 그것과 가까운 것으로 그려 내기 시작했다(Latour, 2000: 112).[4] 민족

---

[4] 반면 린치가 라투르를 환영하는 자세는 좀 더 뜨뜻미지근하다. 예를 들어 그는 이렇게 쓰고 있다. "내가 라투르에게 제기하고자 하는 도전은 …… 예컨대 그가 [4장에서 설명된] 아마존 야외 프로젝트의 자연언어 묘사를 제시하면서 이를 연쇄적으로 배열된 지시적 '요소'들과 고도로 추상적인 인간과 비인간 '행위소'들의 네트워크라는 추상적 모델 아래 집어넣으려는 시도

지방법론자들과 마찬가지로, 그는 사회구성주의가 그저 과학에 대한 설명에 그칠 것을 우려한다. 전면적 사회구성주의는 그에 대한 확신을 오래 유지할 수 있는 입장이 못 된다고 그는 단언한다. 확신이 유지될 수 있는 기간은 "길어 봐야 3분이다. 아니, 공정을 기해서 1시간으로 하자"(Latour, 1999b: 125. 아울러 Hacking, 1999도 보라). 비판이 갖는 호소력에도 불구하고, 그 결과로 나온 민족지방법론 연구 프로그램이 과학을 분석하는 일반적 접근법으로 성공할 수 있을지에 대해서는 심각한 의문이 제기되고 있는 듯 보인다. 반면 ASD 연구 프로그램은 이제껏 무시됐던 과학 문화의 측면들에 대해 몇몇 흥미로운 연구들을 제시했다. 그러나 근본적 비판(예속성에 대한 공격)은 너무 과장됐고, 심지어 멀케이 자신조차도 후속 연구에서는 이를 포기한 듯 보인다. 좀 더 최근의 그는 예전의 이론적 입장의 실천적 주창자로 더 이상 볼 수 없게 됐다.

를 하지 않을 경우 무엇을 잃어버리게 될지 적시해 보라는 것이다. 내가 가진 귀무 가설(null hypothesis)은 아무것도 잃어버리지 않을 거라는 것이다. 이럴 경우 독자들은 그런 묘사가 무슨 의미를 갖는지 궁금해할 테지만 말이다"(Lynch, 2001: 230). 지당한 지적이다.

7장_과학학에서 반성, 설명, 성찰성

들어가며

이 장에서는 앞선 장들에서 개관했던 과학학의 다양한 사고방식들을 평가해 보려 한다. 그러면서 그것들이 과학에 대한 사회학적 이해에 어떤 기여를 했는지, 또 이 책의 3부에서 제기하는 임무에 얼마나 잘 부합하는지도 평가해 볼 것이다. 부분적으로 이러한 평가는 과학학이 과학 활동을 얼마나 잘 설명하며 과학 지식의 성격을 이해하는 데 어떤 도움을 주는지에 대한 판단에 따를 것이다. 그러나 그 지점에 도달하기 전에 먼저 고려해 봐야 할 것이 있다. 과학학 전통의 몇몇 저자들은 과학학의 이론적 관념과 설명 작업을 자신들의 분석 대상으로 삼아 왔다. 다시 말해 그들은 과학학에서 성찰성을 촉진해 왔다. 이는 이러한 저자들이 과학학에서 자기 준거(self-reference)의 문제에 처음으로 주목한 사람들이라는 뜻은 아니다. 그렇기는커녕, 성찰성이라는 주제는 과학학 전통에서 절대다수의 저자들에 의해 잠재적으로 골치 아픈 문제로 내내 간주돼 왔다.

과학지식사회학의 핵심 주장 — 지식은 어떤 의미에서 그것이 생산되는 사회적 환경에 따라 상대적인 것이라는 — 을 대칭적 분석 방식에 대한 요구와 결합시키면, SSK(심지어 ANT) 그 자체도 다양한 저자들 자신의 사회적 환경의 산물이라는 주장으로 매우 손쉽게 이어진다. 이러한 생각은 이내 과학학에 일견 불편한 함의를 갖는 것으로 발전될 수 있다. 예를 들어 이는 많은 경우 합리주의 비판자들에 의해 SSK의 기획 전체를 "한 방에 날려 버리는" 논증으로 개진돼 왔다(Laudan, 1982를 보라). 따라서 지식은 행위자들의 이해관계에 따라 상대적이라고 선언하면서 사람들은 논증의 보편적·합리적 기준이 아니라 자신들의 이해관계에 부합하는 지식-주장들을 받아들인다고 믿는 사람은 — 적어도 표면상으로 — 스스로를 논박하는 방식으로 행동하게 된다. 그들이 상대주의를 지지하는 합리적 논증을 내놓는다면 말이다. 이러한 추론 방식에 따르면 (가령) 이해관계 이론가들은 이해관계에 관한 논증을 전개할 때 정직하지 못하게 행동하는 것이다. 그들 자신의 입장에 따르면 이해관계가 증거와 논증에 우선하기 때문이다. 그보다 더 나쁜 것은 이해관계 이론가들이 논증을 전개하는 데 신경을 쓴다는 사실이 좀 더 깊은 차원에서는 그들이 실은 자신들의 SSK 이론을 믿지 않음을 의미한다는 것이다. 그들의 실천이 그들이 내세운 이론적 믿음과 배치되기 때문이다.

비판자들은 흔히 이러한 주장을 계속하면서 자신들이 과학학 저자들을 깜짝 놀라게 만들기나 한 것처럼, 또 전혀 무방비 상태에 있는 지식사회학자들에게 기습 공격을 가한 것처럼 생각한다. 그러나 앞서 봤듯이 블루어와 콜린스는 처음부터 이러한 잠재적 문제의 원천을 인지하고 있었다. 심지어 블루어는 성찰성을 자신이 제시한 강한 프로그램의 네 가지 교의 중 하나로 받아들임으로써 이러한 비판을 미연에 방지하고자 했다. 비록 그가 이후에 실천 속에서 이러한 교의를 따르는 데 거의 관심을 보이지 않았지만 말이다. 대다수의 다른 사람들은 잠재적 문제에 대해 그에 대한 논의를 금하거나 — 예를 들어 콜린스가 때로 그랬던 것처럼(Ashmore, 1989: 115) — 과학사회학이 제안하는 상대주의를 그저 방법론적인 것으로 취급하는 식으로 대응했다. 콜린스는 금지라는 선택지를 옹호하면서 과학 연구자는 연구 과정에서 어느 정도는 소박한 실재론자가 되는 것이 '자연스러운 태도'라고 주장한다. 콜린스는 이러한 일상적 관점이 사회과학 연구자들에게도 마찬가지로 적용되어야 한다고 제안하고 있다. 그 대신 자신들이 방법론적 상대주의자임을 강조하는 분석가들은 존재론적 상대주의를 신봉하지 않는다고 주장해 왔다. 그들은 그 정의상 어느 누구도 '올바른' 결과에 대해 확신하지 못하는 과학 논쟁을 연구하면서 상대주의자인 양 행동하는 것이 경험적으로 유익함을 알게 됐을 뿐이다. 이러한 의미에서 그들은 '진정으로' 상대주의자는 아니며, 이와 같은 방식으로 성찰성이 갖는 일견 자기모순적인 함의를 피해 나간다.[1]

그러나 몇몇 저자들은 이러한 방어적 전략들에서 벗어나 다른 길을 선택했다. 그들은 일견 문제로 보이는 성찰성을 미덕으로 삼고자 했다. 이 장에서는 먼저 이러한 저자들에 대해 살펴본 후, 과학사회학에서 성찰성, 공평성, 설명의 문제로 다시 돌아올 것이다.

---

[1] 이러한 방어에 여전히 만족하지 못하는 사람이 있다면, 과학학자들은 최종적으로 다음과 같이 주장할 수 있다. 설사 성찰성에 관한 문제가 있다 하더라도 과학적 실재론자들은 이 사실에 관해 과학사회학자들을 공격할 권리가 없다. 전통적 과학철학자들도 과학자들 자신이 때로 과학 실천에서 변칙 현상을 용인한다는 사실을 인정하기 때문이다. 이는 해법이 발견될 때까지 용인되어야 할 또 하나의 변칙 현상일 뿐이다.

과학지식사회학에 관한 성찰적 태도

성찰성의 주창자들은 과학학의 저자들이 자기 준거라는 문제와 계속해서 부딪히기 때문에, 더 높은 기반 위로 올라서 이를 피할 수 있는 가능성은 존재하지 않는다고 주장했다. 과학학자들은 대신 자신들의 연구와 텍스트에서 그러한 어려움에 맞서야 한다. 이러한 추론에 따라 성찰성을 상찬하는 저자들은 두 가지 주된 경로(서로 완전하게 구분되는 것은 아니지만) 중 하나를 택했다. 이 중 첫 번째는 이른바 새로운 기술 형식(New Literary Forms)을 취하는 것이며, 두 번째는 성찰성 그 자체와 좀 더 예민한 관계를 맺는 것이다. 후자의 경우 스티브 울가(Steve Woolgar)와 맬컴 애시모어(Malcolm Ashmore) 같은 저자들은 의도적인 아이러니를 담아 전진과 진보를 들먹이면서 성찰성과 정면으로 씨름하는 길을 택했다. 그들은 SSK의 자기 적용을 들여다보지 말아야 할 심연으로 보지 않고, 이를 분석적 탐구의 새로운 미개척지로 해석했다. 애시모어는 이러한 정신에 따라 성찰성을 과학학에 중대한 '원론적' 문제로 간주하는 대신, 이 문제를 경험적으로 추구하기로 결심한 몇 안 되는 저자들 중 하나였다(Ashmore, 1988; 1989). 그는 물리학에서의 재연에 관한 (주로 중력파 공동체를 다룬) 해리 콜린스의 연구를 자신의 사례연구 영역 중 하나로 활용했다.

 2장에서 지적한 것처럼, 콜린스는 과학적 방법에 대한 통상의 설명이 재연을 크게 강조했다고 주장했다. 실험과 관찰에 입각한 진리가 재연에 근거를 두고 있기 때문이었다. 그러나 그는 두 번째 사건이 재연으로서 갖는 지위 그 자체가 협상의 대상이라는 점을 보여 주고자 했다. 어떤 두 개의 실험도 문자 그대로 동일할 수는 없다. 따라서 두 번째 실험을 첫 번째 실험의 '반복'으로 간주해야 하는가를 결정하는 데는 항상 해석적 판단의 기준이 있었다. 예를 들어 재연이라고 주장된 실험이 실험가가 무능하거나 충분히 숙련되지 못한 것으로 간주돼 연관 공동체 구성원들에 의해 인정되지 않을 수도 있다. 마찬가지로 일견 재연처럼 보이는 실험은 수없이 많은 소소한 방식으로 원래 실험과 다를 수밖에 없고, 이러한 차이들은 그것이 '재연'이라는 꼬리표를 붙일 수 있을 정도로 충분히 비슷한지를 결정하는 데 중요할 수도, 그렇지 않을 수도 있다. 이것이 실험가의 회귀에 대한 콜린스 주장의 근거를 이루었다. 애시모어는 '재연 주장의 생애와 견해들'에 관한 논문에서 물리학에서의 재연에 대한 콜린스의 연구를 따져 본다(Ashmore, 1988). 콜린스는 두 가지 주장을 했다고 애시모어는 적고 있다(Ashmore, 1988: 128). 먼저 콜린스는 (앞서 제시한 논평과 궤를 같이해) "과학의 객관성 및 사회적·정치적 편향으로부터의 격리는 무엇보다도 독립적인 집단들에 의한 연구의 …… 재연 가능성에 의해 …… 보증된 것으로 **여겨진다**"라고 지적했다(강조는 인용자). 그러나 아울러 그는 이렇게 단언했다. "궁극적으로 이 모든 것에 대한 논증은 …… 무엇보다도 발견의 독립적 재연에 달려 있다." 물론 여기서 드러나는 재미있는 사실은, 첫 번째 문장에서 콜린스는 물리학에서의 재연에 관해 (회의적으로) 말하고 있는 반면, 두 번째 문장에서는 물리학에서의 재연에 관한 자신의 연구를 재연하는 다른 사회학적 연구에 대해 (직설적으로) 말하고 있다는 점이다.

애시모어가 했던 일은 과학사회학 공동체 내에서 콜린스 같은 방식의 재연 연구를 수행한 것이었다. 그는 콜린스의 연구에 대한 재연으로 스스로 내세우거나 그렇게 간주된 일단의 SSK 연구들을 검토 대상으로 삼아 저자들을 인터뷰하고 콜린스 방식의 연구를 해체했다. 그의 텍스트에 따르면 이러한 작업은 그를 역설적인 입장으로 이끌었다. 그는 (특정한 연구들은 오직 사회적 협상을 통해서만 유효한 재연으로 간주됨을 발견함으로써) 콜린스의 연구를 재연함과 **동시에**, 모든 다른 재연 연구들의 지위를 약화시켰다. 그러한 연구들이 재연으로서 갖는 자격이 각각의 사례에서 의문에 붙여질 수 있기 때문이다. 그들이 재연으로서 갖는 지위는 단지 사회적 협상의 결과물에 불과한 것으로 보인다. 애시모어는 이를 콜린스의 입장에 대한 논박의 근거로 해석하기보다는, 성찰성과 자기 준거의 문제가 텍스트 속에서 어떻게 다뤄지는지에 대한 탐구로 취급했다. 다시 말해 그의 초점은 전반적인 논리적 일관성의 문제에서 텍스트 실천의 문제로 이전되었다(Yearley, 1981).

성찰성에 관한 연구들을 모은 논문집의 서문으로 울가와 같이 쓴 글에서, 성찰성 연구 프로그램은 지식사회학의 '다음 단계'로 제시되고 있다(Woolgar and Ashmore, 1988). 그들은 분석가가 자연과학과 그들 자신의 실천에 대한 실재론적 가정에서 자연과학을 다룰 때의 상대화를 거쳐 그들 자신과 연구 대상이 가진 지식을 대칭적으로 다루는 것으로 넘어가는 3단계 모델을 표로 제시한다. 이와 같은 성찰적 관점과 궤를 같이해, 그들은 서문의 말미에 서로 다른 표들에서 [지식사회학의 단계적 — 옮긴이] '진전'이 어떻게 구성되는지를 비교한 두 번째 표를 집어넣을 수도 있었다고 언급함으로써 이러한 구성물의 취약성에 주목하고 있다(Woolgar and Ashmore, 1988: 10). 그럼에도 불구하고 그들은 성찰성의 이점에 대해 두 가지 주된 주장을 하고 있는 듯 보인다. 대칭성으로 향하는 움직임을 완성시켜 주며, 더 나아가 명시적으로 성찰적인 분석 형태에서는 텍스트 내에서 '일어나기 시작한 것들'에 의해 새로움의 요소가 생겨난다는 것이다(Woolgar and Ashmore, 1988: 5).

이러한 두 가지 주장의 난점은 이를 뒷받침할 만한 상세한 증거가 거의 없다는 데 있다. (4장에서 논의된) 칼롱과 라투르의 연구에서와 마찬가지로, 우리는 여기서 일반화된 대칭성으로 향하는 것의 원론적 매력을 볼 수 있다. 그러나 그로부터 얻어진 성과는 빈약했고, 심지어 ANT의 그것에 비교하더라도 더욱 그러했다(Collins and Yearley, 1992a: 303~311). 예를 들어 콜린스에 대한 애시모어의 연구에서 결론에 가장 가까운 것(Ashmore, 1988: 151)은 실상 콜린스 자신이 애시모어에게 보낸 편지에서 했던 — 본문 중에 인용된 — 주장에서 나온다(Ashmore, 1988: 126, 150). 인용된 콜린스의 진술은 다음과 같다. "재연의 투과성(permeability)은 [재연 가능성이] 그럼에도 자연의 규칙성(혹은 사회의 규칙성)으로 간주되는 것의 유일한 기준이 아님을 의미하는 것이 아니다. 그것은 우리가 가지고 있는 유일한 기준이다." 애시모어의 분석적 거울에 비친 모습을 접한 콜린스는 자신이 재연의 '논리'를 피할 수 없음을 시인하는 듯 보인다. 비록 그것이 기성 과학에 속한 재연의 지지자들이 통상적으로 가정하는 듯 보이는 것보다 훨씬 덜 분명하고 단순하지만 말이다. 애시모어는 콜린스가 자신의 연구는 사실상 자기예증적(self-exemplifying)임을 거의 인정했다고 본다. 이는 재연의 '투과성'을 입증한다. 물리학자들의 작업에서 그러한 투과성을 기록함과 동시에 이를 재연하려는 시도들이 직면한 그러한 난점 자체를 드러냄으로써 말이다. 애시모어는 콜린스가 좀 더 빨리 자신의 작업이 갖는 자기예증적 성격을 인정했다면 애초부터 좀 더 설득력이 있었을 거라고 주장한다. 아울러 애시모어가 자기 나름의 '재연 연구' 및 관련된 해석 작업을 수행할 필요도 없었을 것이다. 애시모어는 자기예증을 분석적 결과물로 삼고 콜린스의 (수정된) 결론은 그대로 내버려 두는 것으로 만족하는 듯하다.

성찰성에서 얻을 수 있다고 하는 다른 성과(텍스트에서 새로운 현상의 출현)는 성찰론자들의 두 번째 분석 방침인 새로운 기술 형식의 도입에서 가장 잘 드러난다. 이 또한 최근 들어 애시모어 등이 옹호하고 있다(Ashmore et al., 1995). 이 논문에서 애시모어와 공저자들은 관련 문헌에 대한 입문자용 개설을 연대기적으로 집필하는 초보 저자를 발명해 냈다. '그녀'는 이렇게 쓴다.

> 내가 읽었던 가장 흥미로운 내용은 텍스트에 대한 저자들 자신의 관여를 전면에 내세우는 것이었다. 그리고 어떤 사람이 다루는 **주제**가 그 사람의 **방법**에 더 가까울수록, 그러한 유사성이 던지는 함의에 대처하는 모종의 방법을 고안하는 것이 더 중요해지는 듯 보인다. 이러한 논증에서, 글쓰기에 관한 글쓰기는 자의식적으로 순환적인 과정이어야 한다. (Ashmore et al., 1995: 339. 강조는 원문)

새로운 기술 형식에서는 텍스트상의 재현 작업을 독자에게 분명하게 드러내기 위해 고안된 혁신적인 글쓰기 양식이 쓰인다. 논문들은 저자의 '상황성'(situatedness)을 강조하기 위해 대화, 희곡, 일기로 쓰인다. 대화는 텍스트가 진행됨에 따라 저자의 관점이 그에 맞서는 목소리에 의해 도전받을 수 있게 하며, 일기 형태는 추정상 시간의 흐름에 따라 저자의 '생각'이 발전할 수 있도록 해준다. 그러한 텍스트상의 조치들은 교묘하게 이음새 없이 만들어진 텍스트를 독자에게 제시하는 것을 피한다. 멀케이는 1인칭 화법을 써서 텍스트상의 자의식이 갖는 이점을 다음과 같이 설명한다.

'새로운 기술 형식'이라는 문구는 가령 '새로운 분석 언어'보다 더 낫다. 당시에 필요했던 것은 사회생활에 관해 글을 쓰기 위한 새로운 용어가 아니라 우리의 언어를 조직할 새로운 방법이었기 때문이다. 이는 사회 과학에서 기성의 텍스트 형태에 녹아들어 있는 정통 인식론에 대한 암묵적 신념을 피할 수 있을 터였다. 나는 SSK의 중심 주장의 자기준거적 성격에 대해 고심하면서 분석가들의 주장이 특정한 텍스트 형태의 활용에 의해 틀 지어지는 방식을 드러내고자 했다. 그러면서 나는 분석적 주장과 텍스트 형태 모두가 자연스러운 방식으로 비판적 논의의 주제가 될 수 있는 복수의 목소리를 가진 텍스트를 활용하기 시작했다. 이런 종류의 텍스트는 통상적으로 사회학에 쓰이는 단일하고 익명적이며 사회적으로 분리된 저자의 목소리를 텍스트 내에서 일어나는 해석적 상호작용으로 대체하는 것을 가능케 했다. 그러한 해석적 상호작용은 관련된 목소리들이 사회적으로 위치 지어지고, 그들의 구성적 언어 사용이 텍스트 내에서나 이를 넘어서 논평에 열려 있게 되는 결과로 이어졌다. (Mulkay, 1991: xvii)[2]

특히 저자는 텍스트를 완전히 통제할 수 없는 무능력을 경험하며 이를 감추려 애쓰지 않는다. 이는 (앞서) 울가와 애시모어가 "일어나기 시작한 것들"로 간주했던 유형의 통제 결핍이다.

이 저자들은 텍스트상의 책략에 관심을 보이면서 문학 이론의 발

---

[2] 멀케이가 쓴 이 대단히 명료한 문장을 인용한 후에, 나는 린치 역시 이를 인용했다는 사실을 알게 됐다(Lynch, 1993: 107). 나는 이러한 재연을 멀케이의 텍스트가 갖는 명쾌함의 증거로 받아들였다.

전이나 그 외 텍스트 실험가들과 동맹을 맺었다(Woolgar and Ashmore, 1988: 2와 Ashmore, 1989: 225에 나오는 목록 참조. 아울러 Mulkay, 1988도 보라[3]). 그러나 새로운 기술 형식으로 가는 이러한 길에 대해 두 가지 형태의 의구심이 제기되었다. 첫째, 몇몇 저자들은 이러한 기법들이 겉으로 보이는 것만큼 실제로도 해방적인가 하는 질문을 던졌다. 텍스트에 추가된 목소리들은 여전히 저자의 통제하에 있고, 따라서 어떤 전복적 효과도 진정으로 파괴적인 것은 못 된다(Pinch and Pinch, 1988). 둘째, 새로운 기술 형식 절차의 궁극적 목표가 불명료하다. 이러한 절차의 목적은 분명 저자가 자신의 텍스트에서 제기하는 주장의 근거를 명확하게 드러내는 것일 터이다. 그러나 여기에는 여전히 모호함이 남아 있다. 분석적 관심이 특정 텍스트가 갖는 설득력에 특유한 텍스트상의 장치 속에 있는 것인지, 아니면 문학 분석가들이 파악한 장치들이 모든 텍스트 속에 있는 것인지가 분명치 않기 때문이다. 만약 후자라면 — 이쪽이 좀 더 가능성이 높아 보이는데 — 애시모어나 멀케이나 울가가 수행한 모든 연구

---

3) 예를 들어 재연이라는 주제에 관한 반성에서 멀케이는 아르헨티나의 아방가르드 작가 보르헤스의 단편소설[1939년 작 「피에르 메나르, 『돈키호테』의 저자」를 가리킨다. 국내에는 호르헤 루이스 보르헤스, 『픽션들』, 민음사, 2011에 번역·수록되었다 — 옮긴이]과 유사한 전략을 취한다. 보르헤스의 작품에서는 소설 속 20세기 초 저자가 (원래 1600년대 초에 쓰인) 『돈키호테』를 단어 하나하나 그대로 재창작하려는 예술적 노력을 기울였다. 이런 식으로 일견 똑같아 보이는 두 개의 텍스트가 만들어졌다. 그러나 괴상한 일은 (소설 속에서) 후자가 단순한 복제품이 아니라 더 우월한 문학적 창작품으로 간주된다는 것이다. 소설 속의 저자는 세르반테스처럼 "역사는 진리의 어머니이자 시간의 적이며 행위들의 창고"라고 쓴다. "이것은 17세기 작가가 쓴 …… 역사에 대한 수사적 찬양에 불과하다. …… 윌리엄 제임스[William James, 19세기 말 미국의 철학자이자 심리학자로 프래그머티즘 철학을 확립한 인물들 중 하나로 손꼽힌다 — 옮긴이]와 동시대 인물[에 의해 쓰이자] 이는 놀라운 아이디어가 된다"(Mulkay, 1988: 90에서 재인용). 보르헤스의 소설은 문학작품에서도 재연의 의미가 숙련된 성취의 문제임을 암시한다. 멀케이는 텍스트상에서 과학에서의 재연을 다루는 것이 텍스트상에서 동일성과 차이를 다루는 것의 또 하나의 사례에 불과하다고 본다.

의 분석적 결론은 연구 대상이 된 어떤 특정한 텍스트의 설득력과는 별로 상관이 없게 된다. 실제로 이렇게 볼 경우 자기 자신의 실천에 대한 주목은 이 절차를 민족지방법론에 가까운 것으로 만들어 믿을 만한 과학 저술의 '육화된 생산'에 초점을 맞추게 한다. 편리하게도 가핑켈과 여타 민족지방법론자들은 항상 성찰성이라는 용어를 그들 나름의 특별한 의미로 사용해 왔다. 그들에게 성찰성은 특정한 사회적 실천이 특정한 활동 영역과 관련되는 방식을 가리키는 용어였다. 민족지방법론의 주장은 사회적 실천이 당면한 목적에 부합하도록 설계되며, 그런 의미에서 모든 사회적 행동은 적절한 맥락적 기준에 비춰 점검되기 때문에 성찰적이라는 것이다. 가핑켈의 말을 빌리면, "그러한 실천[행위자들의 상황적 실천]은 끝없이 계속되는 우연한 성취로 이뤄진다. …… 그러한 실천은 조직화 과정에서 그것이 묘사하는 동일한 일상적 사건들의 후원하에서 수행되며, 그러한 사건들로 일어나도록 만들어진다"(Garfinkel, 1967: 1). 사회생활은 항상 영원히 성찰적이다. 바로 사회가 전후 사정에 밝은 주체들에 의해 육화된 형태로 생산되기 때문이다.[4]

---

[4] 이와 관련된 이유로 라투르 역시 애시모어 식의 성찰성 추구에 비판적이다. 그는 여기에 '메타성찰성'(meta-reflexivity)이라는 이름을 붙인 후 이를 "자살과도 같은 태도"로 묘사하고 있다(Latour, 1988b: 166, 169). 그는 성찰주의자들의 수법을 초현실주의자들의 그것에 비유하면서, 성찰주의자들은 훨씬 뒤에 나왔기 때문에 더 열등하다고 보고 있다. 실재론/구성주의 논쟁이 평평한 세계에서 일어나고 있다고 이미 단언한 상황에서, 라투르는 그 논쟁을 단순히 스스로에게 적용함으로써 그 평면 위로 날아오르는 것이 가능하다고 생각하지 않는다. 여기서 다시금 라투르는 그 자신의 프로그램이 갖는 특유의 이점을 주장한다. 그는 자신의 프로그램에 내적 성찰성(infra-reflexivity)이라는 꼬리표를 붙이면서, 이는 아무런 특권도 요구하지 않으며 스스로를 그것이 다루는 텍스트와 동일한 수준에 위치시킨다고 주장한다. 그래서 "내가 과학문헌이 믿음을 얻지 못할 위험에 처했다고 말하거나, 그런 결과가 나타나지 않도록 가능한 모든 동맹군들을 모으며 마음을 굳게 먹는 모습을 그려 낼 때, 나는 이러한 설명에 대해 바로 이 과정보다 더 많은 것을 요구하지 않는다. 나 자신의 텍스트는 당신의 수중에 들어 있으며, 당

구성주의 과학학에서 윤리적 성찰성

성찰성에 관한 이러한 저작은 창의적이고 매력적이지만, 과도하게 인지적인 방향으로 치우쳐 있다. 다시 말해 성찰성에 관한 우려가 거의 전적으로 오직 논리적 일관성에 관한 것인 양 다뤄졌다는 것이다. 또한 새로운 기술 형식 실험이 갖는다는 이점이 자의식과 일관성의 제고에서만 나오는 것으로 이해됐다. 그러나 과학학의 실천을 분석함에 있어 훨씬 더 규범적 요소가 강한 또 다른 관심사가 존재한다. 5장에서 분명하게 보인 바와 같이, 페미니스트 과학학은 흔히 과학 지식의 조직과 생산의 결과로 과학의 제도가 여성들의 이해관계로 간주된 것에 적대적인 '사실' 주장과 이론적 해석 들을 생산하게 되는 방식들에 관심을 갖고 있었다. 이는 롱기노가 구성적 가치와 맥락적 가치를 구분하면서 이러한 주제들의 해결을 시도하는 데서 가장 분명하게 드러났다. 그녀는 구성적 가치만으로는 (가령) 인간의 유래와 관련된 사실들에 관한 논쟁에서 해석적 종결로 이어질 수 없으며, 선호되는 해석에 도달하기 위해 맥락적 가치가 정당하게 소환될 수 있다고 주장했다.

그러한 사례들에서 관심사는 대칭성과 공평성이 자기준거라는 논리적으로 막다른 골목으로 이어진다는 것이 아니라 그것이 도덕적으로 반동적인 결과를 가져올 수 있다는 것이다. 다시 말해 많은 사회과학자들은 인지적 상대주의라는 일견 좀 더 급진적인 관념보다는 그러한 도덕적

신이 그것에 대해 어떻게 하는가에 따라 생사가 결정될 것이다"(Latour, 1988b: 171). 사회적인 것을 가지고 자연적인 것을 설명할 수 없기 때문에, 사회과학자는 자연과학자나 기술자와 마찬가지로 믿음을 얻기 위한 동일한 투쟁에 직면한다. 라투르에게는 이러한 성찰성이면 충분하다.

상대주의에 대해 더 불편함을 느꼈다. 이는 오늘날 서구 세계의 지배적인 전통 — 사실은 간주관적으로 변함이 없지만, 가치는 양심의 문제이기 때문에 문화적·사회적 차이가 나타나는 게 온당하다는 — 과 정반대라는 점을 미리 언급해 두어야겠다.[5] SSK의 옹호자들이 이러한 규범적 쟁점을 명시적으로 다루는 경우에는 흔히 '윤리적 중립성'이라는 측면에서 논의가 이뤄졌다. 질문은 다음과 같았다. 만약 어떤 사람이 인지적 구성주의자라면(따라서 진리와 거짓에 관해 공평하다면), 이는 그 사람이 윤리적·정치적으로도 구성주의자여야 한다는(따라서 정의, 정치적 원칙, 권리 부여의 문제에 공평해야 한다는) 뜻인가? 이 쟁점에 관한 논의에서 다음과 같은 주장이 제기되었다. 논쟁을 연구하면서 쌍방의 논증을 상세하게 탐구하게 되면 필연적으로 그러한 논증의 내용에 관여하게 된다. 왜냐하면 흔히 경제적 혹은 정치적으로 약한 쪽에서 상대방의 논거를 해체하는 데 어려움을 겪을 것이기 때문이다. 과학지식사회학자들이 수행하는 대칭적 해체 작업은 힘이 더 약한 쪽에 훨씬 더 많은 도움을 줄 가능성이 높다. 이에 따라 과학학은 바로 그 실천에 의해 규범적 함의를 갖게 되며, 진정한 의미에서 윤리적 중립성의 길은 가능하지 않다(Scott et al., 1990; Richards, 1996; 아울러 Pels, 1996도 보라). 우리가 그런 의미에서 중립적이 되려고 노력한다면 스스로를 속이는 것이다.

콜린스는 지금까지 다뤘던 과학학 저자들 중에서 이 문제를 서면

---

[5] 아마 이는 수많은 학계 문화에 널리 퍼져 있는 '정치적 올바름'의 정신과도 맞지 않을 것이다. 내가 보기에 이처럼 상식에 반하는 인지적 상대주의에 대한 관용은 — 특히 도덕적 상대주의에 대한 불관용을 수반할 경우 — 자연과학 공동체의 영향력 있는 분파들에서 과학학의 일부 측면들에 극히 냉담한 반응을 보이는 이유를 설명해 준다. 이에 대한 증거는 폴 그로스와 노먼 레빗의 책 『고등 미신』(*Higher Superstition*)을 보라(Gross and Levitt, 1994).

으로 분명하게 다룬 몇 안 되는 학자 중 하나였다(Collins, 1996. 하지만 Pinch, 1993; Yearley, 1993도 보라. 이 둘 모두 Richards, 1991에 대한 서평이다). 콜린스는 분석가가 가능한 한 중립적이 되려고 애쓰는 것이 분석가로서의 책임이라고 주장한다. 하지만 그는 이렇게 시인했다.

> 때때로 연구자들은 자신들이 보는 것 중 어떤 것은 좋아하지만 다른 어떤 것은 그렇지 않음을, 혹은 어떤 대의는 지지해야 하지만 다른 어떤 대의는 반대해야 함을 알아차리게 될 것이다. 나는 그러한 대의에 대한 지지가 대의가 지닌 장점에 기반을 두어야 한다고 …… 주장해 왔다. (Collins, 1996: 241)

이 인용문에는 두 가지 흥미로운 점이 있다. 첫째는 분석가의 윤리적 평가를 묘사하기 위해 선택된 동사들이고, 둘째는 '대의가 지닌 장점'이라는 관념이다. 콜린스는 자신들이 어떤 것을 좋아한다는 사실을 알아차리게 된 분석가들을 언급하고 있다. 이는 분석가가 그 사안에 관해 많은 숙고를 해보지 않았음을 시사하며(자신이 어떤 것을 좋아하고 있음을 '알아차린' to discover 후에야 비로소 그 사실을 깨닫게 되었으니 말이다), 아울러 '좋아한다'(to like)라는 동사는 다분히 주관적인 감정을 함축하고 있는 듯하다. 분석가들이 어떤 대의를 좋아하는 것은 추론과는 거의 아무런 상관도 없으며 깊은 숙고를 거치지 않은 선호와 좀 더 관련된 것처럼 보인다. 콜린스가 바로 이러한 단어들을 선택한 데는 도덕적 대의가 단지 선호의 문제일 뿐이라는 개인주의적이고 자유주의적인 관념이 녹아 있는 것 같다. 둘째, 콜린스가 어떻게 대의가 지닌 장점을 다양한 사실의 문제들 — 분석가는 인지적 상대주의라는 방법론적 명령에 따라 이를 제쳐 두어야 한다 — 로부터 분리시킬 수 있는지가 불분명하다. 분석가가 어떻게 방법론적 상대주의자가 됨과 동시에 논거의 장점에 대한 견해를 취할 수 있는지는 결코 분명치 않다. 과학학 분석가가 분열된 인격을 가져서 분석가로서 취하는 견해와 크게 다른 개별 시민으로서의 견해를 갖는 것이 아니라면 말이다.

과학학 연구자들이 평가적 사안에 어떻게 접근해야 하는지에 대해 콜린스가 긍정적 제안을 제시할 때, 그가 내놓는 답은 — 적어도 처음 보기에는 — 상당히 놀랍다. 이블린 리처즈(Evelleen Richards) 등에 답하는 과정에서 그는 머튼주의에 찬성하는 입장을 제시하면서 이렇게 제안했다. "우리는 머튼 규범과 비슷한 어떤 것에 의해 영향을 받는 과학을 선호한다는 것을 알고 있다"(Collins, 1996: 232). 그뿐 아니라 앞서 애시모어에 대한 답변에서도 언급했듯이, 그는 이미 재연은 여전히 "자연의 규칙성(혹은 사회의 규칙성)으로 간주되는 것의 유일한 기준"임을 받아들인다고 말한 바 있다. "그것은 우리가 가지고 있는 유일한 기준이다"(Ashmore, 1988: 126). 요컨대 콜린스는 윤리적 신념과 성찰성의 도전에 맞서 SSK 연구자들에게 (블루어가 그들을 독려했던 것과 다분히 유사하게) 과학적 태도를 취하라는 조언을 하게 된 것처럼 보인다. 아마도 뜻하지 않게, 그는 (포퍼나 심지어 뉴턴스미스가 봤다면 기뻐했을) 방법론적 규칙이자 보편주의적인 과학적 행동의 규범이라는 측면에서 그러한 조언을 더욱 구체화시켰다. 콜린스는 이상이라는 관념에 근거해 윤리적 및 인지적 중립성에 대한 자신의 지지를 정당화했다. 설사 이상이 실천 속에서 영원히 도달 불가능하더라도, 이는 그것이 이상으로서 잘못된 것임을 의미하지 않는다. 그는 이렇게 단언하고 있다. "'과학적' 접근은 좋은 것이다. 과학은 우리가 한때 생각했던 그런 것이 아니라는 이해에 비춰 보더라도 말이다"(Collins, 1996: 241).

과학학에서 반성과 설명

성찰성이라는 주제에 대한 설명은 과학학에 대한 평가에서 놀라운 종류의 진전을 이룰 수 있게 해준다. 콜린스는 상대주의를 옹호함과 동시에 이상에 대한 지지를 계속 유지하고자 한다. 그러나 그가 이러한 이상을 찾아낸 근거가 무엇인지는 분명치 않다. 과학자 공동체 내에 만연해 있는 이상에 근거한 보고에서 찾아냈을 수도 있다(마치 쿤이 인지적 가치들의 목록을 얻어 낸 것처럼 말이다). 아니면 바스카가 제시한 초월적 추론에 좀 더 가까운 것일 수도 있다. 콜린스가 과학은 어떤 활동이어야 하는가를 숙고하면서 추론해 낸 이상일 수도 있다는 것이다. 콜린스가 취한 규범적 지향으로 미뤄, 후자일 가능성이 더 높아 보인다. 내 생각에 과학학 공동체의 자기반성 부족이 가장 두드러져 보였던 것은 —— 인지적 성찰성과 관련해서가 아니라 —— 바로 이러한 부류의 논증과 관련해서였다. 내가 보기에 과학학, 그중에서도 SSK가 자신들의 실천에 관해 불충분한 반성을 해온 데는 특히 세 가지 방식이 있다. 이러한 세 가지 방식은 사회학의 '잃어버린 질량' 문제를 분석하는 데 중요한 것으로 드러났다.

첫 번째 고려 사항은 '과학'을 어떤 것으로 받아들이는가에 관해 과학학이 충분히 성찰적이지 않았다는 것이다. 과학학이 과학 지식의 분석에 대한 권리를 얻기 위해 초기에 맞서 싸웠던 철학적 과학 분석이 그랬던 것처럼, 과학학은 모든 과학에 공통된 것을 찾으려는 경향을 보여 왔다. 실제로 ANT가 제시한 번역의 사회학, 롱기노가 초점을 맞춘 구성적 가치, EPOR이 강조한 실험가의 회귀, 민족지방법론이 고려한 과학의 개성원리는 모두 암암리에 과학은 과학이라고 가정해 왔다. 이는 일종의 본질주의나 마찬가지였다. 과학의 유형들을 가로질러, 또 과학의 역사적 발전을 통틀어 지속적으로 나타나는 분석적 관심의 대상이 분명히 존재하긴 하지만(과학의 '유형'이라는 관념에 대한 통찰력 있는 분석은 Whitley, 1984를 보라), 사회학 청중들에게는 과학 전문성의 사회적 역할 변화나 기성 과학 체제가 사회적 후원자들과 맺은 암묵적 '계약'의 변화에 관한 문제도 있다. 서장에서 논의했던 것처럼, 아마도 과학 전문직이 이뤄 낸 으뜸가는 성취는 상대적으로 거의 책임은 지지 않으면서 국가와 납세자들로부터 엄청나게 많은 재정 지원을 얻어 낸 것일지 모른다. 가장 초기에 나타난 분명히 근대성을 띤 과학 활동은 그 모든 실천적 목표들에도 불구하고 스스로 자금을 댔고 그것이 얻어 낼 수 있는 자연 세계에 대한 이해라는 측면에서 정당화되었다. 과학 연구자들은 그것이 — 적어도 원칙적으로는 — 제공할 수 있는 자연 세계의 측면들에 대한 통제 가능성을 뽐냈다. 이후 계약은 좀 더 명시적으로 사회의 재정 지원을 근대 경제 및 사회의 생산과 군사 역량에 대한 모호하고 예측 불가능한 — 때로 널리 파급효과를 미치긴 하지만 — 기여와 맞바꾸는 거래에 관한 것이 되었다. 21세기 초가 되자 국가가 후원하는 과학의 역할은 많은 부분 규제와 검증을 위해 요구되는 지식과 이해의 문제로 전환되었다. 가령 기후 변화의 가능성과 영향을 알아내기 위해 과학자들에게 자금을 지원하는 국제적 노력이나 광우병 및 관련 질환의 잠재적 발생률에 대한 국가 수준의 연구들과 관련해서 말이다(Yearley, 1997).

이 점은 좀 더 폭넓은 과학정책 문헌에 이미 어느 정도 반영되었다. 마이클 기번스와 그 동료들은 최근 수십 년 동안 그들이 '양식 1'(Mode 1) 과학이라고 이름 붙인 것에서 '양식 2' 과학으로의 전환이 일어났다고 주장했다(Gibbons et al., 1994. 아울러 Nowotny et al., 2001도 보라). 이 말의 의미는 새로운 지식 주장이 다양한 학문적·제도적 배경에서 나온 전문가 팀에 의한 응용이라는 맥락에서 점점 더 많이 곧장 제기되고 있다는 것이다. 그들의 관점을 보여 주는 사례로는 컴퓨터 과학이나 인간 유전체의 측면들에 관한 새로운 연구 등이 있다. 그러한 사례들에서 새로운 '순수' 지식은 동시에 응용된 이해이기도 하다. 혁신적인 컴퓨터 프로세서는 새로운 지식임과 동시에 새로운 제품이다. 상업적·실용적 고려는 새로운 과학의 질에 관한 좀 더 통상적인 인식론적 고려들과 즉각 뒤섞인다. 그러나 그들의 분석은 '양식 2'를 모든 요소들이 함께 생겨나는 일관된 인식틀로 다루는 경향이 있다. 어떤 의미에서 '양식 1'과 '양식 2'는 지식 생산이 조직되는 방식의 이념형으로 작동할 수 있지만, '양식 2'의 모든 추정상의 요소들이 함께 작동해야 하는 압도적인 이유가 있는 것은 아니다. 그들이 세부 사항에서 옳건 그르건 간에 이 저자들은 과학의 생산 양식이 시대를 막론하고 고정된 것은 아니라는 점을 효과적으로 지적하고 있다. 21세기의 과학은 그보다 앞선 19세기의 과학과 체계적으로 다를 수 있다. 다른 사회학자들도 유사한 발전에 주목해 왔다. 어떻게 보면 '위험사회'(risk society)에 관한 울리히 벡의 널리 알려진 주장을 규제 전문성의 위기에 관한 주장으로 살짝 바꿀 수도 있다(Beck, 1992. 아울러 9장과 12장도 보라). 과학 전문가들의 사회적 역할은 점점 더 우리가 가진 기술의 안전성을 선언하는 것이 되는 한편으로, 그들의 규제 능력은 점점 더 면밀한 검토의 대상이 되고 있다. 과학 지식의 사회적 역할에 대한 과학학 저자들의 반성 부족으로 인해 과학사회학은 과학기술에 대한 다른 사회학자들의 관심사로부터 동떨어지게 됐다. 이와 동시에 과학지식사회학의 지지자들은 공공적 사안에서의 전문성을 둘러싼 이러한 현재의 쟁점들과 관련해 자신들의 특유한 분석이 갖는 가치를 좀 더 폭넓은 사회학 전문직에 설득하는 데 실패했다.

과학학 전통에 속한 많은 분석가들은 과학의 불변성에 관해 충분히 반성적이지 못했을 뿐 아니라 그들 자신의 설명 활동에 관해서도 성찰적이지 못했다. 때로는 과학학에서의 방법론적 자의식이 애시모어의 연구에서 예시된 성찰적 움직임의 형태를 취하는 것이 고작인 것처럼 보였다. 가장 분명한 이론적 지향을 보여 온 과학학의 형태들 — 대표적으로 에든버러 학파와 ANT — 은 그들 자신의 이론적 장치들에 의해 제약을 받게 되었다. 두 접근법의 지지자들은 (이론적으로 좀 더 단순하긴 하지만) 다분히 정형화된 초기 연구로부터 벗어났다. 과학학 저자들은 사회학 연구의 좀 더 폭넓은 경향에는 거의 주목하지 않았는데, 그 이유는 종종 그들의 연구가 초기에 철학자들과 싸움을 벌였던 인식론적 영역에 강하게 초점을 맞추었기 때문이었다. 콜린스가 머튼 규범의 매력을 재발견한 시기쯤에 이르면, 규범과 가치 들이 (과학자를 포함한) 사람들의 행동을 설명하는 데 어떻게 쓰일 수 있는가 하는 사회학적 질문은 대다수 과학사회학자들의 사고에서 오래전에 지워져 버린 후였다. '실험가의 회귀'와 같은 쟁점에 대해 대단히 예리한 통찰을 보여 준 콜린스 자신의 EPOR 연구는, 그럼에도 다분히 묘사적인 지향과 함께 대상 주제에 대해 단호하고 직설적인 경험적 접근을 취하는 것으로 특징지어졌다.[6]

자기반성이 결여돼 있었던 세 번째 방식은 SSK, ANT, 페미니스트 과학학이 과학의 내부 조직의 사회학에 대해 거의 아무런 얘기도 하지 않

---

[6] 이처럼 간단명료한 경험주의는 사회학 전문용어를 거의 찾아볼 수 없는 골렘(Golem) 시리즈의 책들에서도 특징적으로 나타난다(Collins and Pinch, 1993을 보라).

왔다는 것이다. 역설적인 것은 과학 내의 지적·사회적 구조를 묘사하는 가장 잘 알려진 용어들이 여전히 철학 문헌으로부터 차용되고 있다는 것이다. 과학 발전에서 정상 과학 시기와 혁명의 시기를 나눈 쿤의 주장이나 연구 프로그램의 핵심에 중핵을 이루는 신념이 있고 이를 좀 더 쉽게 변하는 믿음들로 이뤄진 보호대가 둘러싸고 있다는 러커토시의 제안이 여기에 해당한다. 과학학을 실천하는 최선의 방식에 관해 풍부한 사례연구와 정교한 논증 들이 있음에도 불구하고, SSK는 과학적 믿음의 구조나 과학자 공동체의 구조를 묘사하는 데는 얼마 안 되는 용어들을 만들어 내는 데 그쳤다. ANT의 초기 연구에서 일견 폭넓은 응용 가능성을 지닌 다수의 용어들(필수 통과점, 이해관계 부여, 암흑상자화 등)을 제공한 것은 사실이다.[7] 그러나 이는 시간이 지나면서 라투르 자신에 의해 버려졌고, 풍부한 묘사를 가능케 하긴 하지만 설명적 가치는 제한적임이 드러났다. (앞서 예로 든) 리처드 휘틀리의 연구를 제외하면, 과학학자들은 심지어 과학들 사이의 체계적인 분야 간 차이를 분석하는 데도 거의 관심을 기울이지 않았다.

재고 조사

이제 이 장 및 이 책의 2부에서 이끌어 낼 수 있는 두 가지 가능한 결론을 제시하고자 한다(이런 식의 서술을 정당화하기 위해 내가 앞서 비판했던 새

---

[7] 여기서 개관한 '학파'들에서 직접 나온 것은 아니지만, 과학학 저술에서 널리 수용된 다른 전문용어들도 알아 둘 필요가 있다. 이를 잘 보여 주는 예로는 (이미 언급한) '경계 작업'(boundary work)과 '경계물'(boundary objects)이 있다(전자는 Gieryn, 1999, 후자는 Star and Griesemer, 1989).

로운 기술 형식까지 굳이 끌어올 필요는 없을 것이다). 그중 하나에 따르면, 과학학은 그것이 주장한 목표에서 대단한 성공을 거두지 못했다. 에든버러 학파의 이해관계 이론은 정교한 이론적 지향을 가졌지만 그것이 추구했던 정확한 설명적 성공을 성취해 내지 못했다. 행위자 연결망 이론은 과학학 연구자들 및 과학사가들에게 수용된 듯 보인다는 측면에서 상당한 성공을 거뒀지만, 이러한 대중성은 대체로 결함이 있는 타협을 제시함으로써 성취됐다. 이는 모든 것에 동등한 설명적 잠재력을 허용하지만, 실제로는 (인식론적 의미에서) 완전히 반동적인 방식으로만 사물을 '설명하고' 있는 듯했다. 이처럼 극히 평범한 성공은 라투르 자신도 인정하고 있다. 그는 좀 더 민족지방법론적이고 '구성주의적'인 입장으로 점차 나아갔는데, 린치가 지적했듯이 이는 그저 일상적 인식론과 나란히 가는 궤적을 그리고 있는 듯 보인다. 민족지방법론은 강력한(그리고 자주 반복되는) 문제 설정이지만, 그것의 분석적 성취가 무엇이 될 수 있는지를 보여 주는 제대로 된 사례가 거의 없다. 그뿐 아니라 일상적 행동의 성취를 그저 설명하는 데 그치지 않으려는(그것에 '아이러니를 담으려는'ironise) 민족지방법론의 야심은 실상 과학은 전혀 건드리지 않고 내버려 둔다(Woolgar, 1983. 아울러 Garfinkel, 1996: 6도 보라). 이는 그것이 연구하는 과학자들의 실천적인 매일매일의 성취에 대한 무관심을 부추긴다. 페미니스트 과학학은 자연과학 내부에서 과학적 개혁을 촉진하는 페미니스트 경험론의 측면에서는 성공을 거뒀지만, 좀 더 포괄적인 비판적 입장을 발전시키려는 시도들은 대체로 본질주의의 문제에 빠지고 말았다. 가장 정교한 대안인 롱기노의 입장은 사실상 기반의 대부분을 실재론에 넘겨준다. 그녀는 과학의 구성적 가치들을 잘 확립된 것으로 간주하며, 그것만으로는 과학적 발견을 이해하는 데 불충분해서 우연적 가치들이 소환

될 수 있을 때에만 의문을 제기할 필요가 있다고 본다. 성찰성은 그 결과물이 아무리 흥미롭다 하더라도 엄청난 성과를 담고 있는 것으로 보이지는 않았고, 심지어 EPOR도 중립성의 이상에서 난국에 봉착하는 듯 보였다. 그것의 주된 주창자가 결국 머튼 규범을 들먹이며 재연의 가치를 선언하는 데 이를 정도로 말이다. 우리는 EPOR이 약화시켰다고 생각했던 것을 한 바퀴 돌아 제자리로 와서 다시 발견한 셈이 되었다. 어떤 의미에서는 콜린스 역시 과학을 방해받지 않은 채로 내버려 두는 것을 선호하는 듯 보인다.

그러나 대안적 서술은 현상을 다른 방식으로 조각냄으로써 가치 있는 결론을 이끌어 낸다. 과학학의 성공은 특정 학파의 승리에 있는 것이 아니라 좀 더 다양한 성취들에 있다. 첫 번째 성취는 '한정주의'에 관한 블루어와 콜린스의 '발견'이다. 과학학은 세계가 어떻게 존재하는지를 결정하는 것은 궁극적으로 사람들 내지 공동체들이라고 주장한다. 물론 그들은 보통 그들이 얻어 낼 수 있는 최대한 많은 증거에 근거해 이런 결정을 내린다. 그러나 결국에 가서 결정을 내리는 것은 사람들이다. 세계가 결정을 내리는 것이 아니다. 이는 두 번째 결론으로 이어진다. 사람들은 알려져 있는 사실을 결정할 때 서로에게 결정적으로 의존한다는 것이다. 지식의 가치는 공동체 내에서 결정된다. 이에 따라 사람들은 그들이 지닌 믿음의 질을 보증하기 위해 서로에게 의존하며, 그들이 발명해 낸 종류의 질적 보증 제도와 절차 들이 결정적으로 중요하다. 세 번째는 스티븐 섀핀이 주장한 것으로 잘 알려져 있는데, 그러한 공동체 내의 신뢰 관계가 지식의 가치가 확립되고 유지되는 방식에서 핵심을 이룬다는 것이다(Shapin, 1994). 과학자 공동체는 표준적인 철학 모델이 시사하는 것보다 신뢰에 훨씬 더 많이 의존한다. 신뢰라는 토대가 없다면 지식 주장은 서서히 잠식되어 약화될 수 있다. 마지막으로 지식의 생산은 판단을 요구한다. 과학자들은 어떤 실험 결과를 믿을 수 없는 것으로 기각할지, 누구의 주장에 주목할지 등을 결정해야 한다. 이는 과학의 가치가 (거의 기계적인) 표준적 방법에 의해 확보된다는 포퍼의 일견 안심이 되는 생각과 대척점을 이룬다. 이 책의 3부에 소개된 연구들에서 보겠지만, 과학학에서 나온 이처럼 좀 더 수수한 결론들이야말로 우리가 사회 속의 과학을 재분석하고 사회학의 잃어버린 질량을 재고찰할 수 있게 해주는 것이다. 나는 공공적 맥락 속에서 과학 전문성의 수행을 탐구하는 것으로 이러한 재분석을 시작해 보려 한다.

3부
과학학의 실천적 응용

8장_대중 속의 전문가
대중과 과학적 권위의 관계

들어가며: 대중과 과학의 불화

많은 선진 산업국가들, 그중에서도 특히 영국에서 20세기 말과 21세기 초는 과학적 전문성에 대한 대중의 신뢰와 수용에서 반복된 갈등이 나타났던 시기였다. 굳이 포괄적인 목록을 만들려고 애쓸 것도 없이, 조금만 생각해 보면 현저하게 부각됐던 여러 쟁점들을 떠올려 볼 수 있다. 이러한 쟁점들에 대해 주류 과학계가 아무것도 걱정할 필요가 없다고 안심시키려 했음에도 불구하고 대중의 불안감은 가라앉지 않았다. 많은 점에서 MMR 백신은 이를 가장 분명히 보여 준 사례였다. MMR 백신은 홍역(measles), 볼거리(mumps), 풍진(rubella)의 예방을 위해 어린아이들에게 접종하는 혼합 백신인데, 예외적인 연구들과 몇몇 부모들의 증언은 이 백신과 아이들의 장 질환 감수성 사이에 드문 연관이 있을 수 있으며, (뒤이어 유해 병원체가 뇌로 전달됨에 따라) 자폐증과 연관이 있을 수도 있음을 시사했다. 2001년과 2002년 동안 주류 의학계 대부분은 그러한 소수 견해를 믿을 만한 이유가 없다는 데 의견을 같이했지만, 대중은 쉽사리

안심하는 태도를 보이지 않았다. 그 이유는 부분적으로 자폐증의 가능성이 너무나 두려운 나머지 부모들이 운에 맡기는 데서 아무런 이득을 찾을 수 없다고 생각했기 때문인 것으로 보였다. 예방접종이 그런 증상을 유발할 가능성이 아무리 낮다고 해도 말이다. 아울러 부분적으로는 MMR 접종이 경제성이라는 이유 때문에 강제되고 있다는 의심 때문이기도 했다. MMR은 접종해야 할 백신의 수를 3분의 1로 줄여 주었고, 그런 점에서 보건 서비스를 합리화하고 조화시키려는 정부의 의도에 잘 부합했다. 많은 부모들과 여타 논평가들 ― 가령 신문에 글을 기고하는 ― 은 공식 정책과 주류 과학자들의 안심 보증에 의심을 품었다. 걱정할 이유가 없다고 과학자들이 아무리 단호하게 얘기를 해도 대중의 회의적 태도는 사라지지 않는 듯 보였다.

그보다 3년 전에는 유전자 변형(genetically modified, GM) 작물과 식품의 안전성에 관해 비슷한 쟁점들이 나타났다. 여기서도 정부 자문 위원, 과학자 공동체 내부 단체, 주요 규제 기구 들은 새로운 식품이 본질적으로 기존의 작물과 동일하며 소비자들에게 중대한 위험이 가해지는 일은 전혀 없을 거라는 입장을 취했다. 주류 과학자들은 새로운 작물이 미칠 환경적 영향에 대해서는 덜 낙관적이었다. 변화한 농장 관리 관행이 야생 생물에 미치는 영향과 작물에 도입된 유전자의 확산에 관해 생각해 볼 수 있는 몇몇 문제들이 존재했고, 이는 모두 추가적인 조사를 필요로 했다. 그러나 GM 식품에서 소비자들에 대한 직접적 위험이 있을 수 있다고 주장하는 반대 목소리가 다시 한 번 간간이 터져 나왔다. 상품 구매자들은 이러한 우려를 심각하게 받아들이는 듯 보였고, 영국에서 손꼽히는 슈퍼마켓 업체들은 모두 앞다투어 GM 식품을 진열대에서 빼 버렸다. 이러한 두 가지 주된 우려들은 그보다 10년 앞서 '광우병'(좀 더 정확한 명칭은 소해면상뇌증bovine spongiform encephalopathy, BSE이다)과 연관해 제기되었던 우려들을 뒤따른 것이었다. 여기서도 정부의 과학 자문 위원들은 소비자들이 해를 입을 수 있다는 증거가 존재하지 않는다는 조언을 여러 해 동안 되풀이했다. 그러나 1990년대 중반에 공식적인 견해에서 갑작스러운 변화가 있었고, 오염된 고기를 섭취한 사람에게 소의 질병이 전염될 수 있다는 공식 성명이 나왔다. 어떤 종류의 쇠고기를 섭취할 수 있는지에 관한 새로운 규제 조치들이 빠른 속도로 도입되었고 유럽연합은 영국산 쇠고기에 대한 금수 조치를 시행했다. 영국의 가축 산업은 2001년에 오래 계속된 구제역 파동으로 더욱 타격을 받았는데, 여기서도 질병의 확산을 어떻게 통제할 것인가에 관한 과학적 조언은 대체로 미심쩍은 것으로 간주되었다. 엄청난 숫자의 동물들이 살처분되었고(이 모두가 인도적인 방식으로 이뤄진 것은 아니었다) 수많은 사체들을 거대한 더미로 쌓아 올려 불에 태웠는데, 이는 도덕적 동요와 이웃 지역 공동체에 대한 오염을 야기했다. 오염 문제가 특히 심각하게 부각된 것은 사체 더미를 태울 때 환경문제를 일으킬 수 있는 목재 보존제로 칠해진 낡은 철도 침목을 연료로 썼기 때문이었다.

　이처럼 잘 알려진 사례들은 수많은 중요한 쟁점들을 제기하고 있는데, 그중에서도 특히 정부에 대한 과학 자문과 시민들의 위험 인식에 관한 문제가 중요하다. 부분적으로 MMR 백신 사례가 자녀들이 직면한 위험에 대한 부모들의 해석에 달린 것이라면, '광우병' 사례는 정부 부처들이 어떻게 전문가 자문 위원을 선별하고 해석했는가 하는 질문을 던진다. 이러한 주제들은 9장과 11장에서 명시적으로 다뤄질 것이다. 이 지점에서 내가 가진 관심사는 전문가 주장에 대한 대중의 반응을 사회학적으로 이해해 보려는 것이다. 과학 지식에 대한 통상의 견해에 따르면 대중의 과학 이해(PUS)에 대해서는 상대적으로 거의 할 얘기가 없다. 문제의 사안을 가장 잘 알고 있는 것은 과학자 공동체이며, 가장 많은 주목을 받는 문제는 과학자 공동체의 권위에 대한 대중의 태도를 형성하는 요인들이 무엇인가가 될 것이다. 이 장의 남은 부분에서는 이 책의 1부와 2부에서 도입한 분석적 주장들을 이 사안에 적용해 대중과 전문성의 관계에 관해 이와는 반대되는 결론을 이끌어 낼 것이다.

대중의 과학 이해에 대한 평가와 측정

마치 MMR과 GMO 문제를 예견하기라도 한 것처럼, 대중의 과학 이해에 대한 학문적 관심이 현재와 가장 가까운 형태로 출현한 것은 1980년대 영국이라는 특정한 경제적·정치적 맥락 속에서였다. 당시 주류 과학계는 양 측면으로부터 압박을 받고 있었다. 마거릿 대처 수상 자신이 원래 과학자 출신이었음에도 불구하고, 이어지는 정부 내각들은 과학기술에 대해 과학자 공동체가 적절하다고 느끼는 것보다 적은 관심만을 기울이는 것처럼 보였다. 상업적 잠재력을 입증할 수 없는 과학 분야에 대해서는 분야를 막론하고 정부에서 거의 관심을 쏟지 않았다. 이와 동시에 정부는 상업적으로 가장 유용한 연구는 공공자금을 써서 지원해서는 안 된다고 느꼈다. 보수당 정부들이 자연과학에 대해 이데올로기적 반감을 가진 것은 아니었지만, 그들은 연구에서 무엇을 필요로 하는지를 기업들이 가장 잘 알고 있으며 따라서 기업 스스로가 연구의 비용을 대야 한다는 관점을 취하는 경향이 있었다. 과학자와 엔지니어 들은 연구 비용이 빠른 속도로 상승하고 있다는 주장을 계속해서 펼쳤지만, 정치인들은 과학에 대한 공적 지원을 늘려야 할 설득력 있는 이유가 있다고 보지 않았다.

과학자 공동체는 정치적 지원이 줄어들고 회계사들이 실험실을 장악하고 있다는 인상을 받고 깜짝 놀란 데 이어, 대중이 과학에 무관심하며 오히려 대중이나 시민사회에 영향을 주는 사안에 대한 과학적 조언을 의심하는 경향이 있다는 사실도 알게 되었다. 신문에 과학 기사보다 점성술 특집이 실리는 것을 보고 화가 난 과학자 공동체의 지도적 인사들은 공공 생활에서 과학 지식과 과학적 방법의 중요성을 다시 확인시키기 위한 혁신적이고 집중적인 노력이 필요하다고 느꼈다. 과학자 공동체가 보기에 가장 나쁜 일은 대중의 태도와 정부의 태도에서 나타나는 경향이 서로를 강화시킬 우려가 있다는 점이었다. 대중이 과학자 공동체의 편에서 발언하지 않는다면, 과학자들을 합당하게 존중하면서 연구 자금을 늘려 줄 정치인들을 얻기란 더욱 힘들 것이었다. 그리고 심지어 정부도 과학에 높은 우선순위를 두지 않는 것처럼 보인다면, 그로부터 대중이 어떤 교훈을 끌어내게 되겠는가? PUS라는 주제가 부상한 것은 이러한 상황 속에서였다.

같은 시기에 유럽과 북미의 기업가들은 대중의 기술 수용(public acceptance of technology, PAT)에 관심을 갖고 있었다. 이 주제 역시 본질적으로 비슷한 일단의 쟁점들을 주로 다루었다. 상업계의 대표들은 자신들이 (보건, 농업, 컴퓨터, 에너지 부문 등에서) 소비자와 경제에 이득을 줄 수 있는 새로운 기술을 갖고 있다고 주장했다. 그러나 그들은 사람들이 종종 불합리하고 이치에 닿지 않는 근거를 들어 이러한 혁신에 저항하고 있다고 생각했다. 과학 연구와 기술 혁신의 밀접한 관계를 감안하면 현실에서 —— 특히 '양식 2' 연구(7장 참조)의 사례로 손쉽게 간주될 수 있는 생명공학 같은 신흥 분야들에서 —— PUS와 PAT의 관심사는 상당 정도 서로 겹쳤다.

이러한 맥락에서 사회학 연구가 다루어야 할 핵심 쟁점들은 다음과 같은 것으로 여겨졌다. ① 대중이 과학기술에 대해 가진 지식/무지의 정도, ② 과학기술 관련 사안에 관해 대중과 의사소통을 하는 가장 효과적인 방법, ③ 대중이 과학에 관해, 또 과학기술과 가장 관련이 깊은 사안들에 관해 생각하는 방식. 이처럼 일견 간단해 보이는 측면에서 접근할 때에도 대중의 과학 이해에 대한 사회과학적 측정은 결코 쉽지 않다. 우선 대중의 과학 이해는 서로 다른 요소들로 구성돼 있다. 부분적으로 PUS는 대중이 **특정한 과학 명제들의 내용**에 관해 무엇을 알고 있는가의 문제이다. 가령 원자의 정의, 박테리아와 바이러스의 차이, 온실효과의 성격 등을 이해하는 대중이 몇 퍼센트나 되는지 알아내는 방식으로 사람들이 과학을 얼마나 많이 알고 있는지를 측정하려 할 수 있다. 당연한 일이지만, 많은 수의 사람들에게 광범위한 질문들을 던지는 조사는 어렵고 많은 비용이 든다. 다른 한편으로 사람들이 **과학의 본질** ── 여기서는 철학적·방법론적 쟁점으로 폭넓게 해석된다 ── 을 어떻게 이해하고 있는지에 관해 알아보려 할 수도 있다. 사람들은 과학자들이 왜 점성술을 거부하는지, 혹은 과학자들이 어떤 실천(가령 실험의 재연)을 과학적 방법의 핵심으로 여기는지를 알고 있는가? 마지막으로 사람들의 과학 이해는 과학에 대한 관심과 연결되어 있을 가능성이 높으므로 PUS를 측정하려는 시도는 대중이 지닌 **과학에 대한 태도**도 조사해 왔다.

사실 1980년대 이전에 대다수의 사회과학적 PUS 연구들은 과학에 대한 사람들의 태도에만 초점을 맞추어 왔다. 이후 사람들에게 과학에 관한 '퀴즈 문항'들을 던져서 대중이 과학의 내용에 대해 가진 지식을 알아보는 것이 가능할 거라는 주장이 제기되었다. 시범 연구를 통해 느슨한 방식으로 질문을 던지면 응답자들이 이러한 질문들에 답하는 것을 개의

치 않는 듯 보인다는 결과가 나왔다.

영국 대중을 상대로 과학 이해를 조사한 이러한 최초의 설문 결과는 언론을 통해 널리 보도되었다(Durant et al., 1989를 보라). 표면적으로 보면 이 연구는 과학의 아주 일상적인 부분에 대해서도 깜짝 놀랄 만큼 낮은 지식 수준을 보여 주는 듯했다. 유명세를 탄 어떤 헤드라인 기사는 지구가 태양 주위를 1년 주기로 돈다는 사실을 알고 있는 사람이 세 명 중 한 명꼴밖에 안 된다고 보도했다. 위안을 찾는 사람들에게는 평균 점수를 보라는 충고가 주어졌다. 평균 점수는 이처럼 충격적인 소식으로부터 미뤄 짐작할 수 있는 것보다는 더 나았다(20점 만점에 11.5점). 그러나 문제들 중 일부는 다른 문제들보다 훨씬 더 쉬웠기 때문에 몇몇 문제들이 압도적으로 높은 정답률을 보인 것은 별로 놀랄 일이 못 되었음을 지적해 둘 필요가 있다. 또한 문제의 난이도에 상당한 편차가 있는 상황에서 각각의 문제에 동일한 점수를 할당한 것은 오해를 낳을 소지가 있다. 눈에 띄는 긍정적 결과 중 하나는 자녀가 유전 질환을 물려받을 가능성과 관련된 확률을 묻는 질문에서 응답자들이 높은 점수를 얻었다는 것이었다. 일반인들은 확률의 원리에 대해 정통하지 못하다는 널리 퍼진 가정에도 불구하고 말이다.

동일한 조사에는 과학에 대한 대중의 관심 정도를 묻는 질문과 서로 다른 분야들의 지위를 가늠해 보라는 질문들도 있었다. 존 듀랜트 등은 이렇게 썼다.

거의 모든 사람들에게 의학 연구는 과학에서 가장 흥미를 자아내는 분야이다. 그러나 과학적 사안에 대해 알고 있는 정도가 미약한 사람들에게 의학은 진정으로 지배적인 위치를 점하는 것처럼 보인다. 의학은 단지 좀 더 흥미를 자아내는 분야가 아니라 다른 어떤 분야보다 더 과학적인 분야로 간주된다. 많은 응답자들은 의료 과학에 대해 알고 있는 내용에 비추어 과학 전체를 인식하는 것처럼 보였다. (Durant et al., 1992: 171)

다시 말해 평균적으로 볼 때 의학은 가장 흥미로울 뿐 아니라 가장 과학적인 분야이기도 한 것으로 간주된다는 것이다. 프랑스에서 수행된 설문조사는 의학 연구가 일종의 모범으로서의 지위를 누리고 있다는 이 같은 결과를 확인해 주는 듯 보였다. 듀랜트와 동료 저자들은 이것이 대중의 과학 인식 전반에 대해 중요한 함의를 가질 수 있다고 주장했다. 먼저 의학 연구는 — 적어도 원칙에 있어서는 — 분명 공공선을 목표로 하고 있다. 아픈 사람들을 고치겠다는 이상을 적어도 배경에 깔고 있지 않은 의료 과학은 아무런 의미도 없다. 이런 점에서 의학은 윤리적으로 좀 더 중립에 가까운 천문학이나 식물학, 그리고 때때로 공공선에 역행하는 것으로 여겨질 수 있는 다른 형태의 연구들(핵에너지 연구 같은)과 다르다. 이런 식으로 의학에 대한 지배적인 입장은 과학에 대한 대중의 태도 전반을 그렇지 않았을 때보다 좀 더 호의적인 견해로 편향시킬 수 있다. 그러나 이와 동시에 의학이 응용 형태의 지식이라는 사실은 대중의 뇌리 속에 과학에 대한 실용주의적 견해를 부추기는 경향이 있다. 설문 결과에 대한 듀랜트 등의 해석에 따르면, 반수를 훨씬 넘는 사람들이 과학에 대해 실용주의적인 견해를 갖고 있고, 기초 지식의 확장 그 자체에 높은 가치를 두는 경향을 가진 사람들은 과학에 대해 가장 정통한 지식을 가진 소수에 불과하다.

이러한 설문조사 결과가 관심을 끌긴 했지만, 여기에는 불가피한 한

계도 존재한다. 예를 들어 물어볼 수 있는 퀴즈 문항의 수에 제약이 있고 (처음 이뤄진 영국의 연구에서는 23문항, 뒤이은 유럽 차원의 연구에서는 겨우 12문항), 더 어려운 문제들은 통계적으로 의미가 없을 정도로 정답률이 떨어진다는 이유로 배제되었다는 사실을 감안해 보면, 설문 결과를 이용해 대중이 정말 무엇을 알고 있는지에 대해 많은 것을 알아내기는 어렵다. 어쨌든 설문조사는 퀴즈로 제시된 것이고, 질문들은 아무런 맥락 없이 주어졌다. 펍 퀴즈(pub quiz)[1]에서 좋은 성적을 내는 사람이 지역의 술집에서 보여 준 지식을 반드시 가장 잘 응용하는 것은 아니다. 방법에서의 이러한 한계 중 일부가 갖는 함의는 다음과 같은 사실에서 잘 드러난다. 미국에서 이뤄진 조사에서는 과학적 방법의 특징에 관한 설문에 대해 응답자의 14퍼센트 정도만이 실험의 핵심적 역할을 언급했다. 그러나 적절한 예시를 이용해 비슷한 질문을 던지자 실험이 과학적 절차에서 핵심이라고 응답한 사람의 비율은 56퍼센트까지 올라갔다(Wynne, 1995: 367). 따라서 실험의 중요성을 인식한 대중의 비율이 '겨우 14퍼센트'인지, 아니면 '반수를 훨씬 넘는 숫자'인지를 말하기는 쉽지 않다. 그에 대한 답은 질문을 어떤 식으로 던지느냐에 결정적으로 달려 있다.

  대중의 과학 이해를 평가하는 데 있어 설문조사 방법이 갖는 이러한 한계들을 인정한다 하더라도, 이 연구에서 끌어낼 수 있는 유용한 결론들은 여전히 존재한다. 먼저 흥미로운 점은, 이러한 종류의 측정법을 이용하는 경우에도 과학적 혁신에 대한 대중의 수용이나 과학에 대한 낙관적 태도가 자동적으로 대중이 지닌 과학 지식과 연관되는 것이 아님을 볼 수 있다는 사실이다. 다시 말해 사회에서 과학적 '소양'이 가장 높은 사람

---

1) 술집이나 바에서 정기적으로 열리는 퀴즈 게임으로 영국에서 특히 성행하고 있다. — 옮긴이

들이나 과학적 '소양'이 가장 높은 국가들이 과학을 가장 우러러보지는 않는다는 것이다(Evans and Durant, 1995를 보라). 단순화된 대중의 기술 수용 관념과는 정반대로, 대중이 과학에 대해 더 많은 지식을 갖추도록 장려하기만 하면 그들이 과학적 권위를 자동적으로 받아들이게 되는 것은 아니다. 과학에 대해 아는 것이 많은 시민들은 과학 전문성을 식별할 수 있는 능력을 갖춘 '소비자'가 될 수 있는 것처럼 보인다.

과학에 대한 대중의 무지인가, 과학자들의 믿음에 대한 대중의 이견 표출인가?

대중의 과학 이해와 과학적 권위에 대한 존중 사이의 연결이라는 핵심 질문을 좀 더 숙고해 보면 설문조사 방법이 이 문제를 틀 짓는 방식에 내재한 결정적인 문제 중 하나가 이내 드러난다. 퀴즈 형식은 옳은 편에 서 있는 것이 과학자들이며, 문제가 되는 것은 대중이 과학적 믿음으로 표상되는 옳은 답을 얼마나 '알고' 있는가뿐이라고 필연적으로 가정하게 된다. 이 쟁점은 PUS와 연관된 사회과학계 내에서 상당한 논쟁을 일으킨 구심점 역할을 해왔다.

설문조사 접근법을 비판하는 사람들은 이 방법론의 초점이 온통 대중의 지식이 얼마나 모자라는가에만 맞춰져 있다고 주장해 왔다. 이후 그러한 관심에는 대중의 과학 이해의 '결핍 모델'(deficit model)이라는 이름이 붙여졌다. 많은 논평가들은 이러한 결핍 모델을 거부하고자 했다. 이 모델은 대중적으로 중요한 과학이 불확실하거나 애매모호할 수 있는 정도(가령 핵 시설의 안전성에 관한 기성 체제의 관점이나 식단에 대한 공식적 조언)를 무시할 뿐 아니라, 대중이 과학에 이견을 보이는 경우는 모두 무지 때문이라고 암시하고 있기 때문이다.

　몇몇 퀴즈 문항들을 살펴보면 이러한 가정들이 얼마나 의심스러운 것인지 알 수 있다. 예를 들어 설문조사 문항 중 하나는 '천연 비타민이 실험실에서 만든 비타민보다 몸에 좋다'가 참인지 거짓인지를 물었다. 영국에서 설문 응답자의 반수 이상(거의 70퍼센트)은 이것이 참이라고 답하는 오답을 썼다. 화학에서의 가르침에 따르면 비타민 분자는 그것이 어떻게 만들어졌는지와 무관하게 실질적으로 동일하다. 여기서 대중이 저지른 오류는 전자가 원자보다 작은지 여부를 묻는 문항에 대한 답과 비교해 보면 시사하는 바가 크다. 이 문항에 대해서는 응답자의 31퍼센트만이 정답을 맞혔다. 사람들이 전자가 원자보다 큰 대안적인 원자 구조 이론을 가졌을 가능성은 희박해 보인다. 사실 이 문항에 답하는 것에 사람들이 그리 큰 의미를 두지 않았다는 사실은 응답자의 45퍼센트 이상이 어느 쪽이 큰지를 모른다고 답했다는 데 잘 반영되어 있을 터이다. 반면에 비타민 문항에 틀린 답을 한 많은 응답자들은 천연 비타민이 뭔가 다른 점이 있으며 건강에 더 좋을 가능성이 있다고 적극적으로 믿었을 가능성이 있다. 이런 의미에서 보면, 그들은 비타민에 대해 무지했다기보다는 과학적 관점과 의견을 달리했거나 그것을 의심하는 태도를 보였다고 말하는 것이 좀 더 정확할 것이다. 다른 문항에 대해서도 비슷한 점을 지적할 수 있다. 가령 미국에서 응답자의 41퍼센트 정도는 '오늘날의 현생 인류는 이전에 살았던 동물 종에서 발달해 나왔다'라는 명제가 틀렸다고 답했다. 이러한 응답자의 숫자에는 과학자들이 어떤 생각을 하는지를 잘 알고 있는 많은 사람들도 포함되었을 가능성이 높다. 그들은 단지 과학자들의 생각을 거부하는 것뿐이다.

　이 말은 반다윈주의적 견해나 비타민에 대한 '뉴에이지' 관점을 옹호하겠다는 뜻이 결코 아니다. 사람들이 그냥 모르는 과학의 일부분과 사람들이 거부하는 쪽을 택한(그 이유가 편견에 따른 것이든, 아니면 다른 좋은 이유가 있든 간에) 과학의 일부분 사이에는 사회학적으로 중요한 차이가 있다는 사실을 지적하고자 한 것이다. 특히 환경과 보건 분야에서 대중 구성원들은 가령 과거에 과학적 조언이 틀린 것으로 밝혀진 적이 있었으며(살충제의 안전성이나 오존층 파괴 물질로 밝혀진 염화불화탄소CFCs의 무해성 등에 관한 초기의 가정들이 나중에 철회된 것처럼), 미래에는 '인공' 비타민이 천연 비타민과 어떤 식으로든 생물학적으로 구분 가능한 것으로 밝혀질 수 있다고 주장할지 모른다.

설문지와 퀴즈 연구를 옹호하는 사람들은 사람들의 지식에 결핍된 부분을 조사해서 할 수 있는 얘기가 여전히 남아 있다고 주장한다. 그들은 과학자들이 강하게 동의하고 있는 많은 과학 영역들이 존재하며, 이러한 영역에 대해서는 모든 과학 지식이 갖는 잠정적 성격에 관한 심오한 논점들에도 불구하고 과학자들이 자신의 견해를 변화시킬 가능성은 낮다고 주장한다. 그들은 대중이 그러한 문제들에 무지한지 여부를 알아내고 대중이 좀 더 잘 알 수 있도록 장려하는 방법을 탐구하는 것은 공공적 중요성을 갖는 문제라고 주장한다.

이런 식의 논증은 '학술적'인 방향으로 빠질 위험이 있으므로 핵심 질문을 다시 정의해 보자면, 일반인들이 퀴즈 문항들의 정답을 맞히는 데 반영되어 있을 가능성이 높은 유형의 과학 지식을 갖추는 것이 과연 중요한지, 중요하다면 어떤 식으로 중요한지 하는 것이다. 연관된 주제를 다룬 다른 연구에 따르면 사람들은 PUS 설문조사 연구에서 암시하는 것보다 지식을 수용하고 걸러내는 일에 좀 더 적극적인 태도를 보인다. 이를 잘 보여 주는 생생한 사례를 핵 발전의 안전성에 관한 믿음에 있어 북

응답자의 자기 정체성[2]	영국인	얼스터인	북아일랜드인	아일랜드인
핵 발전이 위험하다고 보는 비율	55%	63%	59%	77%

표 8-1 민족적 정체성과 핵 발전의 위험성에 대한 인식

아일랜드의 가톨릭교도와 개신교도가 보이는 차이에서 엿볼 수 있다. 이는 영국사회성향(British Social Attitudes) 설문조사에 대한 응답에서 드러났다(Yearley, 1995를 보라). (배경과 무관하게 핵 발전에 대해 상대적으로 낙관적인 태도를 보이는) 사회경제 계층 1[즉 고위 관리직과 전문직 ― 옮긴이]에 속한 사람들을 제외하면, 그 외 모든 사회계층의 52~65퍼센트는 핵 발전이 환경에 극히 위험 내지 매우 위험한 것으로 간주했다. 남성(60퍼센트)과 여성(61퍼센트)은 인식에서 별 차이를 보이지 않았다. 좀 더 양극화된 모습을 보이는 변수는 종교-정치 변수였는데, 가톨릭의 72퍼센트, '기타'(즉, 가톨릭도 개신교도 아닌 경우)의 64퍼센트가 핵 발전이 위험하다고 본 반면, 개신교는 53퍼센트만이 그렇다고 답했다. 좀 더 자세히 살펴보면 이는 종교적 신념의 문제라기보다는 정치적 내지 민족적 문제에 가까운 듯 보인다. 핵 발전이 위험하다고 답한 사람들의 비율을 응답

---

[2] 북아일랜드의 논쟁적 맥락 속에서 정치적 정체성에 붙은 이름들은 무거운 의미를 함축하고 있다. '아일랜드인'(Irish)이 대체로 아일랜드의 정체성을 선호하는 입장이라면, '영국인'(British)은 북아일랜드와 그레이트브리튼섬의 통합을 선호하는 입장이다. '얼스터인'[Ulster, 아일랜드의 옛 이름 ― 옮긴이]을 고르는 사람은 대체로 북아일랜드의 특색을 강조하는(따라서 아일랜드의 단일성에 반대하는) 입장이고, '북아일랜드인'(Northern Irish)이라는 꼬리표는 중립적인 용어에 좀 더 가깝다. 그러나 아일랜드 민족주의자들은 종종 '북아일랜드인'이라는 용어를 거부하고 아일랜드 북부인(north Irish)이라는 표현을 쓰는데, 전자는 그들이 거부하는 정치적 실체로서의 명칭을 암시하기 때문이다.

자가 밝힌 민족적 정체성에 따라 나눠 보면 〈표 8-1〉과 같은 수치를 얻게 되기 때문이다(Yearley, 1995: 132). 다시 말해 입수 가능한 '정체성' 꼬리표를 가장 친영국적인 것에서 가장 덜 그런 것 순서로 늘어놓아 보면, 핵발전의 안전성이라는 일견 기술적인 사안에 관한 견해가 대략 그 꼬리표의 '영국성'(British-ness)에 따라 변화하는 것처럼 보인다는 말이다.

사람들에게 만약 분쟁이 발생할 경우 영국 정부 편을 들겠느냐, 아일랜드 정부 편을 들겠느냐고 물어본 결과에 따라 나누자 분할은 좀 더 극명해졌다. 여기서 핵 발전이 위험하다고 답한 사람들의 비율은 각각 54퍼센트와 80퍼센트였다. 이 사례에서 민족주의자들이 표출한 반감은 핵산업을 관장하고 규제하는 국가에 대한 불신에 의해 더욱 부추겨지고 있는 것처럼 보인다.[3] 그러나 PUS와 관련해 얻을 수 있는 주된 결론은 북아일랜드 시민들이 핵 발전을 위험한 것으로 간주하느냐 여부를 말해 주는 가장 좋은 지표가 그들의 성별도, 사회계층적 지위도, 심지어 그들이 받은 교육의 양도 아닌, 그들의 정치적 성향이었다는 것이다.

대중과 과학의 관계에서 신뢰

설문조사에서의 퀴즈 문항들은 맥락이 빠져 있는 과학에 관한 질문을 던진다. 그러나 일상적 상황에서 사람들은 과학 정보를 맥락에 민감한 방식으로 사용해야 한다. 그리고 과학 지식의 맥락적 평가에서는 신뢰가 핵심

---

3) 아일랜드공화국 정부는 1970년대에 잠시 핵에너지에 이끌린 적이 있긴 했지만, 핵 프로그램을 추진한 적은 한 번도 없었고 최근에 들어서는 전형적인 반핵 입장을 취해 왔다. 아일랜드 정부는 영국 서부 해안에 위치한 핵 발전소들에서 나오는 배출물과 아일랜드해의 오염에 관해 우려를 표명하고 있다. 북아일랜드에도 핵 발전소는 한 기도 없다.

이다. 무엇보다도 중요한 문제는 사람들이 과학적 전문성을 순수한 맥락에서, 즉 귀속된 이해관계나 여타의 배경 기대로부터 자유로운 상태에서 경험하지 않는다는 것이다. 사람들은 어떤 목적을 지닌 과학 정보를 받는 것을 흔히 경험한다. 그러한 과학 정보는 가령 어떤 세제가 다른 세제보다 더 낫다거나, 육류는 완벽한 식단을 위해 꼭 필요한 재료라거나(혹은 그렇지 않다거나), 핵 발전은 국가 에너지 전략에서 안전하고 믿을 수 있는 요소라는 것을 그들에게 설득하려는 목적을 담고 있다. 전문성이 전문가들(혹은 전문가를 고용한 사람들)의 실천적 의제와 연관되는 일이 너무나 잦기 때문에, 사람들은 이런 정보를 평가할 때 그것을 배포하는 조직에 관한 시각과 그들이 파악해 냈다고 믿는 정보의 궁극적 목적에 비추어 평가를 내린다. 그뿐 아니라 식단, 환경, 그 외 주제의 대중 논쟁들을 둘러싼 과학적 조언 자체가 양극화되는 일이 너무나 잦기 때문에, 과학 지식은 불편부당한 것이 아니라 정치화된 것이라는 인식이 점차 과학 지식의 (이른바) 자연스러운 상태로 받아들여지고 있다.

순수하고 불편부당한 탐구가 과학 연구의 모범적인 모델로 항상 떠받들어져 오긴 했지만, 대중 구성원들이 일상적으로 접해야 하는 과학은 상업적 부문에서 나온 것일 가능성이 높다. 이에 따라 과학적 이해가 대중에게 순조롭게 확산될 수 있고 과학자들의 주장은 불편부당한 탐구에 기반한 것이기 때문에 대중이 쉽게 수용할 수 있다는 일견 무해한 듯 보이는 발상은 대중의 눈을 속여도 된다는 허가장 비슷한 것으로 매우 손쉽게 전도될 수 있다. 모든 과학적 주장이 불편부당한 것은 아니라면, 과학의 '확산'이 어떤 미심쩍은 주장에 정당성을 부여해 주는 결과를 초래할 위험은 분명히 존재한다.

대중의 과학 이해를 강조하는 주류 견해에 대한 이러한 유보적 태도가 그동안 무시되었던 것은 분명 아니다. 이러한 태도가 가장 심각하게 받아들여진 것은 아마도 위험에 대한 대중의 우려와 관련된 문제일 것이다(이 책의 다음 장도 보라). 새로운 기술의 위험이든 자연재해의 위험이든 간에 위험에 대한 평가는 오랫동안 과학 커뮤니케이션의 쟁점 가운데 하나였다. 위험 커뮤니케이션 분야에서 대중은 불공평하고 편향된 주장을 제거하는 데 강한 관심을 갖고 있음이 분명하다. 그러나 위험이나 재해에 관한 정보원(源)에 대한 신뢰가 대중의 반응을 이해하는 데 중요하다는 점을 일단 인정하고 난 후, 정책 결정자나 정책 분석 학자들이 취했던 전형적인 조치는 '신뢰'라는 현상을 다양한 구성 요소들로 나누어 분석하려 시도한 것이었다.

예를 들어 심리학자들은 사람들이 다양한 정보원들의 신뢰성 ─ 가령 해당 기구가 얼마나 전문성을 갖고 있으며 얼마나 공익 지향적인지에 관해 ─ 을 판단할 때 사용하는 것처럼 보이는 절차를 모델링하려 시도할 수 있다. 혹은 대중이 서로 다른 유형의 조직이나 서로 다른 커뮤니케이션 매체에 얼마만큼의 신용을 부여하는지를 볼 수도 있다. 이러한 활동을 이끌었던 가정은 그 결과로 나온 정보를 활용해 과학 단체들의 신용을 높이고 그들의 주장이 (비합리적인) 거부를 당할 가능성을 낮출 수 있다는 것이었다. 이와 아주 흡사한 방식으로, 신뢰와 신용에 관한 주장이 대중의 과학 이해와 관련해 제기되었을 때 과학자 공동체의 전형적인 반응은 대중의 과학 이해에 대한 관심을 과학에 대한 대중의 신뢰에 영향을 미치는 요인들에 대한 연구로 보완하는 것이었다. 다시 말해 자신들이 지닌 과학적 관점이 옳다는 사실을 확신한 과학 커뮤니케이터들은 대중의 신뢰를 일종의 왜곡 요인이자 극복해야 할 문제로 간주했다. 그들은 과학이 보내는 신호가 불신이라는 잡음에 의해 방해를 받지 않도록 하는 접근법을 찾는 것을 목표로 했다.

그러나 이러한 대응에는 실천적·지적 측면 모두에서 두 가지 결점이 있다. 첫째, 이러한 대응은 전문가 지식을 전문성이 없는 청중에게 전달할 때만 신뢰가 문제가 된다고 가정하는 경향이 있다. 그러나 이는 신뢰가 과학 활동 그 자체에서도 핵심을 이룬다는 사실을 깨닫지 못한 소치이다. 과학 연구는 자동인형(automata)이 아니라 과학자 공동체에 몸담고 있는 참여자에 의해 수행된다. 7장 말미에서 지적한 것처럼, 최근 '에든버러 학파'의 과학 분석가인 섀핀은 17~18세기 잉글랜드에서 근대과학의 핵심 제도들이 수립된 것은 새롭게 강화된 신뢰와 예의(civility)의 관행에 결정적으로 의존했다는 주장을 펼쳤다(Shapin, 1994: 65~125). 과학자들이 오랜 훈련 기간을 통해 배우는 정교하고 익명적인 동료 심사 메커니즘과 공식적 방법 들에도 불구하고, 과학자의 삶은 신뢰에 의지한다. 특히 과학자들은 일상적인 '정상'과학에서든 논쟁 상황에서든 간에, 모든 주장의 모든 세부 사항을 독립적으로 확인해 볼 수는 없다. 2장과 3장에서 논의한 것처럼, 새로운 지식 창출의 최전선에서는 어떤 요인들이 영향력을 가질지에 관해 어느 누구도 완전하게 알지 못할 수 있다. 측정은 종종 장치의 감도를 벗어나는 범위에서 이뤄지거나 컴퓨터 성능의 한계에 근접해서 이뤄지기 때문에 장비 배치에서의 작은 차이가 엄청나게 큰 파급효과를 미칠 수 있다. 정상적인 조건하에서는 이 모든 것들이 신뢰에 기반해 이뤄진다. 그러나 논쟁 상황이 되면 신뢰에 기반하고 있는 이러한 쟁점들 각각이 의심을 받게 될 수 있다. 오랫동안 받아들여져 온 가정들에 의문이 제기되고, 다른 과학자들과 심지어 동료 심사 시스템 그 자체의 신뢰성도 의심의 대상이 될 수 있다. 2장 끝부분에서 살펴본 오늘날의 중력파 물리학자들의 사례를 돌이켜 보면, 한 연구 그룹의 과학자들은 서로 협력하기로 한 연구자들에게 데이터를 넘겨주기 전에 날짜와 시간을 알려 주는 표식을 의도적으로 제거하는 극단적인 조치를 취했다. 두 연구팀의 데이터가 서로 일치한다는 발표를 할 권한을 계속 갖고 있으려 했기 때문이다. 일단 신뢰에 의문이 제기되면, 불신의 가능성은 기하급수적으로 팽창하기 시작한다.

신뢰성에 관한 판단이 과학의 실천에서 핵심을 이룬다는 사실을 감안하면, 대중이 과학 지식 주장을 획득하고 평가하는 과정에서 그러한 판단을 제거할 수 있을 것으로 기대하기는 어렵다. 신뢰는 과학 지식의 창출과 전달에서 필수불가결한 구성 요소이다. 이는 과학의 일반인 청중에게만 국한되어 기술적 조작을 통해 '고신뢰' 상태를 촉진할 수 있는 그런 특징이 아니다.

두 번째 결점은 신뢰와 신용이 개인 혹은 단체에 고정된 성질이 아니라는 것이다. 신뢰와 신용은 상호작용과 협상의 결과물이다. 이는 최근 여러 편의 PUS 질적 연구에서 도출된 핵심 논점이다. 그러한 연구들 중 잘 알려진 것으로 1986년 체르노빌 낙진이 떨어진 이후 제공된 과학적 조언에 영국 컴브리아 지방의 목양농들이 어떻게 반응했는지를 다룬 브라이언 윈의 연구가 있다(Wynne, 1995). 우크라이나에서 날아온 낙진 구름이 영국 상공을 지나간 후에 방사능 오염이 감지되자, 가축의 판매에 대한 포괄적인 제한 조치가 일시적으로 발효되었다. 그러나 정부 측 과학자들이 문제를 제대로 이해하고 있다는 초기의 확신은 검역 기간이 계속해서 연장됨에 따라 점차 수그러들었고, 대중은 과학자들에 대해 회의적인 태도를 보이게 되었다. 윈의 분석에 따르면, 농부들이 일상적인 과학 활동에 깃든 혼란을 접하고, 방사능 수치가 서로 조금 떨어진 곳에서도 얼마나 달라질 수 있는지, 또 배경 방사능에 대해 안정된 수치를 얻는 것이 얼마나 힘든지를 알게 되면서, 농부들은 과학 지식에 대한 종전의 관념을 수정하게 되었다. 이러한 변화는 그가 살아 있는 양의 모니터링과 관련해 들려주는 얘기에 잘 포착돼 있다. 한 농부의 경험담에 따르면, 수백 마리의 양을 표본으로 삼아 방사능 측정을 했을 때 열 마리가 조금 넘는 양들이 검사에 합격하지 못했다. 불합격한 양들은 시장에 내놓기에는 오염 정도가 너무 높게 나왔다. 이 농부의 말을 옮겨 보면, 모니터링을 맡은 과학자가 "'그럼 다시 한 번 해보죠'라면서 측정을 다시 하니까 불합격한 양이 세 마리로 줄었"다(Wynne, 1992a: 293). 모니터링 장치는 양의 꽁무니에 대고 측정을 해야 했는데, 농부의 말을 빌리면 양들이 "엉덩이를 조금씩 들썩거리기" 때문에 일관된 수치를 반복해서 얻어 내기가 어려웠다. 이 농부는 나중에 오염에 관한 사실로 굳어진 것이 처음에는 어지럽고 불확실한 작업으로 시작했다는 사실을 이해할 수 있었다. 이 농부에게는 다른 공식적 데이터 기록이 지녔던 신비와 권위 역시 증발하기 시작했다. 윈에 따르면 전문가 견해가 지닌 신용은 농부가 과학자들의 일상적 실천을 경험하는 과정을 통해 수정되고 재협상되었다.

  전체적으로 보면 대중의 과학 이해의 사례연구들에서 얻어진 이러한 통찰들은 두 가지 주된 결론을 밝혀 준다. 첫째, 이로부터 과학 지식의 전달을 위한 단일한 공식 따위는 없음을 알 수 있다. 어떻게 보면 전문가들의 신용은 언제나 지속적으로 협상되고 평가되고 있다. 하나의 사회적 맥락에서 전문성을 활용하는 수단들은 다른 맥락에서는 작동하지 않을 수 있다. 그 이유는 전문성에 대한 대중의 신뢰가 (아마도 **가장 중요한**) PUS의 중심 주제이며, 신뢰는 기계적 절차로 손쉽게 환원할 수 없기 때문이다. 둘째(이자 좀 더 근본적인 것으로), 대중의 과학 이해를 일방통행으로 간주하는 것은 정확한 것도 아니며 적절치도 않다. 예를 들어 핵의 안전성에 관한 대중의 지속적인 근심은 이를 우려하는 과학자들의 연구와 결합해 방사능 오염이 집중될 수 있는 미묘한 생물학적 경로들에 좀 더 주목하도록 하는 결과를 낳았다(Wynne, 1992a: 290~295). 이와 유사하게 어떤 질병이나 이상에 대해 내부자로서의 지식을 가진 환자 집단은 자신들의 증상을 어떻게 관리해야 하는지를 — 특히 다양하고 예측 불가능한 일상적 가족 생활의 요구에 비추어 이를 어떻게 관리해야 하는지를 — 이해하는 데 기여해 왔다(Lambert and Rose, 1996). 이러한 방식으로 일반 대중은 새로운 지식의 생성과 낡은 과학적 믿음의 전복에 능동적인 참여자가 될 수 있다. 과학 전문성과 대중의 관계는 기성 과학 체제에서 나오고 있는 '대중 이해 증진'에 대한 요구에서 흔히 인정되는 것보다 훨씬 더 복잡하다.

'대중의 과학 이해'에 대한 과학학의 관점

PUS 연구의 주류 전통과는 달리, 나는 과학학의 관점이 대중의 과학 이해와 과학 전문성에 대해 세 가지 핵심적인 통찰을 가져다줄 수 있다고 생각한다. 첫째, 대중의 과학 이해는 대중이 과학의 일부분을 이해하고 있는가 하는 문제가 아니라, 자신이 상대해야 하는 과학의 제도들을 대중이 어떻게 평가하는가의 문제이다. 다양한 사례연구들 — 컴브리아 목양농을 포함해서 — 을 보면, 전문가로 인증을 받지 않은 사람들이 긴급한 기술적 사안의 복잡한 세부 사항에 대해 놀라운 속도로 학습하는 능력을 보여 준 사례들을 되풀이해 확인할 수 있다. 앨런 어윈 등은 위해성이 잠재해 있는 화학 공장들과 유사 공장들 인근에 거주하는 주민들의 사례를 연구해 다음과 같이 결론 내렸다(Irwin et al., 1996). 수많은 주민들이 공장의 상업적 성공에 분명 이해관계를 갖고 있긴 했지만(그들 자신이나 친척들이 그곳에 일자리를 갖고 있거나 공장 직원들을 상대로 하는 사업이 번창하고 있어서), 동시에 그들은 공장이 자신들의 건강에 해를 최대한 적게 미치면서 운영될 수 있도록 하는 데에도 이해관계를 갖고 있었다는 것이다. 반면 공장 경영진은 흔히 그와는 상반되는 이해득실을 갖고 있었고, 안전에 대한 투자의 비용과 이득을 다른 식으로 판단했다. 회사의 정보에 완전하게 접근할 수 있고 안전 관련 지식을 다루는 일을 전업적으로 하는 기술 직원들은 다름 아닌 회사에 고용된 사람들이다. 따라서 현실적으로 볼 때 과학기술 쟁점에 대중이 어떤 반응을 보이는가의 문제는 '이해'라는 단어와 통상 관련되는 방식으로 사고할 수 없었다. 대중 구성원들이 공장의 안전 관리 체계의 과학적 세부 사항을 평가할 때, 그들은 자신들에게 주어졌거나 얻을 수 있었던 기술 정보에 대한 이해뿐 아니라 기술 직원들의 신뢰성이나 태도에 대한 평가에 비추어 판단을 내렸다. 이와 같은 연구에 기반해, 우리는 과학이 대중에게 가장 중요하게 부각되는 사례들에서 PUS는 대중이 과학의 일부분을 이해하고 있는가의 문제라기보다는 자신들이 직면한 과학의 제도들을 대중이 어떻게 평가하느냐의 문제라고 주장할 수 있다. 과학자들이나 과학 제도에 대한 신뢰는 전문성에 대한 평가에서 핵심을 이루는 것으로 드러났다.

두 번째 명제는 대중이 통상 자기 나름의 지식들도 갖고 있다는 것이다. 이러한 지식들은 당면 현안에 대한 전문가의 생각을 보완하거나 그와 경합하는 관계를 이룰 수 있다. 사람들은 국지적 지식이나 개인적 '자격' 덕분에 전문성을 갖게 될 수 있다. 일견 사소해 보일지 모르지만, 환자들은 자신의 몸에 대해 일종의 전문성을 갖고 있고 통증과 같은 요인들에 대해 어떤 특별한 지식을 가질 수 있음이 분명하다. 어떤 의미에서 그들은 의사들과 어깨를 나란히 하는 전문가이다. 그러나 이는 사람들이 자신들만의 지각 경험 덕분에 전문가가 되는 그런 경우에 한정되지 않는다. 이는 잉글랜드 북부의 산업도시인 셰필드의 컴퓨터화된 대기오염 모델을 대중이 어떻게 이해했는가에 관한 최근의 연구 결과에서 볼 수 있다(Yearley, 1999a를 보라). 이 모델이 PUS 분석가들에게 흥미로웠던 이유는 시뮬레이션이 지역 관할 내에서 시나리오 작성과 계획 과정에 도움을 줌과 동시에 대기 질의 상황에 관한 조언을 대중에게 제공하려는 의도를 담고 있었기 때문이다. 그러나 이후 드러난 바에 따르면, 여러 가지 이유로 인해 지역 주민들은 이 모델과 그것이 내놓은 예측에 거의 주목하지 않았다.

이처럼 이 모델이 무시된 이유 중 하나는 사람들이 그들 자신의 전문성을 통해 얻어 낸 결론과 모델의 예측이 들어맞지 않는다고 느꼈기 때문이었다. 예를 들어 자전거 이용자들과 교통 운동가들은 도로상의 오염이 이 모델에서 제시하는 것보다 훨씬 더 가변적이라고 주장했다. 그들은 자신들의 경험을 토대로, 특정한 (낡은) 엔진을 달고 있는 버스 주변에 오염이 집중되며 따라서 버스 노선과 특히 버스 정류장 주위에서 가장 심한 경향이 있다고 주장했다(Yearley, 2000: 115~116). 아이러니한 것은 이러한 종류의 지각 전문성을 워크스테이션에서 작동하는 모델을 관리하는 시의회 직원도 인정했다는 점이다. 그는 모델의 예측에 대해 잘 알고 있었고, 개인적으로 이곳저곳 돌아다니면서 도시 위에 오염의 정도를 지도로 그려 볼 수 있었다. 그는 간선도로에서 멀어짐에 따라 오염이 옅어지는 현상이 모델의 예측보다 훨씬 더 크게 (코를 통해) 느껴진다는 사실을 시인했다. 이러한 두 번째 요인은 사람들이 자기 나름의 지식을 활용해 공식 전문가들의 주장이 믿을 만한지를 평가하며, 특정한 상황하에서는 '시민 전문성'을 공식적 지식에 통합하는 것이 도움이 될 수 있음을 말해 주고 있다. 가령 모델의 적절성을 평가하는 동료 심사 과정의 일부로 시민들로 구성된 패널을 조직하는 것이 하나의 방법이 될 수 있겠다.

세 번째 통찰은 조금 더 복잡하다. 최대한 단순화시켜 말하면, 이는 대중과 관련을 갖는 과학의 지식 주장은 흔히 사회 세계에 관한 보조 가정들에 의존한다는 주장을 담고 있다. 예를 들어 셰필드 대기오염 모델은 부분적으로 점오염원(point-source emission), 즉 공장이나 발전소 등으로부터 나오는 오염을 다룬다. 그러나 그러한 오염에 관한 데이터의 정확성은 배출되는 분자에 관한 지식뿐 아니라 공장 관리자들과 기기 운용자들의 행동에 관한 행태 가정(사회과학적 가정이라 할 수 있는)에도 의존한다. 공장이 얼마나 잘 유지되는지, 배출 규제는 준수되고 있는지 여부 역시 중요한 것이다. 그러나 이러한 행동은 (오염 분자들의 행동과는 달리) 상세한 경험적 세부 사항을 모델에서 전혀 검토하지 않고 있다. 이러한 행동은 모델 내에서 처리된 결과의 전반적 정확성에 핵심을 이루는데도 말이다. 그뿐 아니라 지역 주민들은 공장에서 일하는 친척이나 친구로부터 얻은 '내부' 정보를 통해 공장 관리의 실제에 관한 지식을 갖고 있다는 주장을 폈는데, 이러한 지식은 모범이 되는 실천을 바탕으로 바른 행동을 하는 공장 직원들이라는 호의적 가정들과 곧바로 모순되었다. 예를 들어 지역 주민들은 밤 시간대나 감찰을 나오지 않는 것으로 알려진 다른 시간대에 배출에 대한 규제가 느슨해진다고 주장했다(Yearley, 1999a: 860~861).

이 점은 앨런 어윈과 브라이언 윈이 다음과 같이 표현한 바 있다. 그들은 말하기를, "과학은 기술적임과 동시에 불가피하게 사회적인 인식틀을 제공한다. 왜냐하면 공공영역에서 과학 지식은 사회 세계에 관한 암묵적 모델들 내지 가정들을 포함하기 때문이다'(Irwin and Wynne, 1996: 2~3). 다시 말해 공공적 맥락에서 과학적 주장은 종종 사회 세계에 관한 검토되지 않은 가정들 — 사람들이 어떤 제품을 어떻게 쓸 것이라거나 규제 기관들이 어떻게 활동할 것이라거나 하는 등의 — 에 의존한다는 것이다. 맥락적인 대중의 과학 이해에 관한 이러한 발견이 갖는 폭넓은 함의는 매우 다른 사례에서 나온 또 다른 예를 통해 엿볼 수 있다. 스티븐 엡스틴은 최근 신약의 임상 시험을 둘러싼 에이즈 활동가들의 운동을 주제로 널리 알려진 연구를 수행했다(Epstein, 1995). 간단하게 말하면, 미국의 게이 공동체의 대표들은 연구 의제와 임상 시험이 짜이는 방식에 일정한 발언권을 요구했다. 여기서의 논의와 특히 관련이 깊은 것은 공동체 대표들이 임상 시험과 관련해 주장한 내용이다. 그들은 통상의 임상 시험이 종종 유용한 결과를 내놓지 못한다고 주장했다. 중증 환자들이 이를 무효로 만들어 버리기 때문이다. 참가자 중 일부는 신약을 받지만 다른 일부는 [위약placebo을 받는 — 옮긴이] 대조군에 속하게 된다는 사실을 알게 되자, 서로 다른 군에 속해 있어야 할 환자들은 자신들이 받은 약을 한데 모아서 재분배함으로써 모든 사람들이 적어도 잠재적 효능을 가진 약을 일부라도 얻을 수 있는 기회를 갖게 했다. 이 사례에서 신약시험 프로토콜의 바탕을 이루는 암묵적인 사회학적 가정은 크게 잘못되었다. 공식 전문가들은 더 이상 완전한 전문가가 못 되었다. 그것이 그들의 부주의 탓이라기보다는 피험자들의 의도적인 불순응(non-compliance) 때문이었지만 말이다(Epstein, 1995: 421~422). 이 사례에서 '대중의 과학 이해'라는 표현은 과녁을 크게 벗어난 것이다. 핵심이 되는 쟁점은 피험자들이 속한 공동체의 행동에 관한 기성 의료 체제의 근거 없는 가정에 있기 때문이다.

결론적 논의

이 장에서의 논의를 통해 과학 지식과 전문성에 대한 대안적 관점 — 앞선 장들에서 발전시켰고 7장에서 요약된 — 은 과학 전문가들의 주장에 대해 대중이 불안감을 보이는 오늘날의 사회학적 현상에 대해 새로운 빛을 던져 줄 수 있음이 분명해졌다(Wynne, 2001도 보라). 과학 지식에 대한 통상적 관점은 대중의 과학 이해에 대한 '결핍' 모델로 이어지고 대중이 이해력에서 부족한 모습을 보이는가 하는 질문으로 분석적 관심을 집중시킨다. 반면 대칭성과 공평성의 관념에서 영감을 얻은 대안적 관점은 과학적 주장에 대한 대중의 맥락적 이해를 인정하는 것을 추구한다. 전문가들의 주장 가운데 일부는 잘못 이해된다기보다는 거부되는 것이다. 그리고 일부 사례들에서 대중 집단들은 공식적 승인을 받은 전문가들의 견해에 맞서 자신들의 견해를 뒷받침할 수 있는 대항 전문성(counter-expertise)을 보유한 것처럼 보인다. 그뿐 아니라 이러한 대안적 관점은 대중의 과학 이해에서 가장 흥미로운 측면들은 설문조사를 가지고는 그다지 의미 있는 방식으로 측정할 수 없음을 암시한다. 물론 신뢰와 같은 '변수'들은 PUS에서 중심적인 역할을 하지만, 이는 고정된 성향이 아니다. 신뢰와 같은 변수들은 맥락적이고 유동적인 것이다.

앞서 주장한 것처럼, 과학학의 영향을 받은 PUS 연구의 결과는 대중의 과학 이해에 대해 세 가지 '정리'의 형태로 표현해 볼 수 있다.

① 대중의 과학 이해는 대중이 과학의 일부분을 이해하고 있는가 하는 문제가 아니라, 자신이 상대해야 하는 과학의 제도들을 대중이 어떻게 평가하는가의 문제이다.

② 대중들은 통상 자기 나름의 지식들도 갖고 있으며, 이러한 지식들은 당면 현안에 대한 전문가의 생각을 보완하거나 그와 경합하는 관계를 이룰 수 있다.
③ 대중과 연관된 과학에 대한 '기술적' 이해는 흔히 암묵적이거나 소박한 사회학에 근거를 두고 있다. 왜냐하면 공공 영역에서 과학 지식은 사회 세계에 관한 암묵적 모델들 내지 가정들을 포함하기 때문이다.

이 각각의 점들이 대중과 연관된 과학의 모든 사례에 적용될 수는 없겠지만, 광우병 문제를 일례로 들면 적어도 첫 번째와 세 번째 점은 적용이 되는 것처럼 보인다. 정부 당국이 소비자의 안전을 보호하면서 동시에 농축산업의 수익성도 유지해야 하는 모순된 책임을 지고 있었다는 사실은 신뢰의 문제가 공식적 조언에 대한 평가와 분리될 수 없음을 의미했다(Jasanoff, 1997도 보라). 대중의 반응은 새롭고 희귀한 형태의 질병에 대한 이해뿐 아니라, 과학자들이 농축산업의 진흥에 전념하는 기구에 적어도 부분적으로 고용되어 있을 때 과학 전문성을 얼마나 신뢰할 수 있는가에 대한 평가에 의해서도 영향을 받았다. 마찬가지로 식용으로 유통되는 고기의 종류를 규제하는 실질적 조치들이 취해졌을 때도, 소비자들은 제안된 조치들이 도살장에 대한 소박한 사회학에 근거를 두고 있음을 재빨리 알아차렸고 소비자단체들 역시 이를 지적했다. 도살장에서 일하는 직원들은 위험성이 가장 높은 것으로 생각되는 몸통의 일부를 제거하라는 지시를 받았다. 그러나 그러한 몸통의 일부를 손상시키지 않고 제거하는 일이 현실적으로 얼마나 실현 가능한지, 또 관리자와 노동자 들이 얼마나 신경을 써서 이런 작업에 임할지는 훨씬 불분명했다. 프리온(감염성 병원체)에 대한 대중의 수준 높은 이해는 자문 기구의 신뢰성이나 도살장 관리의 현실에 대한 대중의 해석에 비해 중요성이 훨씬 떨어졌다. 이 사례에서 대중이 보인 회의적 태도는 규제 감독을 공식 기구들에 전적으로 맡겨 버리는 데 대한 불안감을 보여 준다. 다시 말해 대중은 건강 악화를 가져올 수 있는 눈에 보이지 않는 원인들이 정부의 규제망 사이로 새어 나갈 가능성을 보았던 것이다.

그렇지만 전문가들의 전반적 신용은 단지 대중의 반응과 관련된 문제로 국한되지 않는다. 이는 전문가들이 담당하는 사회적 역할, 그리고 전문가들과 오늘날의 다른 제도들 사이의 상호작용과도 관련되어 있다. 특히 지난 20년 동안 미국에서는 과학 전문가들의 신용이 법정에서 공격을 받아 왔다. 법률가들은 반대신문이라는 제도를 이용해 전문가 증인들의 확실성과 신용에 의심을 불러일으키는 데 능한 모습을 보였다. 국제적으로 유명해진 O. J. 심슨 재판은 이를 잘 보여 준다. 이러한 논의를 통해 제기된 논점들은 위험에 대한 분석을 전개하는 9장과 과학과 법률을 다루는 10장으로 곧장 이어질 것이다.

9장_위험에 대한 이해

들어가며: 위험, 과학, 사회 이론

위험(risk)은 과학학의 핵심 전통 내부에서 나온 주제들 중 오늘날 사회학 일반과 사회 이론 문헌에서 널리 논의되고 있는 유일한 주제이다. 이 장의 목표는 과학학의 관점에서 본 위험에 대한 이해가 어떻게 위험성(riskiness)에 대한 사회학 일반의 해석을 심화시켜 주고 몇몇 지도적 이론가들의 견해를 재고할 수 있게 해주는지를 보이는 것이다. 위험의 언어와 과학의 언어 사이에 밀접한 연관이 있다는 사실은 처음부터 분명하게 드러난다. 위험과 관련된 사회적 실천들은 흔히 위험은 객관적으로 측정될 수 있고 서로 견주어 볼 수 있는 실체라는 생각을 담고 있다. 위험에 대한 객관적 분석은 어떤 개인 내지 집단이 재난을 겪을 가능성에 얼마나 노출돼 있는지를 평가하는 적절한 방법으로, 또 가장 우려를 해야 하는 위험이 어떤 것인지를 알아내는 방법으로 제시된다. 위험에 대한 과학적 평가는 가령 어떤 사람들이 자동차 사고에서 가장 큰 위험에 노출돼 있는지를 판단할 수 있게 해주며, 아울러 어떤 것이 가장 덜 위험한 교통수단인지를 소비자가 알 수 있도록 도와주어야 한다. 이러한 객관성 주장, 그리고 그러한 객관성을 어떻게 담보할 것인가를 둘러싼 뒤이은 논쟁이 과학과 위험 분석의 관심사가 서로 만나는 지점이다. 과학의 사회적 연구가 위험을 다루는 사회학 연구자들에게 가장 시사하는 바가 많은 것도 바로 이 지점이다.

그렇다고 해서 이것이 위험에 관한 사회과학적 탐구에서 유일하게 흥미로운 질문이라는 뜻은 아니다. 예를 들어 메리 더글러스는 종교의 우주론이 동시대의 사회구조를 반영한다는 뒤르켐의 유명한 제안을 더욱 발전시켜, 자연의 특성에 대한 문화적 해석은 자연 그 자체에 내재한 특징뿐 아니라 해석에 반영된 사회의 특성에 대해서도 많은 것을 말해 준다는 견해에 도달했다. 무사태평하고 개인주의적이며 역동적인 문화는 자연을 탄력이 있고 스스로를 돌볼 수 있는 존재로 보는 경향을 갖는 반면, 불안정하거나 자신의 경계를 지킬 수 있을지 걱정하는 문화는 자연을 깨지기 쉽고 보호를 필요로 하는 존재로 보는 경향을 갖는다. 이어 더글러스는 이러한 접근법을 발전시켜 선진 산업사회에서 위험의 문제를 탐구했다. 그녀의 견해에 따르면 어떤 사회가 위험에 대해 품고 있는 불안감은 실제 위해의 정도뿐 아니라 그 사회의 문화적 '불안정성'과도 관련돼 있다(Douglas and Wildavsky, 1982). 이와 함께 위험, 우연, 확률 같은 개념과 그에 수반된 (도박이나 보험 같은) 실천들의 등장에 대한 통찰력 있는 연구도 있었다(예를 들어 Hacking, 1990과 Porter, 1986을 보라). 그리고 아마도 가장 잘 알려진 것으로, 현재의 사회를 '위험사회'로 보는 — 오늘날 벡이나 기든스와 밀접하게 연관돼 있는(Beck, 1992; Giddens, 2002) — 주장이 있다. '위험사회'는 사회의 일차적인 관심사가 재화의 생산과 분배에서 '해악'(공해나 화학물질 내지 핵에 의한 오염의 위협)의 규제와 분배로 이동했음을 의미한다. 사회학자들에 따르면 어떤 층위에서는 위험을 길들이는 방향으로의 역사적 경향성이 존재해 왔다. 위험과 확률을 좀 더 잘 이해하게 되었고 위험에 대한 특정한 형태의 노출은 경감되어 왔다는 의미에서 그렇다. 진보와 자연에 대한 통제를 굳게 믿었던 19세기와 20세기 초의 확신은 위험이 감소하고 있으며 — 질병을 통제할 수 있게 되었고, 과학적 영농법을 통해 식량 공급에 가해지는 위험에 맞설 수 있게 되었고 등등 — 위험과 우연에 대한 더 나은 이해가 가능함을 시사했다. 그러나 위험 통제의 전망에 대한 이러한 근대주의적 확신은 이후의 발전에 의해 약화되었고 상당한 정도로 침식되었다. 우선 20세기의 기술들은 새로운 형태의 위험(지구 생태계 전체에 대한 위험을 포함해서)과 연관된 것으로 밝혀졌다. 진보의 힘은 안전의 제고와 함께 새로운 위해도 낳을 수 있는 것처럼 보였다.

그뿐 아니라 이 과정은 '자연의 인간화'라고 부를 만한 결과를 수반한다(Beck, 1995: 55를 보라). 우리는 자연 세계의 통제할 수 없는 위험을 위험성을 내포한 기술과 교환해 왔는데, 이러한 기술의 안전성은 그것이 얼마나 잘 설계되고 운용되고 작동되는지에 결정적으로 달려 있다. 선진 사회들은 날씨의 변덕에 대한 의존으로부터는 대체로 자유로워졌을지 모르지만, 이제 핵 발전소 직원들이나 이를 감시하는 기구들의 훌륭한 처신에 안전을 의지하게 되었다. 자연의 위험에 못지않게 위험한 기술을 담당하는 인간 규제자들도 우려의 대상이 된 것이다. 이와 동시에 위험의 규제를 위해 개발된 법률적 인식틀과 지적 도구 들은 위험에 관한 정교한 논증을 한층 더 복잡한 방식으로 전개하는 것을 가능하게 했고, 아이러니하게도 위험에 대한 좀 더 생생한 인식을 유발했다. 이 장은 위에서 열거한 쟁점들 중 가장 먼저 언급한 위험의 '객관성'에 대한 분석에서 시작해서 나중에 언급한 쟁점들 — 자연의 인간화, 그리고 오늘날의 사회를 위험을 의식하는 생활 방식으로 특징짓는 것 — 에 대한 통찰을 그로부터 이끌어 낼 것이다.

위험 평가: 규제 기관과 위험

앞서 설명한 대로, 위험을 체계적이고 포괄적으로 연구한 문헌의 한 갈래는 정책을 객관적으로 결정하고 대중의 위험 노출에 관한 법률을 제정하려는 관심사에서 나타났다. 이 문헌은 '위험 평가'(risk assessment)와 관련된 범주에 집어넣을 수 있다. 위험은 어디에나 존재하며 이를 완전히 제거하는 것이 불가능한 상황에서, 규제 기관들과 그 외 정부 당국에서는 으레 다음과 같은 질문을 던지는 것으로 여겨졌다. '얼마나 안전해야 충분히 안전한 것인가?'[1]라는 질문이 그것이다. 정부와 공식 기구 들은 기차의 충돌과 같은 유감스러운 사고가 빚어지고, 자동차 운전자들이 매일같이 충돌 사고에 휘말리며, 때로는 잘 관리되고 있는 화학 공장에서도 유출 사고가 일어나고, 농업용 화학물질들이 환경과 농업 노동자, 심지어는 간혹 소비자에게까지 영향을 미칠 수 있음을 알고 있다. 어떤 복잡한 시스템도 완벽하게 안전하다고 보장할 수 없음을 감안해, 지배적인 접근법 — 경제학의 용어로 표현된 — 은 추가적인 안전을 구입하는 데 어느 정도의 비용이 드는가 하는 질문을 던졌다. 서로 다른 정책을 선택했을

---

[1] 이 구절은 책이나 논문의 제목이나 표제로 쓰일 정도로 널리 알려졌다. 초기의 예로 바루크 피쇼프 외의 연구를 들 수 있다(Fischhoff et al., 1978). 아울러 프레드릭 워너와 실라 자사노프의 논의도 보라(Warner, 1992; Jasanoff, 1986). 이 주제를 포함해 이 장에서 논의된 다른 주제들을 놓고 장시간에 걸쳐 열띤 의견 교환을 나눴던 자사노프에게 감사를 표한다.

때 빚어질 수 있는 결과를 알아보기 위해 계산이 활용되었다. 이러한 '결과론적' 관점에서 위험은 위해가 일어날 가능성과 위해가 발생시킬 비용(즉 해악)을 수학적으로 곱한 값으로 간주된다. 이렇게 보면 규모는 크지만 일어날 가능성은 낮은 위해는 일어날 가능성은 높지만 상대적으로 경미한 위해와 동등하게 위험한 것으로 볼 수 있다. 여기서부터 정책 결정자들의 솜씨가 발휘되는 대목인데, 그들은 사회가 안전에 관해 기꺼이 지출하려 하는 예산 범위 내에서 위험을 최소화해야 한다. 어떤 위험들은 불가피하게 남게 되는데 이는 사회가 감내할 만한 가치가 있다고 판단하는 (것으로 가정되는) 위험들이다.

실천적 측면에서 보면 위험을 평가하는 임무는 항상 애초에 생각했던 것보다 훨씬 더 어려웠고, 경제학자들이 흔히 말하는 것보다 분명 훨씬 더 다루기 힘든 문제였다. 과학학과 연관해 위험 평가를 다룬 연구들은 위험 계산의 객관성이 그것의 옹호자들이 주장하는 것보다 좀 더 불확실하다고 지적해 왔다. 이러한 어려움이 나타나는 이유는 부분적으로 다양한 분야들 사이에서 위험 데이터를 서로 조화시키려 할 때 내재하는 문제들 때문이다. 철도 신호를 자동화된 기차 브레이크 시스템과 연결하는 다양한 시스템의 비용과 위험을 서로 비교하는 것은 가능할지 몰라도, 운송, 산업, 의료, 농업의 위험을 동일한 셈법 안에 넣는 것은 사실상 불가능에 가깝다. 기록이 보관되는 방식도 천차만별일 것이고, 가장 흔한 형태의 부상 내지 해악도 분야마다 다를 것이며, 보상 비용을 계산하는 방식도 서로 다른 관행을 따를 테니 말이다.

상황을 더욱 악화시키는 것은, 계산에서 핵심을 이루는 두 가지 측면 — 문제가 일어날 가능성과 예상되는 결과 — 의 정확한 명세를 뽑는 것이 흔히 쉽지 않다는 점이다. 미국과 유럽의 고속도로에서 전형적인 자동차 사고가 났을 때의 의료상 위험 및 그와 관련된 위험에 관해서는 좋은 데이터가 있는 반면, 핵 발전소 사고가 일어날 확률 및 그것이 가져올 결과는 오직 가설적인 방식으로만 계산할 수 있다. 다행스럽게도 핵 시설에서는 대규모 문제가 상대적으로 드물게 일어나기 때문에, 빈도 데이터는 통계적 관점에서 볼 때 신뢰할 수 없거나 그리 견고하지 못하다. 마찬가지로, 핵 시설에서 일어날 수 있는 다양한 형태의 사고가 빚어내는 장기적 결과도 아직 알려져 있지 않다. 어떤 경우에는 장기적 결과를 완전하게 추적하기에 시간이 충분치 않을 수도 있다. 게다가 어차피 군대와 핵에너지 관리들은 그러한 결과가 어떤 것인지에 대해 완전히 개방적인 자세를 취하지 않을 가능성이 높다. 그러한 사례들에서는 (확률이나 결과) 어느 쪽 수치도 잘 확립되지 못했고, 따라서 어떤 강한 의미에서의 객관성을 갖는 위험 수치를 계산하는 것은 가능하지 않다. 결국 서로 다른 기술들의 위험을 비교하는 것 역시 객관적으로 이뤄질 수 없게 된다. 주요 위험 평가의 전반적 객관성은 의문스러워 보일 수밖에 없다.

또한 이러한 문제는 핵 발전소처럼 (전 세계에 수백 개밖에 없는) 상대적으로 흔치 않은 시설에만 국한되는 것이 아니다. 식품망을 통해 쇠고기 소비자들에게 퍼져 나간 것으로 보이는, 전례를 찾아볼 수 없는 형태의 감염증인 광우병의 위험과 비용 역시 표준적인 방식의 위험 셈법을 적용하는 것이 불가능하다. 우선 인구 중에서 '미친 소'와 관련된 질환의 발병률에 대해서는 거의 알려진 바가 없다. 살아 있는 환자를 대상으로 인간 변종 뇌증(腦症)에 걸렸는지를 검사하는 널리 받아들여진 방법은 존재하지 않는다. 그뿐 아니라 증상에 대한 성공적인 치료법이 나올 전망이 거의 없는 상황에서는 사람들이 앞으로 고안될 검사를 받고 싶어 하지도 않을 것이다. 많은 사람들에게는 앞으로 자신들이 치료 불가능한 치명적 퇴행성 뇌질환에 걸린다는 사실을 아는 것이 거의 아무런 이득도 주지 못하기 때문이다. 이에 따라 인구 중에서 이 질환이 얼마나 퍼져 있는지가 알려져 있지 않다. 이 감염증의 확산이 앞으로 가져올 결과에 있어서는 그에 대한 의료적 개입 방법이 개발될 수 있는지가 대단히 중요한데, 현재로서는 그것이 가능할지 여부가 불분명하다. 그런 개입이 없다면 결과는 대단히 나쁠 수 있고, 그런 방법이 개발된다면 결과는 덜 끔찍하게 나타날 수 있다. 결국 이 사례에서도 위험의 가능성과 결과는 모두 불분명하다. 좋은 데이터가 없는 경우, 그러한 사례들에서 모든 위험 계산은 '대충 이뤄진' 것일 수밖에 없다.

지금까지 언급한 어려움들만으로도 위험에 대한 공식적 접근에는 충분히 나쁜 소식이건만, 마지막으로 한 가지가 더 있다. 비용-편익 계산의 목적으로 모든 종류의 해악들을 환산할 수 있는 단일한 '통화'가 있는지조차 불분명하다는 것이다(Stirling and Mayer, 1999: 10). 우리는 모든 사망이 동등하게 나쁜 일이라는 데 동의하고 싶은 유혹을 느끼지만, 이 문제에 있어서도 실제로는 아주 나이 많은 노인이나 아주 어린 아기의 사망은 그 외 사람들의 사망과 동등하게 취급되지 않는다. 사망은 제쳐 둔다 하더라도, 다양한 형태의 부상과 장애의 '비용'에 관해서도 거의 합의가 이뤄져 있지 않다. 중상자 몇 명이 평균적인 사망자 한 사람과 동등한가 하는 질문에 대해 객관적인 해법에 도달하는 것은 한마디로 가능하지 않다. 따라서 표준적인 비용-편익 접근이 객관적이라고 주장하는 것은 극단적인 한계를 안고 있는 것으로 보인다. 인위적으로 제약을 둔 상황을 논외로 한다면 말이다(가령 한 차종의 위험성을 그와 거의 흡사한 다른 차종과 비교할 때가 그러한데, 심지어 이런 경우에도 비교 결과에 논란의 소지가 전혀 없는 것은 아니다).

공식적 위험 평가 기법에 내재한 이처럼 고질적인 어려움들에 비춰 볼 때 다소 당혹스럽게도, 위험에 관한 사회과학 및 정책 분석의 주도적인 경향은 위험 이해에 관한 **대중의 결함**이라고 생각되는 것을 탐구하는 데 집중해 왔다. 표준적인 위험 평가 기법의 객관성을 옹호하는 이들의 시각에서 볼 때, 일반인들과 언론에 나오는 그들의 (자칭) 대변인들은 종종 서로 다른 위해들의 상대적 위험에 대해 비합리적이고 통계적 뒷받침을 받지 못하는 평가를 내리고, 소요되는 비용에 대해서는 알지 못한 채로 높은 수준의 위험 감소를 요구하는 듯 보인다. 공식적 관점에 따르면, 가령 보통 사람들은 핵 발전의 위험에 대해 불합리한 정도로 걱정을 하는 듯 보인다. 일반 대중의 생명이 핵산업의 운영보다는 자동차 사고에 의해 더 큰 위험에 노출되어 있는데도 말이다. 극단적인 경우 대중은 비용-편익 접근을 받아들이는 것조차 꺼리는 듯 보인다. 이를 대체할 만한 체계적인 대안을 갖고 있는 것도 아니면서 말이다. 예컨대 철도나 항공기 사고가 일어나면 안전을 획기적으로 강화할 필요가 있다는 주장이 종종 제기되곤 한다. 이에 대한 전문가들의 전형적인 반응은, 추가로 안전성을 중대하게 향상시키는 것은 엄청난 비용을 지불해야만 가능하며, 그럴 경우 여행 비용이 감당할 수 없을 정도로 비싸지거나, 그와 비교해 터무니없이 저렴한 (자동차 여행 같은) 대안들을 더 위험하게 만들 뿐이라는 것이다. 문제를 더욱 골치 아프게 만드는 것은, 대중이 위험에 관해 불안을 호소하는 일이 종종 있음에도 불구하고, 사람들이 반드시 그렇게 위험 회피적인 것만은 아님을 시장 메커니즘이 시사하는 듯 보인다는 사실이다. 자동차 시장은 안전성보다는 미적 기준이나 성능 기준에 따라 판매량이 결정되는 경향을 보여 왔고, 소비자들은 심장병의 위험이 널리 알려져 있음에도 불구하고 계속해서 지방이 많은 음식을 먹고 운동은 잘 하지 않는다. 전문가 위험 평가 공동체는 자신들의 접근법을 객관성을 향한 체계적 지향을 가진 유일한 접근법으로 간주하며 겉으로 드러난 대중의 이의 제기는 무시하는 경향을 보여 왔다.

대중과 전문가의 위험 이해에서 나타나는 간극은 대중의 위험 지각의 근거를 밝히기 위한 일련의 연구를 낳았다(예를 들어 Slovic, 1992를 보라). 그러한 연구에서 심리측정학 연구자들은 사람들이 (생활 방식이나 직업 때문에) 자신들에게 특히 위해가 나타날 수 있는 위험을 지각할 때와 누구나 노출되는 위험들의 심각성에 대해 일반적으로 지각할 때 차이가 있음을 보였다. 그뿐 아니라 사람들이 스스로 노출되는 위험과 다른 사람들에 의해 겪게 된다고 믿는 위험을 평가할 때도 중대한 차이가 나타나는 듯 보였다. 사람들은 자신이 자동차를 운전할 때 조심하고 자제하는 것에 비해 기차는 더 안전하게 운행돼야 한다고 요구할 가능성이 높은 듯했다.

그 결과 나타난 전문가와 대중의 위험 해석 사이의 긴장은 정책 결정자들에게 문제를 야기해 왔다. 만약 그들이 전문가의 방법과 판단에 근거해 규제 방안을 정한다면, 정책은 인기가 없거나 심지어 거부될 수도 있다. 반면 대중이 내보이는 선호에 근거해 정책을 정한다면 규제가 자의적이거나 비과학적인 것이 돼버릴 수 있다. 만약 시민들이 다른 이들에 의해 자신에게 부과된 위험보다 스스로 부과한 위험을 진정으로 더 용인한다면 이를 공공 정책에 반영해야 한다는 주장이 있다. 위험에 대한 '실제' 노출이 어떻든 간에 말이다. 마찬가지로, 만약 폴 슬로빅이 보고한 것처럼 대중이 (핵의 방사능에서 나오는 위험처럼) 특정한 무시무시한 위험들을 다른 위험들 — 전문가들이 동등한 위험성을 가졌다고 말하는 — 보다 더 우려한다면, 대중의 명시적 선호를 고려에 넣을 수 있도록 비용-

편익 방정식을 확대해야 할지도 모른다(Slovic, 1992: 121). 규제 기관들은 자유민주주의 사회에서 익숙한 긴장에 직면하고 있다. 사람들의 '표출된' 선호와 전문가 견해가 지지하는 권고 사항 사이의 긴장이 그것이다.

위험 전문성: 위험의 성찰성

위험 평가의 접근법에서 제거할 수 없는 듯 보이는 이러한 문제들은 특정한 제도적 맥락에서 특히 분명하게 드러났다. 위험 평가는 통계적 대표성을 갖거나 다른 어떤 의미에서 '평균적인' 사람들에게 적용될 수 있도록 특히 공식 규제 기구들에 의해 개발되어 왔다. 항공기에서 대피하는 데 시간이 얼마나 걸리는가 — 그에 따라 비상구가 몇 개 필요하고 통로의 폭은 얼마나 되어야 하는가 등등 — 하는 계산은 대피 실험에 의해 뒷받침을 받고 있다. 그러나 이는 다시 전형적인 승객 집단을 구성하는 요소가 무엇인가 하는 관념에 의지한다. 승객들의 신체가 얼마나 젊고 활동적이며 심지어 얼마나 편한 신발을 신었을 것으로 예상할 수 있는가 하는 기준이 확립되어야 하는 것이다. 마찬가지로, 미국에서 자동차의 안전성을 평가하는 충돌 시험에 쓰이는 인체 모형은 전형적으로 78킬로그램 정도의 무게인데, 이는 미국 남성의 '표준 사이즈'를 반영한 것이다. 이러한 대역들의 대표성은 자동차에 안전장치로 에어백을 도입하는 맥락에서 논란이 되었다. 평균보다 키가 작거나 몸무게가 가벼운 일부 운전자와 승객 들은 에어백이 터질 때 부상을 입었다고 보고했다. 에어백은 '표준 사이즈의' 성인 남성을 제지하기 위해 필요한 힘으로 터져서 그들에게 상해를 가했고 때로는 크게 다치기도 했다. 『뉴사이언티스트』(*New Scientist*) 2002년 3월 30일 9면 기사에 따르면, 이제 평균적인 남성보다 더 무거운 자동차 이용자 역시 표준적인 자동차 운전자에 비해 더 상해를 많이 입는 것처럼 보인다. 충돌에 관한 통계적 데이터를 통해 몸무게가 무거운 자동차 이용자들이 좀 더 가벼운 성인들보다 평균적으로 훨씬 더 심한 부상을 입는 것처럼 보임을 알 수 있다. 그 이유는 아마도 자동차 내부 설계 측면에서 안전벨트가 그들을 좀 더 효과적으로 제지하는 역할을 하지 못하기 때문일 것이다. 자동차의 안전 특성에 대한 객관적 평가로 의도된 자동차의 측정된 안전성이 수많은 부류의 잠재적 사용자들에 대해서는 그 성능을 다하지 못할 수 있다. 그뿐 아니라 좀 더 가볍거나 무거운 자동차 사용자는 서로 다른 차종들의 안전성 순위가 자신과 같은 체중을 가진 사람에게는 자동차의 실제 성능에 부합하지 않음을 알게 될 수도 있다. 평균적인 사용자에게 가장 안전한 것으로 측정된 자동차가 상대적으로 과체중인 사용자에게도 가장 안전한 자동차라는 보장은 없다.

이 사례는 오염 물질 노출에 관한 주장에도 마찬가지로 적용된다. 위험 당국은 위험에 처한 인구 집단을 측정하는 단위로서 모종의 평균적 개인이라는 관념을 구축하지 않으면 안 된다. 그러나 이러한 이념형은 현실 속에서는 사실상 존재하지 않으며, 특정한 하위 인구 집단에 가해질 수 있는 위협을 가려 버릴 수 있다. 여성은 남성과 다를 수 있으며, 임신한 여성은 더 분명하게 다를 것이다. 젊은이는 노인과 다를 수 있고, 집에만 붙어 있는 사람은 활동적인 사람과 다를 수 있고 등등. 이러한 차이들은 오염 물질에 노출되는 특정한 맥락에서는 결코 '학술적'인 문제로 그치지 않을 수 있다. 예를 들어 영국에서 가장 논쟁적인 핵 시설 중 하나인 잉글랜드 북서부의 셀라필드 인근에 거주하면서 조개류가 풍부한 식단을 선호하는 사람들은 평균적인 주민 혹은 평균적인 영국 시민보다 더 큰 핵 위해에 노출될 수 있다. 조개류가 바닷물에서 물질을 여과하는 방식 때문이다. 결과적으로 조개류는 오염을 농축시키는 것처럼 보인다. 이 사례에서는 겉보기에 (핵 발전소와 폐기물 처리 시설에서 나오는) 위험의 원천과 연관이 없어 보이는 행동 선택이 다른 위험 요인들을 강화시킨다. 다른 사례들에서는 수많은 배경 요인들이 산업화가 대단히 많이 진행된 구역이나 그 외 오염 집중 지역에 거주하는 사람들에게 상호 상승효과를 일으킬 수 있다. 전형적인 경우에 그러한 지역의 주민들은 복수의 원천들에서 나오는 독성 오염 물질에 노출될 수 있는 미국 도심의 소수민족 집단처럼 가난하거나 사회적으로 불리한 조건에 처한 집단일 것이다(Bullard, 1994를 보라). 영국이나 미국의 사례 어디에서도 특별히 취약한 인구 집단에 대한 위험을 계산하기 위해 고안된 표준적 위험 평가 방법론은 존재하지 않는다.

그 결과 역설적이게도, 위험과 그것을 계산하는 방식에 관한 공식적 설명이 크게 증가하면서 위험에 대한 우려는 감소하는 대신 오히려 더욱 심화되었다. 위험 평가 기법의 복잡성과 거기 걸린 중대한 이해관계(이는 발전소의 문을 닫거나 중요한 산업 화학물질의 사용을 금지하는 데까지 이를 수 있다)를 감안해 보면, 위험 평가 방법론이 법률적 및 그 외 다른 형태의 공식적 도전에 직면해 왔다는 것은 이해할 만한 일이다(Jasanoff, 1990: 193~207을 보라). 이러한 절차들은 위험 평가를 비판적 해체에 노출시켰고, 방법론 선택의 정확한 근거에 의문을 제기했다. 공식 평가 방법이 전체 인구 집단의 일부에만 해를 끼친 것으로 밝혀진 경우에는 이러한 절차가 특정 집단을 차별하는 것으로 비치게 되었다. 이와 관련해 형성된 환경 정의(environmental justice) 운동은 개별 화학물질들에 대한 위험 평가가 여러 가지 오염 물질들이 뒤섞여 실제 시민들에게 미치는 영향을 제대로 보여 주지 못한다는 점을 지적해 왔다. 광범한 유해 물질 노출 — 이를 구성하는 각각의 요소들은 그 자체로 위험 평가의 적용을 받는 — 을 경험하고 있는 지역 공동체들은 복수의 오염원이 전반적으로 미치는 영향은 표준적인 방법론으로는 제대로 측정될 수 없다고 주장한다.

그뿐 아니라 자사노프가 보여 준 것처럼, 이러한 비판적 검토 과정은 특히 미국에 널리 퍼져 있다(Jasanoff, 1990: 49~57). 공식적 위험 평가가 대부분 환경청(Environmental Protection Agency, EPA)이나 행정부의 다른 부처에 의해 수행되기 때문에, 그들의 판단은 법률적 도전이나 사법적 검토에 잠재적으로 열려 있었다. 다시 말해 회사나 다른 기구 들은 행정부 산하 기구들의 판정이 공평하고 합리적인지를 평가해 주도록 법원에 요구할 수 있었다. 이는 대결 구도에 입각한 미국의 반대신문 시스템과 결합하면서 대규모의 금전적·지적 자원들이 위험 평가를 해체하는 데 집중되는 결과를 초래했다. 위에서 개관한 모든 복잡성들(수많은 해악들의 가설적 성격, 문제가 얼마나 자주 일어나는가에 관한 데이터의 부실함, 평균적 사례를 파악해 내는 어려움 등) 때문에, 많은 위험 평가들은 법정에서의 엄밀한 검토를 잘 버텨 내지 못했다. 오히려 수많은 잠정적 유해물질의 실험적 검사와 관련해 널리 인정된 어려움들 때문에 문제가 더 복잡해지기도 했다. 잠재적 유해물질을 인간 피험자에 시험해 볼 수는 없는 노릇이므로, 공식 기구들은 동물실험에 의지해야 했다. 그러나 서로 다른 동물들은 동일한 물질에 대해 서로 다른 방식으로 반응할 수 있기 때문에 실험동물이 인간의 대역으로 적합한지에 대해서도 의문이 제기되어 왔다. 말하자면, 위험 평가 절차의 결과물은 '우파'와 '좌파' 모두로부터(한편으로 과도한 규제를 우려하는 기업들로부터, 다른 한편으로 위험 평가가 불리한 조건에 처한 집단들의 노출을 과소평가한다고 의심하는 시민 집단으로부터) 비판을 받게 되면서 점점 더 분명하게 사회적 구성물로 보이게 되었다. 과학학 쪽의 배경을 가진 논평가들은 특정한 위험 평가를 방어할 수 있는 논박 불가능한 과학적 근거를 찾는 것은 가망이 없다고 결론 내렸다(Jasanoff, 1990: 229를 보라).

위험 지식의 유형 분류

과학학 전통에 뿌리를 두고 있는 연구는 표준적 위험 평가의 주창자들과는 다른 방식으로 위험 측정을 할 때 끌어들일 수 있는 지식의 성격을 탐구해 왔는데, 특히 위험 계산에서 '확실성'과 '불확실성'의 구성과 관련해 탐구가 이뤄졌다. 예를 들어 브라이언 윈은 현실 속에서 위험과 확률은 수많은 종류의 모르는 것(not-knowing)으로 구성돼 있다는 주장을 펼쳤다(Wynne, 1992b). 어떤 사례들에서는 불확실성의 위계를 세우는 것이 가능하다. '위험'(risk)과 '불확실성'(uncertainty)을 구분하는 것이 그런 예인데, 여기서 위험은 어떤 일이 일어날 확률을 알 때이고, 불확실성은 문제의 일반적 변수들만 알 때이다. 바로 이러한 부류의 위험들을 다룰 때 ― 적어도 상상할 수 있는 최선의 상황하에서 ― 위험 평가 절차 속에 숨은 가정들이 가장 현실에 가깝게 실현된다. 그러나 대중과 연관된 과학이 직면해야 하는 가장 실천적인 질문들은 추가적인 유형의 비확실성(non-certainty)을 포함한다. 윈은 이를 무지(ignorance)라고 이름 붙였다. 무지는 어떤 문제에서 괄호를 쳐 버리고 흔히 추가적인 탐구가 이뤄지지 않는 측면을 가리킨다. 이는 종종 ― 사람들이 하는 말을 빌리자면 ― 무엇을 모르는지도 모르는 경우에 해당한다.

이를 좀 더 분명히 설명하기 위해 예를 하나 들어 보자. 기후변화와 관련된 위험을 계산하려 할 때 지배적인 위험 평가 절차는 예상되는 해수면 상승, 빈도가 잦아진 폭풍과 홍수, 농업 생산성에 예상되는 영향 등의 문제들을 다룬다. 이어 이러한 절차에서는 이러한 해악을 가능한 편익과 비교해 본다. 가령 일부 지역에서는 따뜻한 겨울 날씨 덕분에 난방비 부담이 줄고 심지어 동절기 사망률이 감소할 수도 있다. 만약 기후변화와 맞서 싸우기 위한 조치의 일환으로 우리가 화석연료를 훨씬 적게 쓰게 되고 그것이 다시 경제성장률의 저하로 이어질 경우, 감소한 경제적 복지의 결과로 사라진 편익이 얼마나 되는지도 계산해야 할 것이다. 이러한 유형의 활동이 그 본질에 있어 바로 기후변화에 관한 정부 간 패널(Intergovernmental Panel on Climate Change, IPCC)이 사회-경제 평가에서 하려고 하는 일이다.[2] 물론 그러한 모든 계산에는 수많은 불확실성이 포함돼 있다. 가령 해수면 상승에 대한 예측은 농업 산출량에서의 변화에 대한 추정만큼이나 부정확한 것으로 받아들여지고 있다(Zehr, 2000을 보라). 그뿐 아니라, 표준적 계산은 생물권이 대체로 예전과 같은 방식으로 계속 작동할 거라는 — 좀 더 더워지고 활동적인 시스템이 된다는 점만 빼면 — 가정을 암암리에 깔고 있다. 그러나 일부 과학자들은 대양이 따뜻해진 결과 해류 자체가 급격하게 바뀌어 날씨 패턴에 심대한 변화가 야기될 수 있다는 주장을 펴 왔다. 만약 그런 일이 발생한다면, 관행에 따른 계산은 어림없이 빗나가고 말 것이다. 그러나 현재까지는 그처럼 격렬한 변화가 일어날지 여부를 어느 누구도 알지 못하고 있다. 그런 점에서 이는 '무지'의 사례라고 할 수 있다. 무지가 적용되는 사안들은 흔히 표준적인 위험 평가가 수행되는 분야별 패러다임의 바깥에 위치해 있으며, 이

---

[2] IPCC의 작업에 관해 좀 더 자세한 내용은 11장을 보라.

에 따라 어떤 의미에서는 필연적으로 —— 꼭 악의적으로 그런 것이 아니라 —— 일상적 계산과 평가에서 배제된다. 그럼에도 불구하고 이러한 의미의 무지는 단순한 불확실성과는 다른 형태의 모르는 것이다. 이는 단지 극단적인 불확실성으로 간주하는 식으로는 적절하게 포착해 낼 수 없다.

적어도 원칙적으로는 더 많은 지식을 얻으면 이러한 종류의 모르는 것을 다루는 데 도움이 될 수 있다. 불확실성은 위험으로 전환될 수 있고, 새로운 이해가 이루어져 이전에 무지에 해당했던 특정 영역을 명확하게 드러낼 수도 있다. 물론 무지를 전반적으로 극복하는 것은 가망이 없지만 말이다(Yearley, 2000: 111~112를 보라). 그러나 여기에 더해 윈은 '미결정성'(indeterminacy)이라는 네 번째 차원이 있다는 주장을 펼친다. 이는 '결과가 매개 행위자들이 어떻게 행동하는가에 달려 있다는 의미에서의 진정한 개방성'에서 유래하는 것이다(Wynne, 1992b: 117). 다시 말해 조직적 내지 인적 구성 요소를 지닌 시스템의 위험 평가가 갖는 타당성은 그 시스템이 어떻게 운영되는가에 깊이 의존한다는 것이다. 이에 따르면, 통상적인 위험 평가 실천은 위험을 생산하는 활동에서 중심이 되는 사회적 실천들에 관해 검토된 적도 없고 검증되지도 않은 사회학적 가정들에 흔히 의존한다. 그 결과, 나중에 마지막 장에서 다루겠지만, 잠재적 위해성을 가진 공장이 지역 주민들에게 끼칠 수 있는 위험에 대한 평가는 가능한 유출 물질의 독성(물론 이 역시도 확인하기 어려울 수 있다)에만 의존하는 것도 아니고, 심지어 가능한 유출 결과에 관한 과학적 무지의 측면들에만 의존하는 것도 아니며, 공장 관리자와 직원 들의 행동에도 그에 못지않게 속속들이 의존하게 된다. 마찬가지로, 앞서 8장 말미에 지적했듯이, 광우병이 육류 소비자들에게 제기하는 위험은 질병의 전염과 확산 메커니즘에 대한 불확실성과 무지에 좌우되지만, 그에 못지않게 도살장

운영의 실제 형편에 있는 미결정성 — 척수와 그 외 전염성이 큰 부위들이 정해진 규제 명령에 따라 실제로 제거되는지 여부 — 에 의해 좌우되기도 한다.

이러한 주장으로부터 대중의 위험 전문성 수용에 관한 두 가지 점을 지적할 수 있다(Wynne, 1989; 1992b). 첫째, 윈은 정부에서 임명한 전문가들이 비확실성의 영역에서 규제를 할 필요나 기회에 직면했을 때, 모든 형태의 모르는 것을 통계적으로 처리할 수 있는 불확실성으로 다루려는 유혹을 받는다고 지적했다. 그들이 무지한 것들에 대해서는 그 정의상 정량화가 불가능한데도 말이다. 그는 대중 구성원들이 무지에 민감할 수 있다고 주장한다. 그는 운동가들이나 우려를 품은 일반인들이 누구에게 신뢰와 확신을 주어야 하는지 판단할 때, 전문가들이 무지에 반응하는 방식을 하나의 잣대로 사용한다고 주장한다. 둘째, 그는 미결정성이 적용되는 사안들과 관련해서 종종 대중이 소위 전문가들보다 훨씬 더 나은 통찰을 보여 줄 수 있다고 주장한다. 그의 견해는 전문가 평가가 일반인 집단의 특정한 사회적·문화적·직업적 실천에 관한 가정들에 의존하는 한, 이러한 대중들이 관련된 경험적 통찰로부터 더 멀리 떨어져 있는 기술 '전문가'들보다 이 사안들에서 더 전문가일 가능성이 높다는 것이다.

정리하자면, 객관적 위험이라는 이상이 과학자들과 과학적 태도에 의해 자연 세계에 대한 평가로 장려되어 왔음에도 불구하고, 표준적인 위험 평가 실천이 곤경에 빠진 것은 분명하다. 위험 평가에 투입되는 수치 대부분은 결코 이 절차의 주창자들이 가정하는 것처럼 '객관적'인 것이 아니며, 무지의 영역들이 간과되는 경우도 종종 있다. 이 모든 고려 사항들을 감안하면, 대중 구성원들이 위험은 곧 해악 곱하기 확률이라는 그 아래 깔린 기본 방정식을 받아들여야 하는 구속력 있는 과학적 이유는 존재하지 않는다. 그러한 어려움들에 대응해 공식 기구들은 대체로 '더 많은, 더 훌륭한' 과학을 요구하는 것 말고는 마땅한 대안이 없지만, 동일한 경로를 따라 계속 나아가면 위에서 개관한 문제들이 해소될 거라고 생각할 만한 근거를 찾기도 어렵다(Jasanoff, 1999를 보라).

결론: 위험 문화

울리히 벡과 그 외 저자들은 이러한 막다른 골목이 현대 사회가 '성찰적 근대화'(reflexive modernisation)를 받아들이려고 애쓸 때 직면하는 문제들의 징후를 나타낸다고 보았다(Beck, 1992). 근대성의 제도들, 그중에서도 특히 과학적 분석과 법률적 진상 조사의 전통은 — 이러한 저자들에 따르면 — 그들 자신에게 파괴적인 결과를 되돌려주고 있다. 벡에게 있어 이러한 성찰적 근대화는 '위험사회' 명제를 이루는 한 가지 측면에 불과하다. '위험사회' 명제는 새 천년기로 넘어가는 산업화된 사회들을 위험과 여타 '해악'들의 규제와 분배에 관해 유난히 극도로 우려하고 있는 곳으로 그려 낸다. 이러한 관점에 따르면, 위험에 대한 사회과학적 관심은 특정한 위해에 대한 사회의 반응을 연구하는 데 그치지 않는다. 그것은 오늘날 사회 전반의 특징을 이해하는 핵심이기도 한 것이다.

벡의 명제를 최대한 넓게 표현해 보면, '산업 위험사회'에서 위험은 인공적이며 '자기위험'(self-jeopardy)을 유발한다(Beck, 1995: 78). 기든스도 "세상에 대한 우리의 발전하는 지식이 미치는 바로 그 영향에 의해 만들어진 …… 제조된 위험"을 얘기할 때 동일한 점을 지적하고 있다(Giddens, 2002: 26). 근대 초기의 위험은 사회적 행위자들의 자의식적 통제 바깥에 있는 것이었다. 질병이 퍼져 나가고, 나쁜 날씨가 수확을 망치고, 화재가 도시의 구역들을 집어삼키는 것은 마치 외부에 있는 자연력의 영향하에 있는 것과 같았다. 설사 이러한 위험들 중 일부가 인간의 개입에 의해 악화된다 하더라도, 동시대인들의 인식은 그것이 통제 불가능하다는 것이었다. 반면 고도 근대성(high-modernity)으로 오면 치명적인 핵발전소 사고의 위협과 같은 위험들은 명백히 인간 활동의 결과물이다. 이러한 관점에 따르면, 위험이 점진적으로 감소할 거라는 빅토리아 시대와 20세기 초의 확신은 위험의 종식이 아니라 일견 외부적인 위험에서 사회적으로 유발된 위험으로의 변화를 나타내는 것이다.

기든스가 현대의 제조된 위험과 이전 시기의 외부적 위험을 단순하게 구분하는 데 반해, 벡은 '고전 산업사회'의 위험을 그 사이에 넣어서 세 가지로 구분하고 있다. 이러한 중간 범주에 그는 작업장에서의 직업적 위해 요인이나 교통사고에서 나오는 위험을 포함시킨다. 그가 보기에 위험사회의 특징을 이루는 위험들은 그 파급효과가 (흔히 전 지구적 차원으로) 훨씬 멀리까지 미치고 보험이나 보상의 측면에서 구제할 수 있는 범위를 넘어서 있다.

적어도 세 가지 요소들이 대규모의 생태적 위해, 핵 관련 위해, 화학적 위해, 유전학적 위해를 일차 산업화의 (여전히 남아 있는) 위험과 구분해 주고 있다. 첫째, 전자는 공간적·시간적·사회적으로 그 범위를 정할 수 없고, 따라서 생산자와 소비자뿐 아니라 (극단적인 경우) 모든 다른 '제삼자'들 — 아직 태어나지 않은 미래 세대를 포함해서 — 에게도 영향을 미친다. 둘째, 이는 인과성, 유죄, 법적 책임의 규칙에 따라 그 원인을 귀속시킬 수 없다. 셋째, 이는 (불가역적이고 전 지구적이므로) 현행 '오염자 부담' 원칙에 따라 보상될 수 없다는 점에서 시민들의 고조된 안전 의식에 가해지는 돌이킬 수 없는 위해가 된다. 이에 따라 위해의 관리에 합리성과 안전 보증을 제공하는 위험 셈법은 실패할 수밖에 없다. (Beck, 1995: 76~77)

벡은 이러한 주장과 함께 과학의 변화하는 역할과 지위에 관해 영향력이 큰 주장을 펼친다. 과학기술의 분석은 분명 산업 위험사회의 발전에 대한 이해에서 중심을 이루는데, 그 이유는 현대의 위험이 전형적으로 기술적 모험의 결과이기 때문이다(가령 핵 발전이나 지구 대기권에 있는 오존층 파괴 화학물질이 여기 속한다). 과학기술은 문제의 원인, 진단, 그리고 운이 좋으면 궁극적 교정에 관여한다. 그는 위험사회의 새로운 위험 의식에 수반되는 과학기술의 위기를 진단하고 있다.

벡은 "과학 지식 주장의 중대한 탈독점화가 도래하고 있다"라는 말로 과학이 직면한 문제들에 대해 단호한 입장을 보여 준다(Beck, 1992: 156). 그러나 그는 이 위기의 정확한 세부 사항에 대해서는 훨씬 덜 분명한 태도를 보인다. 그의 설명은 세 가지 요소를 담고 있는 듯하다. 첫째, 그는 과학의 탐구 잠재력이 그 자신에게 되돌려진 결과, "과학이 스스로에 대해 집중하는 시기에 과학의 확장은 과학과 기존의 전문가 실천에 대한 비판을 전제로 하며 이러한 비판을 수행한다"라는 생각을 개진한다(Beck, 1992: 156). 과학의 체계적 분석은 그 자신의 약점에 주목하게 되는데, 이는 아마도 1장에서 개관한 유형의 철학적 분석에서 지적한 바와 다르지 않을 것이다. 둘째, 그는 위험이 전 지구적이고 돌이킬 수 없는 것이 되면 과학이 효과적인 보증이나 도움을 제공할 수 없게 된다고 주장한다. 우리가 아무리 많은 것을 알고 이해한다 하더라도 과학은 전 지구적 대재앙이 일어나는 동안 거의 아무런 도움도 되지 못한다. 마지막으로 과학 지식은 위험에 대한 성공적이고 권위 있는 분석에 부적합하다는 사실이 드러나게 된다. 벡은 이 점을 다소 불분명하게 전달하고 있다.

> 과학이 더욱 세분화됨에 따라, 조건적이고 불확실하며 탈맥락화된 세부 결과들은 홍수처럼 증가하고 이를 개관하는 것은 불가능하게 된다. 이러한 가설적 지식의 초복잡성은 더 이상 기계적인 검증 규칙을 통해 숙달될 수 없다. 심지어 평판, 발표의 유형과 장소, 제도적 기반 같은 대체 기준들마저도 실패를 맛본다. (Beck, 1992: 157)

과학적 주장들은 점점 더 도전에 개방되고, 과학의 질을 나타내는 대체 표지들(가령 어떤 과학자가 어느 대학에 소속돼 있는가 같은)은 점점 덜 유용해진다.

벡의 전반적인 분석적 주장은 수많은 사회과학자들에 의해 널리 열광적인 환영을 받았고 '위험사회'라는 용어는 대중적으로 수용되었다. 그러나 나는 위험의 언어에 내포된 어려움들과 단점들에 관해 그가 열거한 내용이 과학학에서 제시하는 설명에 비해 정확성과 상세함이 떨어진다고 생각한다. 우선 과학이 직면한 '위기'에 대한 그의 분석은 지나치게 일반적이고 부정확하다. 앞서 우리가 본 것처럼, 표준적인 위험 평가 기법들이 핵 재난이나 지구온난화에 잘 적용되지 않는다는 그의 주장은 옳다. 그러나 그는 위험에 대한 '객관적'이고 과학적인 접근이 '고전 산업 사회'의 위험에 적용될 때조차도 위기에 직면할 수 있음을 과소평가하고 있다. 표준적인 위험 평가는 자동차 안전벨트, 자동화된 기차 제동 시스템, 복수의 산업 화학물질에 대한 노출 등을 다룰 때에도 문제에 부딪힌다. 그는 무지와 미결정성의 문제가 위험 평가 전반을 괴롭히고 있음을 보지 못하고 있다. 둘째로 그는 과학 그 자체에 대한 과학의 탐구에 초점을 맞춤으로써 과학적 위험 평가의 한계를 폭로하는 데 있어 법정과 그 외 다른 근대적 제도들이 하는 비판적 역할을 놓치고 있다. 과학에서의 성찰적 근대성은 과학에 관해 반성하는 과학 분석가들을 통해서보다는, 법정과 언론을 통해서 과학적 판단에 도전하고 있는 거대 기업과 운동 집단들을 통해 더 많이 나타난다.

  벡의 작업은 과학의 위기에 관해 그릇된 인상을 주는 만큼이나 위험의 특성 파악과 관련해서도 핵심을 빗나가고 있다. 우선 오늘날의 모든 위험들이 얼마나 '후기 근대적'(late-modern)인지가 불분명하다. 광우병의 유행 —— 나중에 결국 인간에게 전염된 —— 은 동물 단백질로 소의 사료를 생산하는 낮은 수준의 기술 산업에서 유래한 것으로 생각된다(구체적으로는 에너지 절약을 위한 저온 공정 혁신이라는 맥락에서 나왔다). 좀 더 중요한 문제로는 벡이 선호하는 사례들 —— 체르노빌 원자로 폭발에서 나온 낙진의 위험 같은 —— 이 소박한 '민주적' 성질을 가졌다는 것을 들 수 있다. 얼른 보면 낙진은 가난한 사람이나 부유한 사람들 모두에게 떨어지는 것처럼 보인다. 그런 의미에서 '위험사회'는 모든 사람들의 문제이다. 그러나 특히 미국에서 환경 정의 운동이 분명하게 보여 준 것처럼, 환경적 '해악'은(심지어 앞서 인용문에서 강조된 "대규모의 생태적 해악, 핵 관련 해악, 화학적 해악"도) 종종 여전히 인종, 성별, 계급의 구분선을 따라 상당히 불평등하게 분배되고 있다. 특히 핵 관련 위험과 화학적 위험은 특권적 공동체보다는 불리한 조건에 처한 공동체에서 단연코 훨씬 더 많이 나타난다. 위험사회의 위해들은 벡이 암시하는 것처럼 균등하게 공유되지 않는다.

  이 장에서는 과학학의 문제의식을 접목한 위험에 대한 접근이 어떻게 표준적('객관적') 위험 평가가 직면한 문제들을 체계적으로 이해할 수 있는지를 보였다. 이러한 접근은 아울러 우리가 기든스와 벡이 개진하는 부류의 논증을 훨씬 더 상세한 부분까지 개선하고 분명하게 만들 수 있게 해준다. 그럼에도 불구하고 벡의 전반적 설명이 우리에게 과학자 공동체의 핵심적인 사회적 역할이 시간에 따라 변한다는 사실을 요긴하게 깨닫게 해주었음은 인정해야 할 것이다. 앞서 7장에서 주장했던 것처럼, 벡은 과학 전문성이 이전 시기에는 경제적·군사적 생산성의 촉진을 주요 역할로 했던 반면 후기 근대 사회에서는 더 큰 규제상의 역할을 맡고 있다고 말한 점에서 확실히 옳다. 아울러 자연의 인간화에 관해 그와 기든스가 지적한 논점은 오늘날 수많은 위험에 관한 우려들이 유해 공정과 물질에 대한 인간의 통제와 관련돼 있음을 우리에게 상기시켜 주는 데서도 핵심적인 역할을 한다. 천연두 바이러스를 (가장 가능성이 높기로는 테러리스트가) 의도적으로 퍼뜨릴 가능성에 대해 21세기 초에 널리 퍼져 있는 우려는, 관련된 '위험'이 질병에 감염될 확률에 관한 것이 아니라 멀리 떨어진 연구 시설에서 바이러스의 몇 안 되는 남은 샘플을 지키고 있는 군 당국에 대해 시민들이 가질 수 있는 확신의 정도에 관한 것이라는 점을 보여 준다. 자연의 인간화에 관한 이 논점은 그 본질상 미결정성에 관한 브라이언 윈의 관찰과 동등한 것이다. 안전에 관한 계산의 견실함은 자연 세계의 행동에 관한 주장의 정확성에 오직 부분적으로만 의존한다. 그런 계산은 개인과 제도의 행동에 관해 밑에 깔린 가정들이 얼마나 믿을 만한지에도 결정적으로 의존하기 때문이다. 자연 세계에 대한 전문가 재현의 정확성과 성찰적 시험이라는 이 주제는 법정에서 과학을 다루는 경우에 초점을 맞추는 다음 장에서 좀 더 검토될 것이다.

10장_법정에서의 과학

들어가며

법과 과학은 모두 경험적인 활동이다. 법과 과학은 기본적으로 상황이 어떠한지를 규명하는 것에 관심이 있고, 두 제도 모두에서 증거의 질을 평가하기 위한 정교하고 세부적인 기법들이 고안돼 있다. 얼른 보면 과학 전문성이 법률적 과정에 특히 유익할 가능성이 높아 보인다. 전문가들은 법률가들을 포함한 일상적 행위자들이 이해하기 힘든 사안들 — 가령 혈액형의 일치 여부나 극미량의 약물에 대한 화학적 식별 — 에 특별히 해결의 실마리를 던져 줄 수 있을 것이다. 또한 때로 전문가들은 새로운 종류의 정보를 법정에 도입할 수 있어야 한다. 1980년대 중반에 'DNA 지문 감식'이 법정에서 활용되기 시작했을 때를 예로 들 수 있다(Jasanoff, 1995: 55). 지난 한 세기 동안 과학과 여타 형태의 전문가 지식이 법정에서 활용될 수 있는 방식을 규정하는 절차들이 성문화되었다. 통상적으로 증인이 법정에 출석해 증언을 하는 것은 증인이 재판과 관련해 어떤 현상이나 사건을 개인적으로 보거나 듣거나 여타의 방식으로 감지했기 때문이다. 증인들은 일상적 숙련을 활용해 자신의 증언을 뒷받침한다. 그들과 같은 상황에 처했던 사람이면 '누구든' 동일한 사실을 알아챘을 것이라는 이유 때문이다. 전문가 증인들은 보통 이와는 다른 역할을 한다. 그들은 '누구나' 알 수 있는 증언을 하는 것이 아니라 자신의 특정한 지식 분야와 결부된 증언을 한다. 종종 그러한 전문가 증언은 존중을 받으며 일상적 증인들의 증거가 직면하는 것과 같은 도전을 받지 않는다. 그러나 전문가 증인들이 항상 호의적인 대접을 받는 것은 아니며, 어떤 특정한 재판에서 무엇을 적절한 전문성으로 간주해야 하는가 하는 문제 그 자체에 의문이 제기되기도 한다. 이 장에서는 여러 가지 사례들을 활용해 법정에서 전문성이 처한 곤경에 대해 생각해 보고, 과학학에 근거한 과학 전문성의 이해가 이 중요한 사회학적 현상을 해석하는 데 최상의 기반을 제공한다고 주장하고자 한다.

신문받는 전문가들

9장에서 지적한 바와 같이, 법정은 과학적 판단 — 앞서의 사례에서는 위험의 평가에 대한 — 에 도전하는 장으로 되풀이해서 활용돼 왔다. 과학적 판단이 객관성의 성취를 목표로 한다면, 과학에 의문을 제기하는 법정의 능력은 상식에 반하는 것으로 해석될 수 있다. 만약 뭔가가 객관적으로 옳다면, 사람들은 그것이 법정에서 성공적으로 도전을 받을 거라고 기대하지 않을 것이다. 법률 과정이 어떤 식으로든 오류가 있거나 오도된 것이 아니라면 말이다. 물론 오직 나쁜 과학만이 법정에서 그 정체가 드러나는 것일 수도 있다. 미국식 어법에서는 그러한 '과학' 연구를 종종 '쓰레기 과학'(junk science)이라고 부르는데, 쓰레기 전문성이 법정에서 허물어지는 것은 전혀 놀라운 일이 못 될 것이다(Foster and Huber, 1997: 17). 그러나 이러한 결론은 너무 제한적이다. 과학학 연구는 법정에서의 신문이 과학 전문성의 해체에 특히 적합한 것으로 드러나는 구체적인 방식들을 제시하고 있다. 심지어 과학자 공동체 내에서 평판이 좋은 것으로 간주되는 전문성까지도 말이다.

    영미법계(주로 영연방 국가들에서 볼 수 있는)에서는 법정의 심리를 마치 시합 같은 방식으로 설정한다. 원고와 피고 양측은 자신의 해석을 옳은 것, 상대방의 해석을 결함이 있는 것으로 제시하는 것을 목표로 한다. 재판은 대결 구도에 입각해 있다. 이는 증인으로 채택된 과학 전문가들의 역할에 두 가지 즉각적인 결과를 가져온다. 첫째, 그들은 관례상 원고나 피고 중 어느 한쪽의 증인으로 나서게 되며 ― 증언에서 아무리 객관성을 유지하고자 애써도 ― 심리 결과와 관련해 중립적인 것으로 간주되지 않는다. 둘째, 한쪽은 제출된 과학의 질과 상관없이 다른 쪽 전문가의 신용을 떨어뜨리는 데 이해관계를 갖고 있다. 많은 경우 검사 측의 논거는 '합리적 의심을 넘어선 정도로' 입증되어야 한다. 이는 피고 측이 재판에서 지지 않기 위해 합리적 의심이 존재한다는 사실을 보이기만 하면 된다는 것을 의미한다.

    일련의 사례연구들은 이러한 제도적 배치가 가져온 결과를 분명하게 보여 주었다. 우선 과학자 증인에 대한 반대신문을 수행하는 사람은 전문가의 증언에 의심을 던지기만 하면 된다. 법정에서 신문자가 사건에 대해 우월한 해석을 제안해야 할 의무가 있는 것은 아니기 때문이다. 이는 과학에서 단순한 반증의 역할에 대한 포퍼주의의 이상과 다소 닮은 점이 있지만, 과학 실천에 대한 사회학적 설명이나 포퍼 이후의 철학자들 모두에게 있어 과학자 공동체 내에서 어떤 해석에 의심을 품는 것은 보통 이를 부인하는 데 충분치 않음이 분명하다.[1] 과학자 공동체는 변칙 사례를 용인한다. 논쟁이 벌어지는 경우 이는 흔히 서로 경쟁하는 이론적 해석들 간의 시합으로, 그들 각각은 상대방에 대해 강점과 약점을 갖고 있다. 그 정의상 논쟁에서 의심은 양측 모두에 따라붙는다. 의심은 정상적인 것이다. 그뿐 아니라 신문자들의 이러한 결함 찾기 성향은 극단적으로 연장될 수 있다. 심지어 법률가들은 과거의 실험이 오직 귀납적으로만 미래에 일어날 일을 예측한다는(따라서 확실한 예측은 불가능하다는) 가장 단순화된 포퍼주의의 논점을 활용하기도 한다. 이는 전문가 증인으로부터 경험적 검증이 다음 번에도 성공할 것인지 확신할 수는 없음을 시인하게 만들 때 쓰인다. 법정에서 통용되는 관습과 과학계에서 지배적인 관습 사이에는 체계적인 부정합이 존재한다. 반대신문에서는 과학적 확실성에 대한 표준적 설명을 동원해 법정에서의 과학적 증언과 연관된 그 어떤 불확실성도 증언 그 자체가 미심쩍음을 나타낸다고 암시한다.

과학자 공동체의 작동 방식과 다른 또 하나의 중요한 점은 불신과 관련돼 있다. 과학자들이 다른 과학자의 주장을 모두 신뢰하는 것이 아님은 분명하다. '서로 협력하는' 두 개의 중력파 물리학 공동체를 다룬 콜린스의 사례(2장에서 논의된)가 분명히 보여 주듯, 과학자들은 때로 동료 과학자들을 극도의 불신으로 대할 수 있다. 그 사례에서는 협력자들이 성급한 결론처럼 보이는 것을 발표할 거라는 우려 때문에 미국 물리학자들이 노골적으로 불신을 담은 방식으로 행동했다. 그러나 이러한 불신의 잠재력은 제한적일 수밖에 없다. 미국 과학자들은 다른 집단에서 나온 실

---

[1] 아울러 1장에서 지적했듯이, 포퍼는 종종 그의 관점이 암시하는 가장 정형화된 설명보다는 덜 소박한 반증주의자였다.

험 결과는 액면 그대로 받아들이는 것처럼 보였다. 그들이 극히 신중하게 다뤘던 것은 실험 결과의 이론적 함의에 대한 다른 그룹의 판단으로 국한되었다. 과학자 공동체는 특정한 사례들을 제외하면 신뢰에 의존한다(Shapin, 1994). 심지어 과학적 기준을 지키는 '문지기' 노릇을 하는 학술지 편집인들과 심사위원들도 논문의 저자를 의심할 만한 구체적인 이유가 없는 한 투고된 논문이 실제 행해진 연구에 기반하고 있다고 가정한다. 물론 불신은 언제든 터져 나올 수 있고 불신으로부터 확고하게 면제를 받은 것은 아무것도 없다. 그럼에도 신뢰의 유예가 집중적으로 나타나는 경우를 빼면 지배적인 분위기는 상호 신용에 입각해 있다. 대결 구도에 입각한 법정 공방에서는 상황이 다르다. 어느 한쪽의 법률 대리인은 상대편 전문가의 논거에 관해 모든 것을 불신하는 것처럼 행동하도록 동기부여를 받게 된다. 과학 전문가는 과학자 공동체 내에서는 제기되지 않는 도전들에 직면할 가능성이 높다. 과학자 공동체에서는 많은 것들이 의심 없이 그저 받아들여진다. 특정 화학 시약의 선택, 특정 생물 표본의 상업적 공급 업체, 자료를 처리하는 특정한 통계 기법의 활용 등은 모두 공동체 내에서 받아들여지고 있다. 전문가가 이것이 최고의 시약, 표본, 기법임을 입증하도록 요구하는 법률적 도전은 과학자 공동체의 일상적 작동에서 흔히 겪는 도전과는 매우 다르다. 그러한 비표준적 질문들을 던질 수 있는 법정에서의 이점은 법률가들을 위해 출간된 자료에서도 강조되고 있을 정도이다(Oteri et al., 1982를 보라).

그러한 법정에서의 도전은 흔히 놀라울 정도로 평범한 종류의 질문들로 이어지곤 한다. 실험실 민족지학자와 민족지방법론 과학 분석가들이 종종 지적했던 것처럼, 과학적 절차는 엄청나게 많은 일상적 실천들에 기반을 두고 있기 때문이다(Knorr-Cetina, 1981: 114~121; Lynch, 1985:

35~51을 보라). 과학적 실천을 위해서는 실험실의 용기들을 오염되지 않게 보관하고, 저울이나 그 외 측정 장비는 사용한 후 청소해 두고, 기계는 안정적 작동을 위해 정기적으로 시험하는 등의 활동이 요구된다. 그러한 활동들은 실제 필수적인 것임에도 불구하고 과학 논문의 방법 부분에는 나오지 않는다. 이에 따라 법정에서의 도전은 과학 이론의 세부 사항뿐 아니라 과학의 이러한 실천적 기반에도 초점을 맞출 수 있다. 법의학 사례 중 가장 유명한 것은 아마도 (1994~1995년에 미국의 캘리포니아에서) 미식축구 스타이자 배우인 O. J. 심슨이 두 사람을 살해한 혐의로 받은 재판일 터인데, 여기서 핵심 쟁점 중 하나는 DNA와 혈액 검사가 — 설사 과학적으로 정당하고 공들여서 수행되었다 하더라도(물론 이 점 역시 도전을 받았지만) — 올바른 시료에 대해 수행되었음을 입증하는 능력이었다. 이는 범죄 현장에서의 실천을 실험실 검사와 연결시켜 주는 — 이러한 활동이 경찰 기구에 의해 이뤄졌든, 민간 회사에 의해 이뤄졌든 간에 — 복잡하고 수많은 문서로 뒷받침되는 일련의 증거를 요구했다(이러한 쟁점들과 심슨 재판에 대해서는 Jasanoff, 1998; Lynch and Jasanoff, 1998; Lynch, 2002를 보라). 피고 측 변호사들이 그런 문제에 관심을 갖는다고 해서 터무니없는 수준까지 회의적 태도를 취한다고 할 수는 없다. 이 점은 아마도 좀 더 중요한 분야에서 있었던 최근 영국의 경험이 잘 보여 준다. 양들이 '스크래피'(scrapie)로 알려진 뇌 소모성 질환에 감염될 수 있다는 사실은 이미 알려져 있었다. 스크래피에 대해 알려진 것은 한 세기도 더 된 일이었지만, 최근 일부 양들이 스크래피가 아닌 광우병에 감염되었을 가능성이 있다는 우려가 제기됐다. 스크래피에 감염된 고기는 인간에게 무해한 듯 보이지만, 광우병에 감염된 고기는 그렇지 않다. 그래서 검사 프로그램이 도입되었다. 이 검사는 다 자란 양의 고기를

식품 유통망에서 제거해야 하는지를 판단할 예정이었지만, 2001년 양의 뇌 표본으로 조심스럽게 수집되고 라벨을 붙여 온 것이 실은 소의 뇌임이 밝혀지면서 혼란 속에 종식되었다. BBC 뉴스에서 무미건조하게 보도한 내용을 옮기면, "스크래피에 감염된 일부 양들이 실은 광우병에 감염되었는지 여부를 확인하기 위한 실험이 수행되었다. 결과는 2001년 말에 발표될 예정이었지만, 최종 DNA 검사에서 과학자들이 지난 3년 동안 소의 뇌를 대신 검사하면서 시간을 허비해 왔음이 드러났다".[2] 이러한 이유 때문에 표본을 추적하고 라벨을 붙이는 것에 관한 행정적 관행들이 법정을 위한 과학을 흔히 지탱하게 되는데, 이러한 관행이 얼마나 엄격하게 준수되는가는 법률가들이 회의적 태도를 취하는 데 풍부한 토양을 제공해 왔다. 문제는 항상 이런 식이다. 이 사건에서의 행동은 명백히 의심의 여지가 없는가? 법과학(forensic science)에서 기록 보존은 반대신문자의 요구에 견딜 수 있는 대단히 높은 수준까지 상승했다. 이는 학문적 과학의 실천에서는 이례적인 일이다(Jasanoff, 1998: 725).[3]

우리는 과학 전문성이 일상적인 경험적 측면에 대한 공격에 노출될 수 있음을 보았다. 그러나 약점은 말하자면 그 반대 측면에도 나타날 수 있다. 반대신문이 과학자들의 판단에 초점을 맞출 수도 있다는 말이다. 영국에서는 중요한 계획상의 결정이 흔히 '공청회'(public inquiry)를 거친다. 이는 대결 구도에 입각한 법정 시스템에 기반하고 있다. 과학학의

---

2) BBC 뉴스의 2002년 1월 10일 자 보도. http://news.bbc.co.uk/1/hi/uk/1569739.stm(Date Accessed: 2003.1.16.).
3) 이는 법정에서의 과학뿐 아니라 규제 목적에 쓰이는 과학(가령 식품 안전 검사)의 경우에도 마찬가지이다. 여기서의 프로토콜은 매우 상세한 세부 사항까지 규정되어 있어 대학의 과학 관련 학과들에서는 인가를 얻는 것이 거의 불가능하다(Irwin et al., 1997: 26을 보라).

시각에서 그러한 공청회들에 대한 연구가 여러 차례 수행되었다(Wynne, 1982; Yearley, 1989, 1992를 보라). 그러한 사례 중 하나에서는 환경 단체가 요청한 과학자 증인이 소택지 지역의 보호를 주장했다. 개발업자는 이곳의 물을 빼고 원예에 쓰이는 이탄(泥炭)을 '수확'하고 싶어 했다. 이 과학자 증인에 대해 개발업자의 법률 대리인이 반대신문을 했다. 앞선 문단에서 지적했던 것처럼, 이 법률가는 먼저 공식 환경보호 기구가 서로 다른 이탄지들의 야생 생물 가치를 비교하는 도표를 만들어 내는 일상적 절차에 초점을 맞추었다. 그는 문제가 된 소택지의 가치가 그 도표상에서 과대평가되었다고 주장하려 했다(Yearley, 1989: 429~433). 그러나 그는 바로 이 이탄 소택지에 특별한 특징이 있다는 과학자 증인들의 주장도 반박했다. 한 증인은 희귀한 나비(큰황야나비)가 이 소택지에 자주 나타나며 알을 낳기도 한다고 주장했다. 이 주장에 대한 법률가의 답변은 과학 전문가가 미처 예상치 못했던 것으로 보였다. 왜냐하면 이 법률가는 나비라는 요인을 해당 부지의 가치에 대한 증거로 전혀 인정하지 않았고, 오히려 이러한 판단은 도표 내에 체계적으로 제시되고 있지 않으므로 일방적인 주장에 불과하다고 반박했기 때문이다(Yearley, 1989: 433~435). 만약 서로 다른 과학자들이 어떤 특징의 중요성에 대해 의견 일치를 보지 못했다면, 그 특징은 과학적인 것이 될 수 없다는 논리였다. 그리고 만약 완전하게 과학적인 것이 아니라면, 과학 전문가의 증언에 따르는 특권은 이 문제까지 연장되어서는 안 되었다. 극단적인 경우 과학자들의 판단은, 바로 그것이 '판단'이고 정형화된 실천의 결과가 아니라는 이유를 들어 지나치게 편향된 것으로 그려질 수 있었다.

    요약하자면, 과학 전문가들은 법정의 증인으로서 특별한 지위를 부여받긴 하지만, 그들의 권위는 흔히 가정되는 것에 비해 공격에 훨씬 더 취약했다. 반대신문자들은 과학적 권위를 해체할 수 있었다. 특히 전문가들의 증언이 일상적 검사 수행에 의지하는 경우, 반대신문자들은 그러한 일상적 절차의 모든 단계에 압박을 가해 재판을 유리하게 이끌 수 있음을 알아냈다. 그리고 전문가들의 증언이 전문가의 판단에 의존하는 한, 그런 판단은 '개인적'인 것으로, 즉 충분히 과학적이지 못하며 따라서 오해의 소지가 있는 것으로 그려 낼 수 있다. 자사노프가 최근 지적한 것처럼, 이는 ─ 법정이 생산된 지식의 주요 '시장'이 되는 법과학이라는 특정 영역에서는 ─ 증거의 적절성에 관한 법정에서의 기준이 과학자 공동체 내에서 통용되는 적절성 관념의 역할을 넘겨받는다는 것을 의미했다. 그러한 경우 적절성의 법률적 기준은 일상적인 과학 업무의 수행에도 영향을 미친다(Jasanoff, 1995: 50~52). 과학자들이 경험하는 이와 같은 어려움들은 과학학에서 영향을 받은 과학 이해에 비춰 보면 이해하기 쉽다. 과학의 실천은 체계적이고 과학자들은 서로를 비판적 검토에 노출시키지만, 과학이라는 제도는 (7장에서 논의했듯) 신뢰와 판단에도 아울러 의존한다.[4] 대결 구도에 입각한 반대신문은 이러한 신뢰에 끊임없이 의문을 제기하고 판단을 체계적이지 못한 것으로 간주함으로써 과학적 권위를 지속적으로 해체하려 한다. 과학과 법률 사이의 이러한 부정합은 더욱 악화될 수 있다. 법률적 과정은 특정한 재판에서 정의를 실현하는 데

---

4) 이 점은 오스트레일리아에서 있었던 한 사례에서 아주 분명하게 드러났다. 이 사례에서는 어떤 과학자가 한 기독교 근본주의자의 대중적 발표와 자금 모금을 제한해 달라며 법원에 소송을 냈다. 기독교 근본주의자는 터키 동부에서 노아의 방주의 잔해를 발견했다는 주장을 펼치고 있었다. 이 과학자는 기독교 근본주의자가 입증 가능한 오류를 범했고 따라서 '공정거래' 법률에 따라 대중을 더 이상 오도하지 못하게 막아야 한다고 주장했다. 이 과학자에 대한 반대신문은 과학자들이 하는 일에서 무엇이 과학적인지를 성문화하기가 얼마나 어려운지를 드러냈다(Edmond and Mercer, 1999: 330~332를 보라).

관심이 있는 반면, 과학적 절차는 장기적으로 견고한 주장을 찾아내는 것을 목표로 하기 때문이다. 다음 절에서는 이러한 동일한 쟁점들을 다른 각도에서 사례(도버트 재판)를 통해 살펴볼 것이다. 이 사례에서 미국의 법 체계는 어떤 종류의 과학 전문성을 법정에서 인정해야 하는가에 관한 입법을 위해 과학을 어떻게 정의할 것인가 하는 문제에 초점을 맞춰야 했다.

도버트 재판의 배경

1980년대 말에 제약 회사 메릴다우(Merrell Dow)에 대한 소송이 제기되었다. 소송을 제기한 두 아이와 부모 들은 아이들의 선천적 기형이 이 회사가 제조한 입덧 방지 처방약(벤덱틴)을 어머니들이 임신 기간 동안 복용한 사실에 의해 유발되었다고 주장했다. 사건의 심리를 맡은 지방법원은 양측의 입장을 지지하는 과학 전문가들의 서로 대립하는 주장들을 접하게 되었다. 피고(메릴다우)의 입장은 "훌륭한 자격을 갖춘 전문가"의 선서 진술서에 의해 뒷받침되었다(도버트 대 메릴다우 소송에 대한 1993년 미 대법원 판결문을 Foster and Huber, 1997: 277에서 재인용[5]). 단 한 사람의 이 전문가 — 의사이면서 역학자(疫學者)인 — 는 이 약에 대한 광범한 과학 문헌 검토에 기반해 "어머니의 벤덱틴 복용이 인간에게 선천적 기형을 낳는 위험 요인임이 입증되지 못했음"을 시사하는 증거를

---

5) 미국 바깥에 있는 독자들은 이 출처를 찾는 것이 더 쉬울 터이므로(미국 내의 독자들에게도 그리 어렵지 않다), 나는 포스터와 후버의 책(Foster and Huber, 1997)의 부록 B에 재수록된 '전문가 의견'의 쪽수를 인용했다. 아울러 이 재판과 그것이 제기한 원칙적 지점들에 관해 매우 유용한 많은 대화를 나눴던 실라 자사노프에게 감사의 뜻을 표하고자 한다.

제출했다(Foster and Huber, 1997: 277). 요약하면 13만 명의 환자들을 포괄하는 30편의 출간된 연구들에서 이 약은 기형 유발 물질임이 입증되지 못했다는 것이었다. 아이들 중 적은 일부만이 선천적 기형을 갖고 태어났고, 이는 어머니들이 약을 복용했는지 여부와 무관하게 나타났다. 아이들의 장애와 벤덱틴의 복용은 이 약이 아이들에게 문제를 유발했음을 시사할 정도로 통계적 연관성을 갖고 있지 못했다.

가족들이 제시한 논거는 그보다 많은 수의 과학자들에 의해 뒷받침을 받고 있었다. 그들은 모두 여덟 명으로, 대체로 메릴다우의 전문가 증인에 필적할 만한 자격과 자질을 갖추고 있었다. 개략적으로 말해 그들의 논증은 제약 회사 측 증인이 인용한 연구들이 평판이 나쁘다는 것은 아니었다. 그보다 그들의 주장은 자신들이 이 약의 기형 유발 능력을 가리키는 다른 종류의 과학적 증거를 가지고 있다는 것이었다. 그들의 연구는 다양한 분야와 접근법에 기반을 두고 있었다. 그들은 벤덱틴이 발달 기형과 연관돼 있음을 나타내는 시험관 연구와 동물 연구 들을 제시했다. 아울러 그들은 "벤덱틴의 화학구조를 보여 주는 약학 연구"를 제시했다. 이는 "이 약의 구조와 출산 기형을 유발하는 것으로 알려진 다른 물질들의 구조 사이의 유사성을 보여 준다고 했다"(Foster and Huber, 1997: 278에서 재인용). 마지막으로 그들은 이 약에 대한 역학 연구들을 재분석한 미발표 결과에서 나온 논증을 제출했다. 결국 법정은 서로 경합하는 잠재적인 과학적 주장들 사이에서 선택에 직면했고, 판사는 심리를 어떻게 진행할지를 결정해야 했다. 모든 과학적 증거를 법정에서 받아들여 배심원들에게 제출하도록 허용해야 하는가, 아니면 판사가 과학자들 중 일부만이 이 사안에 관해 전문가 증인으로 활동할 적절한 자격을 갖추었다는 결정을 내려야 하는가?

제약 회사는 법정에 이 사안에 관한 약식 판결을 내놓도록 압박을 가했고, 판사는 일명 프라이 판결(아래를 보라)에 의거해 다음과 같이 판단했다. 오직 피고 측의 과학 전문가만이 이 영역에서 출산 기형의 원인에 관한 과학적 추론을 위해 인정받고 '일반적으로 수용된' 근거를 활용하고 있기 때문에, 원고 측의 과학적 증거는 허용할 수 없다는 것이었다. 결과적으로 이는 가족들이 아무런 과학 대표자도 갖지 못한 반면 회사는 자체 역학자를 그대로 보유하게 되었음을 의미했고, 메릴다우는 재판에서 손쉬운 승리를 거뒀다. 이후 항소법원은 대체로 이러한 판단을 지지했다. 그러나 이 심리에서 원고들이 제기한 소송과 나란히 더 큰 원칙이 결정되고 있음이 분명했고, 과학적 증거의 허용 가능성 문제는 미국 사법 체계에서 대부분의 법률적 쟁점의 최종 결정권자인 대법원으로 넘어갔다. 대법원은 판사 과반수가 작성한 보고서에서 제시한 의견과 이에 수반된 소수 의견 보고서 모두에서 허용 가능성 문제에 관해 약간 다른 관점을 취했다. 그들의 논증을 이해하기 위해서는 프라이 판결에 대해 간략하게 살펴볼 필요가 있다.

미국에서 허용 가능한 과학에 대한 법률적 해석

프라이 대 미국(Frye vs. the United States) 재판은 1923년에 있었고, 거짓말 탐지기의 초기 형태에 해당하는 기계에서 나온 증거를 허용할 것인지가 중심 주제였다(Foster and Huber, 1997: 279~280을 보라). 이 거짓말 탐지기의 결과는 허용할 수 없다는 판결이 내려졌는데, 그 이유는 근본적으로 이 장치와 그것의 성공적인 운용이 아직 과학자 공동체 내에서 일반적으로 수용되지 못했기 때문이었다. 판결문에서 종종 인용되는 문구를 옮기면, "추론의 근거가 되는 대상은 그것이 속한 특정 분야에서 일반적으로 수용되었음이 충분히 입증되어야 한다"(1993년 미 대법원 판결문. Foster and Huber, 1997: 280에서 재인용). '일반적 수용'에 관한 이러한 논증은 이후 수십 년 동안 과학적 증거의 허용 여부를 판가름하는 일반적 기준으로 쓰이게 되었다. 벤덱틴 재판에서 하급심 판사들은 약물이 태아의 기형에 미치는 인과적 영향을 평가하는 데 있어 역학이 일반적으로 수용된 방법이라고 주장했고, 이에 따라 다른 논증들은 해당 분야에서의 일반적 수용이라는 기준을 충족시키지 못했기 때문에 허용되지 않았다. 특히 미발표 상태여서 아직 동료 심사를 받지 못한 역학 데이터의 재분석은 '일반적 수용'과 관련해 분명한 결함을 가진 것으로 해석되었다.

대법원에서 제기된 논증은 사실상 프라이 규정의 내용에 대한 도전이 아니라 이러한 원칙이 새로운 증거 규정, 즉 1975년에 도입된 연방증거법(Federal Rules of Evidence)에 의해 대체되었다는 주장에 기반을 두고 있었다(Foster and Huber, 1997: 280). 대법원 판사들은 이에 동의했고, 이후의 증거 규정들은 전문성의 허용에 대한 좀 더 자유주의적인 기준을 도입하려는 의도를 담았다고 주장했다. 결국 "프라이 판결은 '일반적 수용'을 전문가 과학자 증언을 허용하는 배타적 시험으로 만들었다. 연방증거법에 빠져 있고 이와는 양립 불가능한 그 간소한 기준은 연방 재판에 적용되어서는 안 된다"(Foster and Huber, 1997: 281). 특히 그들은 특별히 금지된 것이 아닌 한 '모든 관련 증거는 허용된다'라는 연방증거법 402조와 다음과 같은 내용을 담은 702조를 인용했다.

만약 과학, 기술, 혹은 다른 전문화된 지식이 증거를 이해하거나 문제의 사실을 밝히는 데서 사실 검정을 맡은 사람에게 도움이 된다면, 지식, 숙련, 경험 혹은 교육에 의해 **전문가 자격**을 갖춘 증인은 의견이나 그 외 다른 형태로 그에 대해 증언할 수 있다. (Foster and Huber, 1997: 281. 강조는 인용자)

대법원 판사들은 이러한 조항들이 적어도 다른 종류의 과학적 증거가 벤덱틴 재판에서 중요성을 가질 가능성을 열어 준다고 만장일치로 추론했다. 그들은 프라이 기준에 근거를 둔 판결은 번복되어야 한다고 결정했다.

지금까지는 사안이 상당히 간단해 보였다. 그러나 대법원은 프라이 판결이 다루고자 했던 문제를 스스로에게 다시 부과했다. 증거법 702조에 표현된 바에 따르면(위 인용문을 보라) 문제는 다음과 같다. ⓐ 무엇을 '과학 지식'으로 간주해야 하는가, ⓑ 어떤 추정상의 전문가가 '지식에 의해 전문가 자격을 갖추'고 있는가. 법원은 프라이 같은 제한적 규정을 엄격하게 고수함으로써 관련된 유효한 과학 정보를 배제하는 것을 원치 않았다. 사실 프라이 규정 자체도 결코 명료하지 않았는데, '일반적 수용'이 정확히 어떤 의미인지에 대해 언제나 논쟁이 있을 수 있었기 때문이다. 그러나 다른 한편으로 법원은 어떤 종류의 과학적 견해를 허용할 것인지를 규제할 방법을 필요로 했다. 과학 전문가(그리고 그 외 전문가)들은 법정에서 특권적인 지위를 누리면서 법정에 실제로 출석하지 않는 다양한 사람들이 수행한 실험과 검증에 기반을 둔 증거를 제시할 수 있기 때문이다. "통상적 증인과 달리 …… 전문가는 의견을 제시할 수 있는 폭넓은 재량권이 허용되며, 여기에는 직접 얻은 지식 내지 관찰에 근거하지 않은 의견도 포함된다"(Foster and Huber, 1997: 283). 다시 말해 전문가 증언은 법원의 소송 절차에 특별한 종류의 '전해 들은 말'을 제시할 수 있는 허가인 셈이다. 그러한 허가가 '올바른' 사람들에게만 제공될 수 있게 하는 것은 분명 실천적 중요성을 갖는 문제이다.

대법원이 결정해야 할 사안의 중요성을 깨달은 많은 당사자들은 법원이 이 문제를 어떻게 개념화해야 하며 허용 가능성의 기준을 어떻게 다시 정해야 하는가에 관해 조언을 제공하려는 의도로 '법정 조언자'(amicus curiae) 의견서를 제출했다. 제출된 21개의 의견서(Solomon and Hackett, 1996: 137) 중 지금의 논의와 관련해 특히 중요한 것은 두 개이다. 하나는 카네기과학기술정부위원회(Carnegie Commission on Science, Technology and Government)가 제출한 것이었고 다른 하나는 미국과학진흥협회(American Association for the Advancement of Science, AAAS)와 미국과학원(National Academy of Sciences, NAS)이 공동으로 제출한 것이었다.

'조언자들'의 관점

조언자들의 관점은 그것이 판사들의 최종 판결에 영향을 미쳤을 뿐 아니라 법정에서의 과학에 대한 이해 증진에서 과학철학과 과학학이 지닌 실천적 가치에 관해 말해 주기 때문에 흥미롭다. 미국 기성 과학계의 대변자인 AAAS와 NAS가 제출한 의견서는 판사들이 인정받는 과학적 전문성의 문턱을 너무 낮추지 않도록 대법원이 과학을 충분히 잘 이해하게 하는 데 관심이 있었다. 과학적 평가에서 불편부당성이 필요함을 길게 상술하고 동료 심사와 그 외 연관된 실천들의 목적을 마찬가지로 길게 설명한 후, 이 조언자들은 다음과 같이 제안하고 있다.

법정은 과학적 증거가 과학적 기준에 합당한 정도로 부합하고, 유효하고 믿을 만한 것으로 일반적으로 수용된 방법에서 유래했을 때에만 이를 허용해야 한다. 허용 가능성에 대한 그러한 테스트는 과학자들이 서로의 작업을 평가할 때 고려하는 요인들 — 동료 심사의 결과도 포함해서 — 을 포괄할 것이다. (AAAS/NAS의 피고 측 법정 조언자 의견서 19쪽. Solomon and Hackett, 1996: 137에서 재인용)

이어 이 조언자들은 (경험주의, 머튼 식의 불편부당성, 포퍼주의가 뒤섞인) 자신들의 과학철학을 상술하면서 조언을 제시한다. 그들은 판사들이 훌륭한 과학, 동료 심사를 거친 과학을 찾아야 하며 재판이 시작되기 전에 어떤 과학을 허용할 것인지 결정해야 한다고 제안하고 있다. 다시 말해 이 조언자들의 목표는 과학자들이 훌륭한 과학을 어떻게 판단하는지를 판사들에게 가르쳐 주는 것이다. 판사들이 동일한 원칙을 활용해 제대로 된 과학을 알아볼 수 있게 함으로써 오직 그런 과학만이 법정에 허용되도록 보증하기 위해서이다. 그러면 법정은 전문가 증인이 제공하는 증거에 특권을 부여할 수 있을 것이다. 그것의 과학적 지위가 의문의 여지 없이 확인되었기 때문이다. 그들이 이런 조언을 하면서 현실에서 판사들에게 어떻게 도움이 될 거라고 생각했는지는 분명치 않다. 가령 그들이 어떤 것을 법정에서 배제해야 하는지 예를 든 것 중에는 "뉴턴의 운동법칙을 적용하는 데 이의를 제기하는 교통사고 소송 증언"이 있는데 (AAAS/NAS의 피고 측 법정 조언자 의견서 21쪽), 유능한 판사라면 누구라도 그런 사례가 별로 도움이 못 된다고 여겼을 것이다. 더 나은 시사적 사례의 부족은 그들이 제공한 조언이 구별 장치로서는 생각보다 유용성이 떨어짐을 말해 준다.

카네기특별위원회가 제출한 의견서 — 소송의 어느 쪽 당사자 편도 들지 않은 중립 의견서 — 를 보면, 이 역시 과학에 대해 어떤 관점을 취해야 하는가에 관해 사법 당국에 조언하려 시도하고 있다. 요컨대 카네기위원회의 관점은 전문가들이 개진하는 특정한 과학적 주장의 내용적 타당성을 판사들이 판단할 것으로 기대할 수는 없고 그래서도 안 되지만, 대신 판사들은 전문가들이 "인정받는 형태의 과학적 실천에 종사하고 있는가" 하는 문제에 초점을 맞출 수 있다는 것이다(카네기위원회의 중립 법정 조언자 의견서 5쪽). 다시 말해 그들은 과학의 '과학성'이 탐구의 형태와 절차를 과학자들이 얼마나 고수하는가에 달려 있음을 강조한다. "과학적 주장이 인정 가능한 형태의 과학적 탐구의 범위 내에서 개발된 것인지" 여부를 판단하기 위해 그들은 세 가지 기준을 제안하고 있다(카네기위원회의 중립 법정 조언자 의견서 11쪽).

① 해당 주장은 검증 가능한 형태로 제시되고 있는가?
② 해당 주장은 경험적으로 검증되었는가?
③ 검증은 과학적 방법론에 따라 수행되었는가?

이 중 첫 번째 기준에 대해 상술하면서, 카네기 의견서의 저자들은 포퍼를 빌려와 과학적 진술은 "관찰 혹은 실험을 통해 틀렸음을 입증할 수 있는" 것이라고 말한다. 여기에 더해 그들은 "이러한 검증을 통해 생산된 데이터는 재연 가능해야 한다"라고 주장한다. 그다음 쟁점, 즉 어떤 주장이 실제로 경험적 검증을 거쳤는가에 대한 판단은 일차적으로 과학자 공동체가 확인해야 할 문제로 간주된다. 다시 말해 저자들은 동료 심사와 논문 발표가 어떤 주장이 검증을 거쳤다는 사실의 표준적 지표라고 보고 있다. 그러나 그들은 어떤 주장들의 경우 동료 심사를 우회하는 방식으로 검증될 수 있다는 사실도 인정하고 있다. 그런 사례들에서 법정은 대안적인 지표를 찾아야 할 것이다. 이에 따라 마지막 질문, 즉 검증이 과학적 방법론에 입각해 수행되었는지가 결정적으로 중요하다. 여기서 그들의 논점은 세월이 흘러도 변치 않고 다양한 분야들에 적용되는 적절성의 기준이 있다는 것이 아니라, 논쟁이 일어난 영역 내에서는 특정한 내용적 주장에 관해서보다 방법론적 기준에 관해 합의하기가 훨씬 쉽다는 것이다. 심지어 카네기 의견서의 저자들은 법정이 '중립적' 과학자들을 찾을 수 있을 거라는 제안을 하기도 한다. 이러한 과학자들은 직접적으로 문제가 되는 분야에 대단히 정통할 필요는 없고, 일반적인 방법론적 기준들에 대한 지식을 적용할 수 있으면 된다. 그들은 한 지질학자의 사례를 예로 들었다. 그는 독성 폐기물로 물이 오염됐다는 주장과 관련해 법정에서 채수(採水) 방법의 적절성에 관한 조언을 했다. 지질학자가 지닌 연관된 숙련은 독성 폐기물이 아니라 채수에 관해 아는 데 있었다.

허용 가능성에 대한 대법원의 관점과 그 결과

대법원은 조언자들의 의견서를 고려해 결론에 도달했다. 판결은 '과학 지식'이 무엇을 의미하는가를 검토하는 것으로 시작한다. 그들은 (조언자들이 참조했던 온갖 철학 문헌들에 비춰 보면 다소 놀랍게도) '지식'에 대한 사전적 정의를 참조했고, 어떤 지식이 과학적이기 위해서는 "과학적 방법에 의해 유도되어야 한다"라고 제안했다(Foster and Huber, 1997: 282에서 재인용). 이어 대법원 판결은 "전문가의 과학적 증언을 제공받은" 심리 판사가 처하게 되는 상황을 숙고한다. 심리 판사는 "[제출된] 증언을 떠받치는 추론 내지 방법론이 과학적으로 타당한지"를 결정해야 한다(Foster and Huber, 1997: 283). 이어 그들은 이렇게 단언한다. "우리는 연방 판사들이 이러한 검토를 수행할 능력을 갖고 있다고 확신한다"(Foster and Huber, 1997: 283). 그들은 어떤 특정한 심리에서 담당 판사가 취하는 관점에 의당 다양한 요인들이 영향을 미칠 것이라고 쓰면서, [그런 요인들에 대한 — 옮긴이] "최종 점검표 내지 테스트"는 제시하지 않겠다고 밝힌다(Foster and Huber, 1997: 284). 그러나 그들은 다음과 같은 네 가지 '일반적 관찰'을 제시하고 있다.

첫째, 그들은 핵심 질문이 "어떤 이론 내지 기법이 …… 검증될 수 있는지(또 검증된 적이 있는지)" 여부에 있다고 제안한다(Foster and Huber, 1997: 284). 그들은 경험주의 과학철학과 포퍼를 인용해 일종의 반증주의 과학 이론을 제시한다. 이에 따르면 과학 지식이 특별한 이유는 바로 (포퍼의 말을 인용해) 그것의 "반증 가능성 혹은 논박 가능성 혹은 검증 가능성"에 있다. 다음으로 그들은 여기서 중요한 고려 사항이 "해당 이론 내지 기법이 동료 심사와 논문 발표를 거쳤는지" 여부라고 제안한다(Foster and Huber, 1997: 284). 그들은 다양한 저자들 — 그중에는 과학학 저자인 자사노프와 자이먼도 있다[6] — 을 인용해 이러한 고려 사항이 결코 분명한 것이 아니라고 지적한다. 동료 심사 시스템은 그 자체로 실수를 저지를 수 있다. 동료 심사는 보수적 성향 때문에 훌륭하지만 혁신적인 제안을 배제할 위험을 안고 있고, 어떤 연구는 너무 전문적이어서 논문을 발표할 만한 학술지를 못 찾을 수도 있다. 그럼에도 불구하고 동료 심

---

6) 존 자이먼은 과학 지식의 질적 보증을 위한 사회적 메커니즘에 관한 연구로 잘 알려져 있다. 그의 책 『믿을 만한 지식』(*Reliable Knowledge*)을 보라(Ziman, 1978).

사는 과학 연구의 질적 보증을 검토할 수 있는 좋은 수단이다. 동료들의 꼼꼼한 검토가 방법론적 약점이나 그 외 약점들을 드러낼 가능성이 높기 때문이다. 이에 따라 동료 심사와 논문 발표는 어떤 기법 내지 방법론의 타당성을 평가하는 데 관련이 있지만 '결정적'인 요인은 아니라고 할 수 있다. 셋째, 대법원 판결은 특정한 과학 기법에 대해 법정이 "알려진 내지 잠재적인 오류율과 …… 해당 기법의 작동을 관장하는 기준의 존재 및 유지를 고려에 넣어야 한다"라고 제안한다(Foster and Huber, 1997: 284~285). 마지막으로 대법원 판사들은 '일반적 수용'이라는 오래된 기준이 여전히 유효성을 가질 수 있다고 제안한다. 폭넓은 수용은 긍정적 지표로 볼 수 있는 반면, 널리 홍보됐지만 지지를 거의 얻지 못한 기법은 회의적 반응을 일으킬 가능성이 크다.

그들은 이를 규칙이나 심지어 정확한 기준으로 제시하지 않도록 주의를 기울였지만, 판사들의 생각은 자신들이 이러한 일반적 부류의 고려사항들을 활용해 연관이 있고 과학적인 지식 주장들만 법정에 허용해야 한다는 것임이 분명하다. 여기서 '과학성'(scientificness)은 다음의 사항들에 의해 드러날 것이다.

① 검증 가능성
② 성공적인 동료 심사와 논문 발표
③ 공표된 [그리고 아마도 낮은] 오류율
④ 과학자 공동체 내에서 폭넓은 수용

요컨대 대법원이 취한 접근법은 과학을 인정하는 것이 판사들에게 달려 있다고 제안한다. 판사들은 훌륭하고 연관이 있는 과학을 법정에 허용해야 한다. 네 개의 도버트 '충고'들은 판사들이 어떤 과학이 '훌륭한' 것인지 판단을 내릴 때 활용해야 하는 유형의 고려 사항들을 시사한다.

대법원의 판결이 낳은 가장 중요한 함의 중 하나는 애초 재판에 미친 영향과 관련돼 있다. 섀너 솔로몬과 에드워드 해켓이 적고 있는 것처럼, 하급심 항소법원은 "도버트 가족이 제시한 인과적 증거를 거부하는 원심을 확정했다"(Solomon and Hackett, 1996: 152). 가족들이 제시한 증거가 광범한 동료 심사와 폭넓은 수용이라는 고려 사항을 충족시키지 못했다고 판단했기 때문이다.[7] 장기간의 심리는 이 재판에서 증거의 지위에 아무런 변화도 가져오지 못했다. 어찌 됐든 회사는 이미 벤덱틴을 시장에서 회수했다. 그러나 이 판결은 이후 허용 가능성 문제의 해석에 심대한 영향을 미쳤다. 대법원은 그들이 제시한 네 가지 지표가 기준이 아니라고 강변했음에도, 이는 일종의 시금석이 되었다.[8] 예컨대 버트 블랙 등은 법학 학술지에 기고한 논문에서 이를 호의적으로 받아들이면서 이를 일컬어 '도버트 테스트'라고 불렀다(Black et al., 1994: 721).

과학학과 새로운 '기준'

블랙 등이 보이는 열의는 도버트 테스트가 두 가지 일을 해준다는 생각에 기인한다. 먼저 이는 판사들이 과학을 평가할 때 과학자들이 평가에서 활용하는 것과 동일한 고려 사항들을 활용하도록 장려할 것이다. 둘째,

---

[7] 법원이 항소를 기각한 이유에 대한 추가적인 세부 사항은 포스터와 휴버의 연구(Foster and Huber, 1997: 255~257)를 보라.
[8] 주로 법조계 내에서 이러한 '시금석'이 해석되어 온 방식에 대한 대단히 유익한 분석으로 게리 에드먼드와 데이비드 머서의 연구를 보라(Edmond and Mercer, 2000).

이를 지탱하기 위해 필수불가결한 것으로, 도버트 테스트는 과학자들이 실제로 평가를 내리는 방식을 정확하게 압축해 담고 있다. 그러나 애석하게도 이 두 번째 명제에는 난점이 도사리고 있다.

지표가 되는 네 가지 기준들을 하나씩 간략하게 살펴보도록 하자. 검증 가능성이 목록에서 가장 높은 순위를 점한 것은 우연이 아니다. 멀케이와 길버트가 적고 있듯이 검증 가능성이라는 관념은 수많은 저명한 과학자들의 공개 진술에 매력적인 것으로 드러났기 때문이다(Mulkay and Gilbert, 1981). 표면적으로 보면 검증 가능성은 하나의 기준으로 아주 유망해 보인다. 어떤 과학자 내지 과학 이론이 검증 가능성의 결여를 뽐내는 모습을 상상하기란 실로 어려운 일이다. 그러나 1장에서 보였던 것처럼, 검증 가능성의 관념을 과학적 방법의 두드러진 특징으로 삼는 데는 몇 가지 중대하면서도 잘 알려진 문제들이 있다. 이 중 으뜸가는 문제는 포퍼가 개진한 일견 간단해 보이는 반증의 논리에서 드러난다. 앞서 논의했듯이, 포퍼의 입장은 두 가지 주된 이유에서 이내 난점에 봉착했다. 첫째, 어떤 특정한 실험을 어떤 관념에 대한 검증으로 간주해야 하는지 알아내는 것이 결코 쉽지 않다. 완벽하게 정당한 자격을 갖춘 성공한 과학자들은 자신들의 이론을 반증한 듯 보이는 수많은 실험적 검증을 무시하는 것처럼 보인다. 검증이 형편없이 수행됐고 따라서 결정적인 것이 되지 못했다고 가정하기 때문이다. 중력파 과학자들은 중력 복사를 찾기 위해 계속해서 수백만 달러의 연구비를 받아 내고 있다. 대다수 과학자들은 현재까지 고안된 모든 검증이 부정적 결과로 나왔다고 믿고 있는데도 말이다. 그들은 검증이 충분히 민감하지 못했다고 가정한다. 둘째, 과학자들은 흔히 부정적인 검증 결과에 대해 자신의 이론을 거부하기보다 이를 수정하는 것으로 대응한다. 이런 식의 진행 방법은 러커토시의 과학 연구 프로그램 방법론의 일부로 인정을 받기도 했다. 러커토시에 따르면 모든 훌륭한 이론들은 검증에 실패한 뒤 다시 실패하지 않도록 수정되(고 향상되)었을 가능성이 대단히 높다.

이러한 난점들은 논평 문헌에서 흔히 대충 얼버무리고 넘어간다. 블랙 등은 사과가 철로 만들어져 있다는 가설을 검토함으로써 반증의 중요성을 '예증'한다(Black et al., 1994: 755). 그러한 가설은 사과가 중력하에서 아래로 떨어진다는 관찰에 의해 일견 확인된 듯 보인다. 그러나 그들은 이러한 관찰이 가설을 증명한 것으로 간주해서는 안 된다고 주의를 준다. 반면 사과가 물에 뜬다는 관찰은 이론을 완전히 기각할 수 있게 해준다. 우리가 이미 아는 사실, 즉 사과는 철로 만들어져 있지 않다는 사실은 이러한 사례가 설득력이 있는 것처럼 보이는 데 일조한다. 반면에 만약 사과를 구성한 물질의 본성에 대해 정말 의심이 존재한다면, 우리는 물에 뜨는 사과에 대한 관찰을 새로운 저밀도 형태의 철을 시사하는 것으로 받아들일 수도 있고, 실험의 수행에서 뭔가 결함이 있었다고 생각할 수도 있다. 어쨌든 우리는 철로 만들어진 물건들이 물에 뜰 수 있지만 (대부분의 경우 배는 물에 뜬다) 그러한 관찰이 금속에 관한 우리의 이론을 반증하지는 않음을 — 속이 비어 있는 철선이 부력을 받는다는 것을 설명하기 위해 (밀려난 유체의 질량에 관한) 또 다른 이론을 활용함으로써 — 알고 있지 않은가.

이 기준에 상당한 시간을 할애했으니 그 결과를 이렇게 요약해 두기로 하자. 우리가 이미 '옳은' 답을 아는 지어낸 사례들을 제외하면, 반증은 간단한 구별 장치가 못된다. 분명 검증 가능성과 검증 여부는 좋은 생각이지만, 이것이 옥석을 가리는 기준으로 작동할 수 있는지는 대단히 의문스럽다. 검증 가능성은 과학적 실천을 묘사하는 설명인 것만큼이나 열망의 표현이기도 하다. 이러한 의심은 대법원에서 소수 의견이 제기한 의구심 — 판사들은 반증 가능성이 정확히 무엇을 의미하는지 알아내는 데 다소 어려움을 겪을 수 있다는 취지의 — 을 강화시킨다. 연방대법원장 렌퀴스트(William Rehnquist)의 말을 빌리면 "나는 연방 판사들에 대해 확고한 신뢰를 가지고 있다. 그러나 어떤 이론의 과학적 지위가 그것의 '반증 가능성'에 달려 있다는 말이 무엇을 의미하는지는 잘 모르고 있고, 판사들 중 일부도 마찬가지일 거라고 생각한다"(대법원 소수 의견. Foster and Huber, 1997: 289에서 재인용). 어떤 재판과 연관된 과학 이론이 있고 그 이론을 검증했다고 하는 증거가 있을 때, 그 어떤 판사도 해당 이론에 결함이 있는지 아니면 증거에 오해의 소지가 있는지 말할 수 없다. 해당 판사에게 반증 가능성의 기준을 활용하라고 가르치는 것은 이러한 경우를 반증으로 간주해야 하는지 말아야 하는지를 판사가 알아내는 데 도움을 주지 못할 것이다.

다른 세 가지 기준들은 좀 더 간략하게 살펴보도록 하자. 첫째와 셋째(검증 가능성과 오류율)는 과학적 실천을 평가할 수 있는 객관적 표준을 제공하는 듯 보인다는 점에서 공통적이다. 반면 둘째와 넷째(동료 심사와 일반적 수용)는 과학자 공동체가 스스로 내리는 판단과 관련이 있다. 그래서 다음으로는 셋째 기준을 생각해 보려 한다. 만약 특정한 과학적 기법이 확립된 '오류율'을 갖고 있다면, 이를 법정에 알리는 것은 분명 좋은 생각일 것이다. 그러나 알려진 오류율이 있다는 관념은 검증 가능성의 난점 아래 깔린 몇 가지 오해들을 되풀이하고 있다. 과학은 실천적 활동이며 연구자들은 동료들의 상대적 숙련이나 능력에 대해 견해를 가지고 있다. 그래서 과학적 증거에서의 오류에 관한 주장은 — 적어도 가장 중요한 사례들에서는 — 표준화된 오류가 아니라 논란이 되는 '오류'를 중심에 두는 경향을 가질 것이다. 예를 들어 DNA 검사에서의 '오류율'은 인구 집단 내에서 특정한 유전자 패턴의 빈도(무고한 사람이 유죄인 사람과 DNA 특성을 공유하는 일이 얼마나 자주 있을 수 있는가)나 장치의 기술적 신뢰도가 주를 이룰 거라고 생각할 수 있다. 그러나 실상 많은 우려가 집중되는 것은 다양한 민간 실험실에서 일하는 작업자들의 신뢰성과 DNA 검사에서 매 건마다 필연적으로 나타나는 차이를 '보정하는' 데 쓰이는 표준화 절차의 과학적 정당성이다. 이러한 후자의 종류에 해당하는 복잡한 요인들이 미치는 영향은 오류율로 측정할 수 없다. 그러한 경우 연구자들의 유능함 등등에 관한 가정을 하지 않은 채 객관적 오류율에 도달하는 것은 불가능하며, 이는 법정에서 논박될 수 있는 바로 그 지점이기도 하다. 이 문제에 대해 일견 '객관적'으로 보이는 대응(사람들로 하여금 자신들의 절차의 오류율을 선언하게 하는 것)은 문제에 정면으로 대응하는 대신 이를 숨기려 들 위험이 있다.

과학의 사회적 연구에 속한 분석가들은 남은 두 개의 기준에 대해서는 어려움을 덜 느낄 것이다. 두 기준은 모두 과학적 판단을 행사할 여지를 남겨 두고 있기 때문이다. 물론 동료 심사는 대법원의 판결에서 지적된 대로 많은 점에서 불완전하지만, 이에 대해 환상을 품고 있는 사람은 아무도 없기 때문에 이를 과학적 증거의 적절성을 판단하는 한 가지 근거로 포함시키는 데는 크게 어려움이 없다. 일반적 수용의 관념도 마찬가지다. 이 지침은 과학학이 제안하는 바로 그 방식대로 판단의 역할을 인정하는 듯 보인다. 그 결과 아이러니하게도 네 가지 기준들 중에서 일견 좀 더 무미건조해 보이는 기준들(오류율의 인정이나 반증 가능성의 확인을 요구하는)이 가장 현실성이 떨어지는 반면, 구체적으로 판단의 활용을 요구하는 기준들은 실천적으로 좀 더 살아남을 가능성이 높다.

이러한 깨달음은 자사노프가 요긴하게 표현했던 좀 더 폭넓은 결론을 암시한다.

객관적 사실의 존재에 대한 뿌리 깊은 신념을 지닌 통상의 법학 연구는 법정에서 과학적 증거의 신용을 구축하거나 해체하는 요인들을 이해할 수 있는 자원을 상대적으로 거의 제공해 주지 못한다. …… 법률의 시각에서 증거가 더 이상 수용될 수 없는 경우는 증거가 예방 가능한 기술적 내지 도덕적 결함에 의해 오염되었을 때이다. 예를 들어 관리 연속성(chain of custody)[9]의 중단, 법률가의 비윤리적 행위, 전문가 증인의 부정직성 혹은 결함이 있는 과학에 대한 의존 등이 그것이다. 증거의 생산에서 좀 더 근본적인 우연성의 가능성은 법률적 분석 및 자의식의 정상적 범위 바깥에 위치한다. (Jasanoff, 1998: 715~716)[10]

그러나 과학의 사회적 연구는 이러한 우연성에 주목한다. '도버트 테스트'를 비현실적이고 그것의 주창자들이 가정하는 것보다 훨씬 덜 '과학'인 것으로 만드는 우연성 말이다. 대법원은 자신들이 제시한 네 가지 지표를 규칙으로 간주하는 것을 의도하지 않았다. 그들은 법정이 과학자들 같은 존재가 되어 증거를 과학적인 방식으로 평가하기를 바랐다(Jasanoff, 2001을 보라). 이러한 입장은 과학이 판단에 의존한다는 점을

---

9) 영미법계에서 증거 기록의 진본성을 판정하는 기준으로 증거의 수집·보관·통제·이전·분석·처분 등의 전 과정을 보여 주는 문서화된 기록을 말한다. 증거가 처음으로 수집된 이후 어떠한 변경도 이뤄지지 않았음을 보증하는 역할을 하며, 이것이 지켜지지 않았을 경우 해당 증거물은 법적 효력을 상실하게 된다. ― 옮긴이
10) 법률적 '사실'이라는 관념의 배경에 대해서는 메리 푸비의 연구도 보라(Poovey, 1998).

인정했지만, 그것이 **숙련된** 판단에 어느 정도로 의존하는지 충분히 인식하지 못했다. 숙련을 갖추지 못하면 법정은 실패하고 말 것이다. 규칙과 같은 기준을 활용할 경우 법정은 그보다 더 나쁜 상황에 처할 수 있다. 물론 궁극적인 아이러니는 도버트 기준이 오늘날 전 세계로 퍼져서 뒤르켐이 말한 '사회적 사실'이 되었다는 데 있다(Edmond, 2002를 보라). 법률가와 법정은 이러한 새로운 전문용어를 가지고 일하면서 용어들의 의미를 조작하는 전문가를 키우게 될 것이다. 이제 '도버트 산업'이 생겨났다. 그러나 이는 묘한 형태의 진보처럼 보인다. 프라이의 모호성이 오해의 소지가 있는 도버트의 구체성으로 대체되었으니 말이다.

결론적 언급

이 장은 법률의 과학 해석을 이해하는 데 있어 과학학 연구가 지닌 가치를 보여 주었다. 두 가지를 언급하며 이 장을 마칠까 한다. 첫째, 사회 이론가들(가장 대표적인 인물로 벡)은 근대성이 그 자신에게 파괴적으로 적용되는 성찰적 근대화에 대한 저술을 해왔다. 혹자는 도버트 재판을 그러한 견지에서 해석하고픈 유혹을 느낄 수 있다. (베버의 용어를 빌리면) 으뜸가는 법률적-합리적 제도들이 과학의 권위를 권위적으로 정의하려는 시도에서 스스로를 탐구했으나 프로젝트가 무위에 그친 것이다. 그러나 나는 과학이 법률과 겪는 문제들에 대해 과학학이 좀 더 완전한 설명을 제공해 줄 수 있다고 주장하고자 한다. 이는 성찰성의 문제가 아니라 상충되는 제도적 설계의 문제이다. 대결 구도에 입각한 시스템은 끊임없는 불신을 선호하는 반면, 일상적 신뢰와 숙련된 판단에 의존하는 과학은 이러한 검토를 견뎌 낼 수 있는 대비가 제대로 안 되어 있다. 과학의 '예외적' 성격으로 가는 철학적 열쇠(반증주의 같은)를 찾아냄으로써 과학의 권위를 구해 내려는 시도는 실패할 수밖에 없다. 그러한 합리적 원칙들은 신뢰와 판단을 간과하기 때문이다.

둘째, 이 장에서 파악한 쟁점들은 일국법의 난해한 측면들에 국한되는 것이 아니다. 바로 이와 유사한 쟁점들이 조만간 세계무역기구(World Trade Organization, WTO) 같은 국제기구들에서 긴급한 문제가 될 것으로 예상해 볼 수 있다. 세계화가 진행되면서 WTO는 무역 장벽을 제거하고 부당한 보호주의와 맞서 싸우는 데 힘을 쏟고 있다. 그러나 많은 사례들에서 무역 장벽의 정당화 가능성은 기술적 내지 과학적 고려를 중심에 두고 있다. 현재 유전자 변형 식량 작물은 북아메리카에서 널리 파종되고 있다. 유럽 정부들은 대체로 이에 저항해 왔다. 그들은 이 작물들이 환영받지 못하는 이유가 환경적 문제 내지 (아직 가능성이지만) 소비자 안전 문제가 있을 수 있기 때문이라고 주장한다. 미국은 이러한 주장을 거부하면서, 환경 내지 소비자 위험을 뒷받침하는 아무런 과학적 증거도 없으며 유럽인들은 그저 보호주의 정책을 취하는 것뿐이라고 주장한다. WTO는 그러한 분쟁을 해소하기 위한 기구이며, 일종의 법률적 공청회를 통해 이 작업을 수행한다. 그러한 사안들에서 WTO는 이처럼 골치 아픈 정치적 문제들에 대한 해답을 과학 전문가들에게 의지하는 경향을 보인다. WTO는 무역에 대한 기술적 장벽이 기술적으로 유효할 때만 합법적으로 유지될 수 있다는 입장을 취하기 때문이다. 그러나 기술적 유효성에 대한 판단은 WTO가 이 사안에 대해 판결을 내릴 불편부당한 전문가들을 찾아낼 수 있어야 한다고 요구한다. GM 식품에 대해 WTO는 이 장에서 검토한 법정들이 처했던 것과 똑같은 처지에 놓이게 될 것이다. WTO는 누가 관련된 전문가인지를 파악하는 것이 쉽지 않음을 알게 될 것이다. 그와 동시에 판단의 결과를 사전에 암묵적으로 결정하지 않는다면 말이다. 어떤 과학 전문성을 허용할지에 대한 선택이 이미 논증을 결정하게 된다. 가까운 미래에 우리는 과학과 법률 사이의 양립 불가능성에서 더 적은 문제가 아닌, 더 많은 문제가 생겨날 것으로 예상해 볼 수 있다.

11장_권력에게 진실을 말하다
과학과 정책

들어가며: 정책을 위한 과학의 문제

8장에서의 논의는 과학 전문가들의 발표에 대한 대중의 반응을 이해하는 것과 관련돼 있었다. 나는 8장에서 과학학에서 영향을 받은 과학 지식에 대한 관점이 통상의 관점보다 오늘날 대중이 전문성에 품고 있는 불안감의 성격을 더 잘 설명해 준다고 주장했다. 그뿐 아니라 거기서 제시한 접근법은 왜 '대중들'이 공식 과학 당국에 의해 제공되는 전문성들을 보완하거나 이에 도전할 수 있는 전문성의 형태들을 가질 수 있는지에 대한 이해를 제공했다. 그러나 8장에서의 논의는 대중들의 이해에 초점을 맞춤으로써 정책 당국에 대한 과학 자문 위원들의 역할을 분석하는 최선의 방법이 무엇인가 하는 문제는 다루지 않고 남겨 두었다. 표면적으로 보면, 과학은 세상이 작동하는 방식에 대해 우리가 가진 최선의 지식이기 때문에, 과학자들이 정부와 정책 결정자 들에게 중요한 자문 제공자가 되는 것은 전적으로 이해할 만한 일이다. 그러나 정책 당국의 자문 요구와 과학적 통찰의 생성 사이의 관계는 복잡하고 간접적이다. 이미 17세기부터 과학자 공동체의 구성원들은 일관되게 다음과 같은 관점을 견지해 왔다. 즉, 과학 지식이 자문 제공에 유용하긴 하지만, 가장 유용한 것으로 판명되는 지식은 일반적으로 관리들에게 자문을 제공하기 위해 의도적으로 발전시킨 지식이 아니라는 것이다. 대기화학 연구는 대기오염과 기후변화에 대한 현재의 관심이 생기기 오래전에 시작되었고, 궤도에 대한 계산은 우리가 우주로 인공위성을 쏘아 올릴 능력을 갖춘 것보다 수 세기 앞서 이뤄졌다. 따라서 설사 과학 연구가 자문 제공을 위한 기반이 될 수 있다 해도, 보통의 경우 기초과학 연구는 자문 제공을 위해 수행되는 것이 아니다.

그러나 설사 연구가 흔히 정책적 목표를 염두에 두고 수행되는 것이 아니라 해도, 과학자들은 과학자 공동체가 자문 제공과 관련해 두 가지 장점을 갖고 있다고 오랫동안 단언해 왔다. 첫째, 과학자들은 종종 심오한 것들을 알고 있으며, 자연 세계의 일부가 어떻게 기능하는가 하는 지식에 대해 가장 체계적이고 권위 있는 주장을 할 수 있는 사회 부문이다. 둘째, '순수'과학 공동체의 구성원들은 ─ 적어도 이상적으로는 ─ 자신의 전문 영역에서 정확하고 객관적인 이해를 추구하며 과학 지식의 진보에 외골수로 몰두하고 있다. 그들이 기초과학 공동체에 속해 있다는 사실은 그들의 연구 결과가 갖는 함의에 대한 공평성을 그들에게 부여해 준다. 가령 앞서 제시한 두 가지 사례와 관련지어 보자면, 그들은 기후변화에 관해 우려하는 보험업자도 아니고 통신위성의 소유주도 아니다. 그들이 견실한 자문을 제공할 수 있는 이유는 바로 그들이 이러한 상업적 내지 정치적 관심사에서 당사자가 아니기 때문이다. 그들은 과학에만 몰두하기 때문에 독립적이다. 서장에서 논의했듯이, 이러한 관념이야말로 '순수과학'이라는 용어가 그토록 호소력을 갖게 만드는 요인이다.

기성의 과학 정책 문헌은 이러한 불편부당성과 공평성 논증을 계속해서 되풀이하고 있다. 과학 연구를 지원해야 하는 이유는 연구가 경제적 이득으로 이어질 수 있기 때문이기도 하고, 문명의 진보에 기여하기 때문이기도 하며, 생산된 지식이 정책적 연관성을 갖기 때문이기도 하다.[1] 그러나 이러한 긍정적 고려 사항들에도 불구하고, 우리는 과학 전문성이 실제로는 합의된 최선의 정책 도입으로 이어지지 않는 것을 흔히 경험한다. 앞선 세 개의 장들에서 개관한 대로, 구제역 대응 방법에 대한 전문가 자문에 상당한 우려가 표출돼 왔고, 핵 안전과 같은 정책 영역에서 공식적인 위험 평가가 이러한 사안에 대한 대중의 접근법과 몇 번이고 갈등을 빚으면서 널리 퍼진 회의적 태도에 직면해 왔으며, 법정에서 공방을 벌이는 양측이 모두 자기편 과학 전문가를 찾아내면서 과학자 공동체가 논란이 되는 정책 영역에서 합의된 권고를 만들어 낼 가능성이 높다는 주장이 약화되고 있다. 일견 흠잡을 데 없는 자문 제공 자격을 지닌 과학자 공동체가 제공한 자문이 어떻게 현실에서는 종종 그렇게 약할 수 있는가?

이러한 현상에 대한 통상의 설명은 대체로 두 가지 부류이다. 먼저 과학자들의 독립성이 위태로워지는 방식에 초점을 맞춘 설명이 있다. 그래서 과학 자문이 현실에서는 이상적인 경우처럼 불편부당한 것으로 설정되지 않을 수 있다. 과학자들은 마치 청부 살인업자처럼 행동하면서 편파적 법률가들이나 여타 대변자들이 듣고 싶어 하는 종류의 증거를 기꺼이 제공하려 할 수 있다. 마찬가지 방식으로 정부는 선별된 사람들만 자문 위원회에 임명할 수 있다. 그들은 정치인들이 몹시 얻고 싶어 하는 종

---

[1] 이러한 주장의 최신 형태는 최근 영국에서 과학 지원 근거를 밝힌 공식 문서를 보라(UK Government, 1993).

류의 자문을 제공할 가능성이 높다고 생각된다는 바로 그 이유에서다. 어떤 사례에서는 과학자 공동체 자신이 공평성의 이상을 위협하는 유인을 만들어 낼 수도 있다. 예를 들어 기후변화에 관한 정부 간 패널 ─ 지구온난화의 과학에 관해 자문을 제공하도록 만들어진 국제 전문가 기구 ─ 는 인간에 의해 유발된 대기 온난화의 위협을 과대평가하는 데 기구 차원의 이해관계를 갖고 있다는 주장이 제기돼 왔다(이러한 주장은 Boehmer-Christiansen, 1994b: 198에 설명돼 있다. 아울러 McCright and Dunlap, 2000도 보라). 그런 사례에서는 과학자 공동체가 기후변화에 관한 과학적 경고의 개연성에 물질적 이해관계를 갖고 있다는 것이 고발의 내용이다. 과학자들이 이 주제에 관한 풍부한 연구 자금의 지속에서 이득을 보기 때문이다. 두 번째 설명은 공평성에 가해지는 위협을 숙고하는 대신 정책 관련 과학에서 다뤄지는 문제들의 성격에 집중한다. 저자들은 앨빈 와인버그를 좇아, 종종 해답이 추구되는 정책 질문들은 과학 그 자체가 던지는 질문이 아니라고 주장해 왔다(Weinberg, 1972). 이는 (서장에서 설명한) 황금알을 낳는 거위 이야기 비유의 핵심이었다. 과학 연구는 알아서 하도록 내버려 둘 때에만 이득이 되는 결과를 만들어 낸다는 것이다. 정책 관련 연구의 난점은 질문과 질의 시점이 과학 지식의 상태나 그것의 내적 궤적이 아니라 사회가 처한 문제들의 성격과 상황에 의해 선택된다는 것이다. 이에 따라 '초과학'(trans-science)이라는 용어가 이러한 종류의 연구를 묘사하기 위해 고안됐다. 과학자들은 일견 과학과 비슷해 보이지만 권위를 갖춘 올바른 해법을 고안하기에 적합한 상황이 갖춰져 있지 않은 질문들에 답하도록 요청을 받고 있었기 때문이다. 와인버그의 표현을 빌리면, "나는 이러한 질문들에 초과학적(trans-scientific)이라는 용어를 제안한다. 이러한 질문들은 인식론적으로 말해 사실의 문제이고 과학의 언어로 서술될 수 있긴 하지만, 그럼에도 과학에 의해 답변될 수 없는 것이기 때문이다. 그것은 과학을 초월하는 질문들이다"(Weinberg, 1972: 209).

정치학과 다양한 분야의 정책 분석에서 활동하는 분석가들은 이러한 부류의 논증으로 무장하고 '만약 …… 한다면' 식의 과학 자문 분석을 받아들일 수 있었다. 만약 일견 평판이 좋은 과학자들이 고용된 전문가로 행동하지 않는다면, 만약 과학자 공동체가 전문직으로서의 자기 이해관계를 무시할 수 있다면, 과학자들은 과학 전문성이 적절한 관련성을 갖는 그러한 영역들에서 불편부당한 자문으로 돌아갈 수 있을 거라는 식이다. 그러나 훨씬 덜 낙관적인 관점이 두 명의 과학정책 분석가들에 의해 제안되었다. 그들은 과학학 문헌으로부터 크게 영향을 받아 과학 자문 제공에 대한 이해를 발전시켰다. 그들의 증거가 가리키는 모델은 과학 자문에 대한 과잉 비판 모델(over-critical model)로 알려져 있다.

과잉 비판 모델

데이비드 콜링리지와 콜린 리브는 기초과학자가 정책 자문 위원으로서 '이상적'이라는 생각이 실제 자문이 이뤄지는 방식에 대한 설명으로서 부정확할 뿐 아니라 과학자 공동체와 정책 결정자가 품을 수 있는 야심으로서 그릇된 인상을 준다고 주장한다(Collingridge and Reeve, 1986). 기본적으로 그들은 기존의 이상을 떠받치는 주요 가정들이 모두 틀렸고 부당하다는 점을 보이는 작업에 착수한다. 그들의 작업에서 제시된 논증들은 기존의 관념이 네 가지 주요 가정에 의존하고 있다고 암시한다. 첫째, 과학 연구자들은 자율적으로 지식의 발전을 선택하며 이것이 어떤 정책 문제에 연관성을 갖는 것은 우연이라고 가정된다. 그러나 많은 사례들에서 그것의 역이 참인 것으로 밝혀졌다. 그들은 (페인트나 납이 첨가된 자동차 연료에 기인한) 환경 납 오염에 대한 연구의 사례를 언급하면서, 이러한 "주제는 정책과의 연관성 때문에 연구되었을 뿐"이라고 주장했다. "왜냐하면 자율적 통제하에 있는 과학은 이 시기에 이 후미진 주제를 결코 탐구하지 않았을 것임이 분명하기 때문이다"(Collingridge and Reeve, 1986: 35). 이러한 논점은 근본적으로 와인버그의 그것과 동일하다. 콜링리지와 리브는 과학자들이 그러한 질문들을 자율적으로 회피하는 이유로 납 노출의 영향을 측정하기가 매우 어렵다는 점을 제시한다. 인간 피험자는 윤리적 이유 때문에 실험에서 납에 의도적으로 노출시킬 수 없고, 이를 대신하는 척도는 기술적 난점으로 가득 차 있다. 그뿐 아니라 낮은 수준에서 장기간 노출된 결과는 분명하게 탐지하기 어렵다. 그처럼 풀기 힘든 방법론적 난점들에 직면한 과학자들은 해당 질문에 주목은 할 수 있지만, 이를 상세하게 연구하겠다는 생각을 품게 되지는 않을 것이다. 정책 결정자들의 요구에 의해 이 주제로 이끌리지 않는다면 말이다.

둘째로 콜링리지와 리브는 정책 문제들이 흔히 단일한 분야의 범위 내에 정확하게 부합하지 않는다고 제안한다. 좀 더 가능성이 높은 일은 그런 문제들이 서로 다른 분야들의 관심사가 만나는 교차점에서 발생하는 것이다. 콜링리지와 리브는 서로 다른 분야의 시각들이 제휴할 가능성이 높다고 가정하는 대신, "과학은 하나가 아니라 여럿"이라고 주장한다(Collingridge and Reeve, 1986: 22). 서로 다른 분야의 연구자들은 일차적으로 자기 분야 내에서 의사소통을 하는 데 익숙할 것이다. 그들은 연구를 수행하는 확립된 방식들을 갖고 있을 것이고, 이는 다른 분야들에서 흔히 쓰이는 관행들과 일치하지 않을 수 있다. 심지어 그들은 서로 다른 분석적 가정을 당연하게 여길 수도 있다. 납 노출 사례에서 지구화학자들과 산업 보건 연구자들은 노출 정도를 비교할 때 쓰이는 배경 납 수준에 대해 서로 다른 측정치에 도달했다. 아울러 콜링리지와 리브는 교육정책과 지적 능력의 유전에 대한 영국의 정책 논쟁 사례를 두 번째 예로 들었다(Collingridge and Reeve, 1986: 89~95). 심리학과 유전학 분야는 지능의 유전에 대한 계산에 상반된 방식으로 접근했고, 이는 교육정책 결정자들이 의지할 수 있는 단일한 전문가의 목소리가 존재하지 않았음을 의미했다.

마지막 두 가지 고려 사항은 가장 새로운 것들이다. 먼저 콜링리지와 리브는 끝없이 계속되는 의견 불일치에 이르는 것이 정책 지향 과학의 특징이라고 주장한다. 기존의 전문성이면 정책을 결정하는 데 충분하거나 추가 연구가 불확실성을 줄이는 데 충분하다고 보는 대신, 그들은 정책 맥락에서는 추가 연구가 기존의 불확실성을 악화시키는 경향이 있음을 시사한다. 특정한 정책 결정은 거의 필연적으로 승리자뿐 아니라 모종의 패배자도 만들어 낼 것이다. 정책에 의해 불리한 조건에 처하게 된 사람들은 규제 결정을 내리는 데 이용된 과학의 근거에 대한 연구를 후원할 가능성이 높다. 석탄 생산 회사 연합은 온실기체가 유발하는 기후변화가 심대한 영향을 끼칠 거라는 예측에 의문을 제기하기 위한 연구를 의뢰할 것이다. 새로운 규제에 의해 손해를 볼 가능성이 높은 사람들은 그들이 사용해 온 기존 절차로부터 얻을 수 있는 뜻밖의 이득을 찾아내려 애쓸 것이다. 그들은 자신들에게 문제가 있음을 시사한 연구에 쓰인 방법에서 약점을 찾을 것이다. 그들은 대안적 절차가 제대로 분석되지 않은 비용을 발생시키거나 예상치 못한 위해를 끼친다는 점을 보여 주려 시도할 것이다. 더 많은 연구가 진행될수록 합의가 이뤄질 가능성은 낮아진다. 이러한 의미에서 콜링리지와 리브는 경험적 상대주의 프로그램과 강한 프로그램의 주요 발견을 직접 받아들인다. 과학에서의 합의는 사람들이 더 이상 다투지 않기로 결정한 결과이지, 논쟁이 추가적인 의견 불일치가 논리적으로 가능하지 않은 지점에 이른 결과는 아니라는 것 말이다. 주요 대기업의 경제적·상업적 이해관계를 위협하는 중요 정책 논쟁에서는 참가자들이 다툼을 멈춰야 할 유인은 거의 없고 가능한 한 오랫동안 논쟁을 벌여야 할 유인은 많다.

그들이 보기에 이러한 결론은 다분히 이단적인 추가적 함의를 갖는다. 이 저자들은 과학 자문 위원들이 제공하는 정책의 결과와 관련해 공평하거나 무관심해야 한다는 — 콜링리지와 리브는 '무관해야' 한다는 좀 더 공격적인 용어를 쓰고 있다 — '신화적' 이상에 반대한다. 그들이 신화적인 '무관성의 원칙'(principle of irrelevance)이라고 이름 붙인 것은 다음과 같은 생각을 뒷받침한다. "과학자들과 그 결과의 사용자들 사이에 장벽이 유지되기만 한다면 과학은 더럽혀지지 않고도 정책에 유용할 수 있다"라거나 "과학은 그 결과가 학계에 국한될 때나 그 외부에서 당대의 긴급한 사안들에 적용될 때나 똑같이 강력하다" 같은 생각이 그 것이다(Collingridge and Reeve, 1986: 28). 그러나 그들의 관점은 전문가들의 무관심이 정책 행위자들에게 도움이 못 될 가능성이 높다는 것인데, 그 이유에 대해 콜링리지와 리브는 이렇게 단언한다.

무관성의 원칙, 즉 과학적 추측의 평가는 그 추측이 쓰일 수 있는 어떤 용도와도 독립적이어야 한다는 입장은 처음 보면 아무런 문제도 없어 보이지만, 추가적인 분석을 해보면 기각되어야 한다. 그 역인 관련성의 원칙(principle of relevance)에 의해 대체되어야 한다는 것이다. 이 원칙은 어떤 과학적 추측이 쓰이게 될 용도가 항상 그것의 평가에 영향을 미칠 거라는 입장을 취한다. 이는 [처음에는] 다분히 충격적으로 들린다. (Collingridge and Reeve, 1986: 22)

그들의 논점은 순수과학에서의 공평성이 일종의 무해성에 기반하고 있다는 것이다. 만약 어떤 사람이 공룡의 멸종은 거대한 운석의 충돌로 인해 유발됐는지, 아니면 훨씬 더 느린 모종의 생태 변화에 의해 유발됐는지 논쟁을 벌이고 있다고 하면, 과학적 측면에서는 중요한 문제지만 그것이 실천적으로 외부에 미치는 영향은 극히 적다. 공룡들은 이미 멸종했고, (지금은) 그 답에 의해 영향을 받는 것이 거의 없다. 기초과학에서 연구자들은 자신들의 아이디어를 생각하고 재차 생각할 시간이 있고, 어느 한쪽 가설이 옳을 수 있는 추상적 가능성을 만족스럽게 즐길 수 있다. 반면 정책 연구에서는 대안적 행동 경로에 높은 위험 부담이 따라붙을 가능성이 높다. 따라서 결과에 대한 무관심은 정치적으로 실현 가능하거나 도덕적으로 변호 가능하지 않다. 오히려 정책 자문 위원들은 틀렸을 때의 비용에 대해 엄청난 주의를 기울여야 한다. 이는 정책 목적을 위한 과학을 기초과학에 비해 의당 좀 더 소극적으로 — 어떤 의미에서는 좀 더 보수적으로 — 만든다. 그뿐 아니라 이는 심지어 옳을 가능성은 낮은 것으로 생각되지만 비용이 적게 드는 해석이, 옳을 가능성은 높은 것으로 생각되지만 그에 따르는 위험이 더 큰 해석보다 대단히 합당한 이유에서 처음에 더 선호될 수 있음을 의미할 수도 있다. 그들이 제시하는 (유쾌할 정도로 이단적인) 조언은 정책을 채택할 때 과학적 결과에서 도출된 자문을 가능한 한 의식하지 말아야 한다는 것이다(Collingridge and Reeve, 1986: 27).

콜링리지와 리브는 자신들의 과학 과잉 비판 모델 논증을 다음과 같은 조언으로 요약한다.

이 모델에 따르면, 과학이 정책에 영향을 미치려 시도할 때마다 효율적인 과학 연구 및 분석을 위한 세 가지 필요조건 — 자율성, 분과성, 낮은 수준의 비판 — 이 즉시 와해되어 정책에 관한 논쟁을 제한할 수 있는 기대된 합의가 아니라 끝도 없는 기술적 논쟁이 이어지게 된다. 기술적 논쟁은 기존에 있던 일단의 증거에 주어지는 해석을 놓고 벌어지는데, 이러한 증거가 아무리 많다 해도 크게 다른 해석들이 여전히 유지될 수 있고 논쟁이 사실상 끝없이 계속될 수 있다. 논쟁이 지속되면서 오래전에 합의된 많은 기술적 쟁점들이 다시 검토 대상이 되고, 하나의 쟁점을 결정적으로 해소하려는 시도들은 종종 더 많은 기술적 쟁점들을 고려 대상으로 개방하는 데 성공할 뿐이다. 더 많은 연구가 이뤄지면 기술적 불확실성이 줄어들지 않고 커진다. 정책에 대한 연관성은 기술적 추측들에 가해지는 비판의 수위를 높이며, 그러한 비판은 통상적인 경우보다 심지어 더 쉬워지는데, 자율성의 상실과 분야 간 경계의 약화가 낮은 질의 연구 결과를 만들어 내기 때문이다. (Collingridge and Reeve, 1986: 145)

다시 말해 과학 전문성을 자문 제공에 그토록 적합하게 만드는 것으로 가정됐던 바로 그 특징들이 현실 속에서는 유효하지 않다는 것이다. 그리고 정책을 위한 과학의 실제 특징들은 이것을 정책 결정에 대한 조력에서 이상에 훨씬 못미치는 것으로 만든다. 견실한 정책은 가능한 한 과학 자문으로부터 독립적이어야 한다.

기후변화와 과잉 비판 모델: 사례연구

콜링리지와 리브의 분석이 갖는 가치는 그들이 선택한 것과 조금 다른 사례연구를 활용해서 유용하게 가늠해 볼 수 있다. 여기서는 사례 선택에서 주의를 기울여야 한다. 이 저자들이 '신화적'인 것으로 묘사하면서 기각하고자 하는 바로 그러한 패턴을 과학 자문이 따를 가능성이 있는 사례를 선택해야 하기 때문이다. 이러한 맥락에서 국제 관계와 외교 분석가들이 최근 들어 '인식 공동체'(epistemic community) ― 전문성에 의해 한데 묶인 다국적 정책 자문 위원 공동체 ― 로 알려진 것에 관심을 갖게 되었음은 다행스러운 일이다. 최근의 저자들은 이른바 인식 공동체가 국제 환경 정책과 같은 사안들에 관한 국제조약을 제안하고 협상하고 실행하는 데서 대단히 큰 영향력을 발휘하고 있다고 주장해 왔다. 피터 하스에 따르면,

> 인식 공동체는 특정 영역에서 인정된 전문성과 유능함을 갖추고 그러한 영역 내지 쟁점 분야 내의 정책 관련 지식에 권위 있는 주장을 할 수 있는 전문직 종사자들의 네트워크이다. …… 인식 공동체의 구성원들을 묶어 주는 것은 특정한 형태의 지식 내지 구체적 사실의 진실성과 응용 가능성에 대한 공유된 믿음 내지 신뢰이다. (Haas, 1992: 3)

인식 공동체 저자들의 핵심 주장은 그러한 공동체의 구성원들이 정치적 상급자들로부터 일정한 독립성을 가지고 쟁점들 내지 문제들에 대해 합의된 분석에 도달할 수 있다는 것이다. 서로 다른 나라들에서 온 생물학자들 내지 대기화학 전문가들 사이에는 '상호 주관적 이해'가 존재한다(Haas, 1992: 3). 이에 따라 이러한 전문가 공동체는 지식과 정보를

통제함으로써 국제조약의 형성과 조정에서 독립적인 힘을 갖게 된다. 다시 말해 인식 공동체 저자들은 콜링리지와 리브가 말한 과학 자문 위원들에 관한 '신화적' 가정 같은 것이 국제 관계에서 실제로 성립한다고 주장한다(비판적 분석으로는 Jasanoff, 1996도 보라).

이러한 국제적 과학 자문 사안에 대한 통찰을 얻을 수 있는 중요한 사례가 기후변화 문제이다. 대략 지난 20여 년 동안 온실기체(대표적으로 이산화탄소) 배출 감축을 지지함으로써 지구온난화를 줄이려는 시도가 이뤄져 왔다. 전 지구적 기후에 관한 연구를 해온 많은 선진국의 과학자들은 좀 더 공식적인 기구를 만들기로 했고, 1988년에 기후변화에 관한 정부 간 패널(IPCC)이 첫 회의를 가졌다(Boehmer-Christiansen, 1994a: 147). IPCC 사무국은 제네바에 위치해 있으며, 패널의 활동은 처음부터 유엔환경프로그램(United Nations Environment Programme)과 세계기상기구(World Meteorological Organization)의 후원을 받았다. IPCC는 온실기체의 농도를 제어하려면 각국이 시급히 행동에 나서야 하며, 성공을 거두기 위해서는 각국이 보조를 맞춰 대응해야 한다는 사실이 분명해졌다고 조언했다. 모종의 국제조약을 체결해야 한다는 압력이 커지자 1990년에 유엔이 앞장서 기후변화에 관한 기본 협약(Framework Convention on Climate Change, FCCC)을 위한 정부간협상위원회(Intergovernmental Negotiating Committee, INC)가 설립되었다(Bodansky, 1994: 60).[2] 1992

---

2) 느슨하게 정의하자면, '기본 협약'(Framework Convention)은 어떤 목적에 전념하는 포럼을 만들어 향후 그 속에서 구속력을 가진 특정한 합의를 '의정서'(Protocol)의 형태로 발전시키겠다는 약속을 의미한다. 이에 따라 FCCC는 구체적인 온실기체 감축 약속을 포함하고 있지 않았으며, 미래에 그러한 질서를 만들어 내고 가능하면 참여하겠다는 합의만 담겨 있었다. 이후 FCCC에 의거해 의사 결정 등에 관한 일정한 절차적 문제들의 논의가 시작되었다. 많은 국제조약들이 이러한 형태를 취한다.

년에 체결된 FCCC는 이후 1997년에 교토 의정서(Kyoto Protocol)를 낳았고, 이로써 참가국들이 온실기체 배출 목표를 약속하도록 구속력 있는 조약을 도입하는 과정이 시작됐다.

이 과정을 다룬 대부분의 역사는 FCCC의 지지자들의 시각에서 쓰였다. 심지어 (대다수 논평가들보다 덜 열광적인) 뵈머크리스티안센조차도 "국제적 수준에서 과학자들을 자문 역할에 참여시킨 최초의 사례는 결코 아니지만, IPCC 과정은 현재까지를 통틀어 가장 포괄적이고 영향력 있는 노력이었다"라고 썼다(Boehmer-Christiansen, 1994b: 195). 그러나 이는 과학이 '상호 주관적 이해' 덕분에 국제적 환경 쟁점을 해소하는 데 성공을 거둔 사례와는 거리가 멀었다. 선진 산업국가들이 해석한 전 세계 환경 우선순위는 줄곧 의심받아 왔고, 수많은 사례들에서 이러한 의심은 지구 전체의 문제를 진단하는 데 일견 공평한 과학의 방법을 사용함으로써 오히려 악화되었다. 1990년에 세계자원연구소(World Resources Institute, WRI) — 워싱턴에 기반을 둔 명망 높은 싱크탱크 — 는 정책 결정자들이 IPCC의 발견에 입각해 FCCC의 설립을 촉진하도록 압력을 가하려 했다. 이러한 시도의 일환으로 WRI는 각국의 연간 이산화탄소 배출량을 나타내는 수치와 함께 지구온난화에 대한 상대적 기여 정도를 제시했다(Dowie, 1995: 119). WRI는 기후변화에 일찍부터 관심을 보여 왔고, 각국 정부의 정책을 평가하는 기준이 될 실제 배출 감축 목표치를 발표함으로써 특히 영향력을 발휘했다(Pearce, 1991: 283~287). 그들이 다음에 착수한 일은 각국의 이산화탄소와 여타 온실효과 유발 오염에 관한 데이터를 제공함으로써 적절한 양의 '책임'을 부담시키는 것이었다(World Resources Institute, 1990: 345). 그들은 1987년 배출량을 기준년으로 삼았고, 이후 FCCC는 1990년을 준거점으로 활용했다.

그러한 작업은 수많은 실천적 난점들에 직면했다.[3] IPCC도 그랬던 것처럼, 데이터는 구하기 어려웠고 각국은 자국의 배출 정도를 숨겨야 할 좋은 이유를 갖고 있었다. 온실기체는 여러 종류가 있는데, 그것이 미치는 효과는 어떤 식으로든 단일한 온실 척도 속으로 통합시켜야 했다. 그러나 원칙에 있어서 이 작업은 간단해 보였다. 지구온난화의 관점에서 보면 이산화탄소 분자 하나는 과학적으로 말해 다른 분자와 동일하며, 따라서 서로 다른 국가들의 배출량을 모두 합쳐서 비교해 보기만 하면 되었다. WRI의 분석에 따르면, 순배출국가 상위 6개국 중 3개국이 저개발국이었다. 배출량이 가장 많은 국가부터 열거하면 미국, 소련(아직 해체되기 전이었다), 브라질, 중국, 인도, 일본 순이었다. 모든 유럽연합 회원국들을 묶어 하나의 국가로 간주한다면, '상위 10개국'에서 남은 네 자리는 유럽연합, 인도네시아, 캐나다, 멕시코가 차지한다고 주장할 수도 있었다. 이러한 (다분히 특이한) 시각에서는 상위 10개 순배출 국가 중 딱 절반이 산업화되지 않은 세계에 속했다. 이러한 시각은 과학 및 정책 공동체에서 어느 정도 수용되었고 주류 문헌들에서 되풀이되었다(가령 Pickering and Owen, 1984: 81의 도표).

　　WRI 저자들은 자신들의 방법이 복잡하지 않다고 설명했지만(Hammond et al., 1991: 12를 보라), 이 연구는 뉴델리에 있는 과학환경센터(Centre for Science and Environment, CSE)에 기반을 둔 인도 연구자들로부터 맹렬한 공격을 촉발했다. CSE 저자들은 WRI 연구를 비판하면서 몇 가지 주장을 제기했다. 가장 먼저 그들은 수치들의 출처에 결함이

---

[3] 이하의 설명은 나의 다른 연구에서 좀 더 완전하게 분석된 것에 크게 의존하고 있다(Yearley, 1996: 100~121).

있다고 주장했다. 예를 들어 아닐 아가왈과 수니타 나라인은 브라질의 열대우림 벌목률이 1987년에 비정상적으로 높았으며 이듬해에는 금전적 유인이 변화하면서 벌목률이 크게 떨어졌음을 시사하는 증거를 제시했다(Agarwal and Narain, 1991: 4). 기준년을 이렇게 선택한 탓에 브라질은 최근의 실제 평균보다 (숲을 태울 때 나오는) 이산화탄소 배출량의 '평균' 수치가 훨씬 높아 보이게 됐다. 마찬가지로 그들은 인도에서 숲이 사라지는 것을 나타내는 데 쓰인 수치들이 벌목이 좀 더 흔하던 10여 년 전의 낡은 데이터에 근거하고 있다고 주장했다.

이러한 데이터 수집의 문제가 개발도상국의 배출량을 과장하는 듯 보임으로써 개발도상국을 불리한 쪽으로 조명하는 경향을 보이긴 했지만, 이는 CSE의 비판에서 주로 초점을 맞춘 문제가 아니었다. 그들의 좀 더 결정적인 논증은 각국의 상대적 기여 정도를 열거한 보고서의 과학적 언어와 외견상의 객관성이 두 가지 쟁점을 감추고 있다는 것이었다. 첫 번째는 '순배출'이 계산되는 방식에 함축된 가정들과 관련이 있었고, 두 번째는 배출 유형의 분류에 관한 것이었다. 후자에 대해 아가왈과 나라인은 '필수적'이거나 불가피한 이산화탄소 배출 — 가령 호흡 같은 — 과 전적으로 회피 가능한 원인에서 나온 배출 — 가령 대중교통을 이용할 수 있었는데 슈퍼마켓까지 차를 몰고 가서 쇼핑한 것 같은 — 을 비교하는 것은 불공평하다고 주장했다. 이러한 두 가지 형태의 '오염'을 동등한 것으로 간주할 수는 없음이 분명했다. 이를 모두 합쳐서 세는 것은 서로 다른 현상들을 혼동하는 것이었다.

그들이 제기한 첫 번째 논점은 좀 더 복잡하다. 여느 모델링 작업과 마찬가지로, WRI 보고서에 쓰인 절차는 특정한 가정들에 의지했다. 핵심 가정 중 하나는 온실기체 '흡수원'(sink)에 관한 것이었다. 이산화탄소가 대기 중으로 배출될 때, 그것이 전부 온실 '기능'을 하는 기체 상태로 남아 있는 것은 아니다. 이산화탄소의 일부는 비에 녹거나 대양에 직접 흡수되며, 많은 양은 식물과 토양으로 받아들여진다. 실제로 매년 대기를 통과하는 탄소의 자연적 순환은 인간의 활동에 의해 보태지는 양보다 훨씬 더 많다(Pickering and Owen, 1994: 83). 인간의 활동에 의해 매년 대기 중에 추가로 투입되는 탄소 중에서 그곳에 계속 남아 있는 것은 절반이 채 못 된다. WRI와 CSE 모두에 따르면 인간이 생산하는 이산화탄소 중 56퍼센트 이상이 환경 내에 있는 흡수원에 의해 제거된다. 다른 온실 기체들에서는 이 수치가 심지어 더 높아서 대표적으로 메탄은 대략 83퍼센트에 이른다.

 WRI 연구의 방법론은 이 사실을 인지하고 있었다. 느슨하게 말해, 그들은 모든 배출량을 그것이 흡수되는 비율에 따라 할인하는 식으로 이를 계산에 포함시켰다. 다시 말해 만약 매년 배출되는 모든 이산화탄소 중 56퍼센트가 나무, 해양 생물, 대양에 의해 재흡수된다면, 각국은 자신들이 배출하는 이산화탄소 총량의 44퍼센트만큼만 실제로 온난화를 유발하고 있는 셈이 된다. 표면적으로 보면 이는 완벽하게 합리적인 것처럼 보인다. 그러나 아가왈과 나라인은 이것이 실은 불공평하다고 주장했다. 배출되는 오염 물질 분자 하나하나에 대해 '할인'을 받는 식으로 자연적 흡수원을 각국이 오염 물질을 배출하는 정도에 비례해 분배하기 때문이다. 그들은 흡수원을 인류 전체가 물려받은 자연적 유산과 흡사한 것으로 취급하는 대안적 접근법을 옹호했다. 이러한 접근법에서는 모든 자연적 흡수원들의 흡수 능력을 더한 후 이를 전 지구 인구에 균등하게 분배하고자 한다. 그러면 다양한 국가들은 그 나라의 인구 규모에 따라 '몫'을 할당받을 수 있고, 오직 이 지점이 되어서야 각국의 배출량이 적절한 할

인을 받아 줄어들게 되는 것이다. 인도는 국가 차원에서는 대규모 온실기체 배출국이지만, 이는 인도 인구가 미국의 네 배 가까이 될 정도로 많기 때문이다. WRI 수치에 따르면 평균적인 인도 시민은 영국이나 독일 시민에 비해 온실기체 배출량이 대략 10분의 1밖에 안 되고, 평균적인 미국 시민과 비교하면 그보다 더 적다. CSE의 방식대로 수치를 다루게 되면 중국인과 인도인 들은 실상 지구의 자연적인 순환 능력의 한계 내에서 살고 있는 반면 북미인, 일본인, 유럽인 들은 그렇지 않은 것처럼 보인다.

이를 다른 식으로 표현하면, 만약 지구상의 모든 사람들이 1인당 온실기체를 인도나 중국 사람들 수준으로만 배출한다면 자연적 흡수원들이 이산화탄소로 인한 모든 온실기체 오염에 손쉽게 대처할 것으로 기대할 수 있다. 동일한 추론은 메탄에도 적용된다. 아가왈과 나라인의 말을 빌리면,

> WRI의 속임수는 실상 이산화탄소와 메탄이라는 두 가지 온실기체를 정화하는 지구의 능력 — 엄청난 중요성을 지닌 전 지구적 공유지 — 이 서로 다른 국가들에 불공평하게 할당된 방식 속에 있었다. …… 지구온난화는 지구 생태계의 정화 능력을 지나치게 능가함으로써 유발된 것이다. WRI 보고서는 세계의 흡수 능력을 능가함으로써 이러한 생태 자본을 소진해 버린 국가들과 세계의 정화 능력에 훨씬 못 미치게 온실기체를 배출해 온 국가들 사이에 아무런 구분도 두지 않고 있다. (Agarwal and Narain, 1991: 10)

이러한 시각에서 보면, 1987년에 평균적인 인도 시민은 전 세계 탄소 흡수원에서 자기 '몫'을 할당받고 나면 실상 이산화탄소의 순흡수자

가 된다. 이러한 결론은 "하나의 쟁점을 결정적으로 해소하려는 시도들은 종종 더 많은 기술적 쟁점들을 고려 대상으로 개방하는 데 성공할 뿐"이라는 콜링리지와 리브의 주장(Collingridge and Reeve, 1986: 145)을 매우 강하게 뒷받침하는 듯 보인다. 확정적인 온실기체 배출 '성적표'를 작성하려는 WRI의 시도는 탄소 흡수원의 측정과 개념화에 관한 국제적 논쟁을 개방하는 데서만 성공을 거뒀을 뿐이었다. 흥미롭게도 개방된 쟁점들 중 하나는 기술적일 뿐 아니라 드러내 놓고 윤리적인 것이기도 하다.

아이러니한 것은 많은 측면에서 아가왈과 나라인은 WRI만큼이나 정책 결정의 신화에 전적으로 집착하는 듯 보인다는 점이다. 경솔하게도 이 저자들은 다양한 국가들의 인구에 비례해 전 지구적 흡수원의 '몫'을 할당하는 것이 별로 문제가 없는 것으로 간주한다. 이러한 접근법 역시 자명하게 옳은 것은 아니라는 점을 보지 못한 채 말이다. 그런 방법은 어느 정도 수준에서 형평성의 원칙과 직접 연관이 있긴 하지만, 자국의 인구를 증가시키는 국가들에게 사실상 보상을 제공하는 단점을 갖고 있다. 그뿐 아니라 이 방법은 흡수원을 할당할 때 '국가'를 분석의 단위로 삼는 것을 전적으로 당연하게 간주한다. 뒤이어 소련에서 전개된 사건은 '국가'가 얼마나 깨지기 쉬운 구성물일 수 있는지를 보여 주었다. 여기에 더해 아가왈과 나라인은 가령 일국 내에서 부자와 빈자, 혹은 여성과 남성 사이의 자원 할당에는 아무런 관심도 기울이지 않는다. 우리는 남성들과 여성들의 배출량을 각각 합산해 남성이 더 큰 탄소 오염자임을 암시하는 페미니스트 비판을 쉽게 상상해 볼 수 있다.

그럼에도 불구하고 흡수원에 대한 아가왈과 나라인의 관심이 결코 공상적인 것은 아님을 지적해 둘 필요가 있다. 교토 의정서 체결을 전후

해서는 흡수원의 처리에 대한 이러한 관심이 공식 의제에 올랐고, 일부 국가들이 목표를 준수하는 데 부분적으로 도움을 주기도 했다. 교토 의정서에 따르면 각국은 "탄소 '흡수원', 즉 나무를 심어 새로 숲을 만들거나 계획된 토지 개간을 포기하는 것처럼 다양한 토지 이용의 변화로 '격리된' 배출량"을 포함시킬 수 있다(Boehmer-Christiansen, 2003: 71). 이러한 관점에서는 어떤 나라가 흡수원에 대해 가진 권리는 전 세계의 흡수원을 모두 더해서 이를 인구 규모에 따라 각국에 할당하는 식으로 도출되지 않는다. 각국은 자국의 흡수원을 관리할 수 있고(예를 들어 추가로 숲을 만드는 것처럼), 이산화탄소 감축에 대한 모든 기여를 자기 것으로 할 수 있으며, 심지어 다른 나라의 흡수원 개발에 자금을 지원함으로써 자국에 계산된 탄소 배출량을 다소 줄일 수도 있다. 물론 이는 흡수원에 대해 아가왈과 나라인이 제안한 것과는 다른 관점을 취하는 것이다. 아가왈과 나라인은 흡수원을 인류의 공동 유산의 일부로 간주한 반면, 지금은 개별 국가들이 이를 전유하게 되었다.[4]

---

4) 물론 IPCC나 관련 기구들에 대한 도전은 다른 정치적 진영들로부터도 나타났다. 2001년에 미국 대통령(조지 W. 부시)은 미국 의회가 교토 의정서를 비준하도록 노력을 기울이는 것조차 거부했다. 그는 기후변화의 원인과 온실기체를 계속 배출할 때의 결과 모두에 대한 과학적 불확실성을 언급했고, 조약에 따를 때의 경제적 비용이 미국 경제에 지나치게 가혹한 것이 될 거라고 주장했다(McCright and Dunlap, 2000을 보라). 교토 의정서의 다른 비판자들은 조약에 따르는 것이 모든 산업국가들에게 지나치게 높은 비용을 요구할 뿐 아니라 향후 수십 년 동안의 온도 상승을 아주 약간만 낮추는 결과를 가져올 거라고 강조했다. 그들에 따르면 온도 상승은 어쨌든 일어날 터인데, 교토 의정서가 있든 없든 간에 대기 중 온실기체의 전체 농도는 여전히 증가할 것이기 때문이다(Boehmer-Christiansen, 2003: 70, 89를 보라).

기후변화 사례의 교훈: 과학자의 정책 자문 위원 역할을 어떻게 이해할 것인가

얼른 보면 기후변화 정책은 인식 공동체의 지휘를 받을 사안으로 적합한 것 같지만, 이 사례연구는 심지어 이 경우에도 정책 과정이 콜링리지와 리브가 예견한 많은 특징들을 가지고 있음을 보여 주었다. 인식 공동체 관점에 따르면, 이처럼 전문화된 집단에 속한 과학자들은 각국의 정치 대표자들보다 훨씬 더 쉽게 합의에 도달할 것으로 기대되며, 그 결과 인식 공동체는 자신들의 전문직업적 합의가 갖는 힘에 근거해 지도력과 영향력을 창출해 낸다. 그러나 기후변화 사례는 이러한 관점과 잘 부합하지 않는 수많은 특징들을 보여 주고 있다. 심지어 일견 간단한 경험적 문제로 보이는 사안, 즉 각국이 얼마나 많은 온실기체에 책임을 져야 하는가를 알아내는 일조차도 복잡하고 논쟁적인 것으로 드러났다. 콜링리지와 리브가 주장한 것처럼, 큰 이권이 걸린 문제에서 서로 다른 이해관계와 관련된 연구자들은 다른 과학자들이 내놓은 달갑지 않은 결론에 맞서 이를 해체하려 애쓴다. WRI가 간단한 집계 작업을 했다고 주장한 지점에서 아가왈과 나라인은 환경 식민주의를 감지했다. 기후 문제에 관한 연구는 사람들을 합의로 이끌지 못했고, 종종 그들의 차이에 대한 확신을 강화시켰다. 흡수원이라는 핵심 쟁점에 관한 연구 역시 만장일치로 이어지지 못했으며, 흡수원이 다양한 방식으로 개념화될 수 있음을 드러냈다. 사람들이 선호하는 개념화 방식은 정치적 입장에 따라 다른 듯 보인다.

기후변화 사례는 콜링리지와 리브가 파악한 다른 특징들도 보여 준다. 최근에 지구온난화는 대기의 변화뿐 아니라 태양에서 방출되는 열에너지의 (아마도 순환적인) 변화에도 기인한다는 주장이 크게 언론의 관심을 끌었다. 이 경우 뵈머크리스티안센이 지적한 것처럼, 다른 분야의 원천에서 나온 지식 주장을 동원해 기후과학 공동체의 관점에 의문을 제기할 수 있다. "NASA와 유럽우주기구(European Space Association, ESA)가 이끄는 우주물리학 일반은" 기후변화에서 "구름, 우주선[線], 태양 현상의 역할을 검증함으로써 오늘날 IPCC에 대한 주된 도전자가 되고 있다"(Boehmer-Christiansen, 2003: 77). 이 논쟁은 분야 간 견해 차이에 관한 콜링리지와 리브의 논점을 잘 보여 준다. 대부분의 기후 모델 제작자들은 태양의 과학을 자신들의 모델에서 제외한다. 그들은 보통 태양의 열량 방출이 일정하다고 가정한다. 그들이 보기에 태양 과학자들은 지구상의 온도 변화를 평가할 때 태양과 거기서 나오는 복사열의 변화에 설명적 우선순위를 부여하는 경향이 있다. 마지막으로, 인간이 유발한 기후변화의 문제가 그토록 맹렬한 과학적 검토의 초점이 되는 이유는 그것이 과학자 공동체에 의해 자율적으로 선택된 주제여서가 아니다. 그보다는 기후 '관리'라는 점점 커지고 있는 정책 분야에 대한 개입의 여지가 IPCC에 초점을 맞춘 연구 노력의 기회를 만들어 낸 것이다. 분야가 문제를 찾아냈다기보다 '문제'가 분야를 만든 것이다.

그러나 그렇다고 해서 콜링리지와 리브가 전적으로 옳다는 뜻은 아니다. 그들이 세 번째로 제시한 독특한 주장(추가적인 연구는 정책 논쟁에서 이미 존재하는 불확실성을 악화시키는 경향이 있다)은 과학학의 중심 주장 — 자연 세계에 관한 합의는 사람들에 의해 성취된 것이지 자연 세계의 명령에 의해 강제된 것은 아니라는 — 을 통찰력 있게 발전시킨 것이다. 그러나 10장에서 분명해진 것처럼, 어떤 제도들은 다른 제도들에 비해 과학 전문성을 약화시키고 합의를 좌절시키기에 더 잘 '설계돼' 있는 듯 보인다. 예를 들어 법정의 반대신문은 이런 측면에서 특히 효과적인 듯하다. 더 많은 연구로부터 도출될 수 있는 끝없는 해체의 가능성을 목도한 콜링리지와 리브는 최선의 정책적 선택지가 연구를 최대한 의식하지 않은 채 이뤄진 것이라고 주장한다. 그들은 스스로를 실용주의자로, 또 점진주의자로 내세운다. 그러나 이는 그들의 입장이 거의 '연구 혐오'에 빠지게 만든다. 그들은 정책 과정에서 과학 자문의 역할에 대한 주류적 관념을 공격하는 데 빠진 나머지, 유능한 전문가 정책 자문 위원들이 의견 불일치에 이를 수 있는 이유에만 모든 강조점을 집중시킨다. 그 결과 그들은 합의가 촉진될 수 있는 방식에는 거의 주목하지 않는다. 자연세계(예컨대 지구온난화)에 대한 합의는 오직 사람들에 의해서만 성취된다는 사실을 받아들인다 하더라도, 이것이 공개적으로 합의에 도달하도록 격려하려 해서는 안 된다는 뜻은 아니다. 철저한 연구 혐오 입장을 취하는 것은 오직 합의의 가능성 자체를 믿지 않는 경우에만 합리적일 수 있다.

대안이 될 수 있는 한 가지 결론은 지배적인 전문가 자문 제공 모델에서 벗어나는 움직임을 취하는 것이다(이런 방향으로 도움이 되는 일보는 Turner, 2001을 보라). 이를 위해서는 정책 자문 기구들에 더 많이 주목하면서 이것이 합의를 저해하는 유사 법정 대결 구도나 여타 구성 방식 들로부터 벗어날 수 있도록 이끌어야 한다. 자사노프와 윈이 최근 논평한 것처럼, 과학의 사회적 연구는 이러한 분석적 작업에 이상적으로 부합한다.

사회과학의 구성주의 접근은 전 지구적 환경에 대한 우리의 지식이 그저 자연에 의해 우리에게 주어진 것이 아니라 인간의 행위에 의해 만들어진 것이라는 사실을 보여 준다. 특히 정책 문제의 틀 짓기에 대한 해석적 분석, 과학적 주장의 생산, 과학기술의 표준화, 사실과 인공물의 국제적 확산은 모두 자연 질서와 사회 질서의 공동 생산(co-production)에 관심을 집중시킨다. …… 결국 이는 과학 지식이 정책 맥락에서 어떻게 견고한 것이 되는지(혹은 그러지 못하는지)에 대해 좀 더 미묘하고 유용한 설명을 제공해 주고 있기도 하다. (Jasanoff and Wynne, 1998: 74)

콜링리지와 리브는 그들의 분석이 갖는 힘에도 불구하고, 어떤 의미에서는 정책을 위한 과학에 대해 지나치게 합리성을 추구한 관념을 취했다. 과학학에서 영향을 받아 정책 자문에서 과학의 역할이라는 문제에 접근할 때의 핵심적인 결과는 합리적 정책이 연구 혐오에 기반한다는 것이 아니라 분석가들은 정책 조언과 정책 자문 기구의 형성을 동시에 연구할 필요가 있다는 것이다. 다음 장에서는 과학의 자문 제공 능력이 갖는 다른 종류의 한계 — 좀 더 내재적인 형태의 제약 — 에 대해 생각해 볼 것이다.

12장_결론
과학학과 재현의 '위기'

과학적 권위의 문화적 위기 진단

이미 본 바와 같이, 21세기 벽두에 과학 전문직은 대중적 지위 및 신용과 관련해 중대한 문제에 직면했다. 전문가들의 위험 계산을 수용하는 것을 꺼리고, 심지어 위험이 개념화되는 비용-편익 분석의 인식틀 전체를 받아들이지 않으려는 경향이 나타나고 있다. 기성 과학계는 그들이 대중의 과학 (몰)이해로 간주하는 것에 내재한 난관을 인지하고 이에 맞서려 애쓰는 중이다. 어떤 과학적 증거를 법정에 허용해야 하는가 하는 질문에 답하려는 시도는 여러 문제들로 인해 곤경에 빠져 있다. 그리고 과학 자문의 영역에서는 과학자들이 권력에 진실을 말해야 한다는 이상을 실현하는 것이 불가능해 보인다. 심각한 문제들로 인해 관리들과 전문가 자문 제공자들 사이의 관계는 난국에 봉착하고 있다. 마치 모든 사람들에게 세계의 존재 방식에 대한 과학적 재현이 의문시되거나 거부되거나 무시되고 있는 듯하다. 일부 논평가들(가장 노골적인 인물로 해리 레드너)은 이러한 사태가 오늘날의 문화에서 재현(representation)의 이상을 위협하는 좀 더 광범위한 도전의 일부로 가장 잘 해석될 수 있다고 주장한다(Redner, 1994). 서로 다른 지적·창조적 영역들에서 기존의 재현 관념에 대한 일련의 도전에 직면해, 그러한 논평가들은 이와 같은 문제들이 동시에 출현한 배경에 대한 설명을 찾으려 노력해야 한다고 주장한다. 그렇다면 이러한 문제들은 어떻게 이해되어야 하는가? 흔히 들을 수 있는 일견 포괄적인 답변은 과학적 재현이 포함된 이러한 곤경이 흔히 포스트모더니즘이라는 용어로 설명되는 좀 더 일반적인 문화적 위기의 일부라는 것이다. 얼른 보면 명확하게 우월한 양식이라는 관념이나 진전과 진보의 관념이 의문시되는 현상이 모든 문화 영역 — 미술, 문학, 디자인 등 — 에서 나타난 것 같다. 요즘에는 복수성과 다양성이 한 가지 특권화된 재현 기법을 고수하는 것보다 더 선호된다. 아마 과학 전문성을 괴롭히는 난관들은 이런 일이 과학에서도 일어나고 있다는 신호일지 모른다.

이러한 방향의 논증을 평가하기 위해, 먼저 포스트모더니스트들의 주장에서 연관된 측면으로 생각되는 것을 간략하게 개관해 보려 한다. 포스트모더니스트들은 최근까지 지적·예술적 노력들이 진보에 대한 근대적(혹은 아마도 근대주의적) 믿음에 의해 자극을 받았다고 주장한다. 재현 — 예술적 묘사든 아니면 과학적 기술(記述)과 모델링이든 간에 — 이 목표였고, 논쟁은 재현을 성취하기 위한 최선의 수단이 무엇인가에 초점이 맞춰져 있었다. 이런 식으로 연이어 나타난 예술적 재현의 혁신들은 이전의 양식이 제대로 내지 충분히 사실적이었는가 하는 가정에 도전했다. 근대 초기의 미술가들은 '참된' 원근법이라는 관습을 회화에 도입했고, 원근법에 따른 이미지를 얻기 위해 핀홀 카메라처럼 생긴 장치를 이용했던 것으로 보인다. 빛과 그림자, 색의 농담(濃淡)을 다루는 데 좀 더 자의식이 생겼고 정교해졌다. 19세기에는 사진이 어떤 하나의 순간에 얼어붙은 듯한 사물의 진짜 외양을 보여 주기 위해 쓰였고, 그럼으로써 동물이나 구름의 패턴, 햇빛이나 날씨에 대한 미술가의 묘사를 '향상'시키는 데 도움을 주었다. 아울러 19세기에는 인상파 화가들이 사실적 묘사에 대한 선배들의 주장에 도전장을 내밀었다. 그들은 자신들의 재현이 지각의 찰나적 실재에 더 충실하다고 선언했다. 그러나 20세기에 접어들면서 이러한 진보적 궤적은 중단되고 말았다.

미술에 대한 포스트모던 분석의 핵심은 장프랑수아 리오타르(Jean-François Lyotard)의 논문 「포스트모더니즘이란 무엇인가?」(What is Postmodernism?)에 다음과 같이 (복합적으로) 요약돼 있다.

> 세잔은 어떤 공간에 도전하는가? 인상주의자들의 공간이다. 피카소와 브라크는 어떤 사물을 공격하는가? 세잔의 사물이다. 1912년에 뒤샹은 어떤 가정과 단절하는가? 그림을 그리려면 입체파가 되어야 한다는 가정이다. 그리고 [다니엘] 뷔랑은 뒤샹의 작품에 영향을 받지 않고 살아남았다고 믿은 다른 가정에 의문을 제기한다. 작품을 전시하는 장소에 관한 가정이다. 각각의 세대들은 놀라울 정도로 점점 속도를 빨리하며 자신들을 몰아세운다. (Lyotard, 1984: 79)

여기서 핵심이 되는 (동시에 애석하게도 가장 애매모호한) 문장은 마지막에 나온다. 그가 말하고자 하는 바는 요컨대, 혁신가들이 점점 속도를 높여 가며 서로를 앞지르고 있고, 이 과정에서 그들이 참여하고 있는 시합의 규칙 자체를 무효로 만드는 듯 보인다는 것이다. 입체파 화가들은 대상을 복수의 관점에서 보이는 것으로 제시했다. 뒤샹은 '기성품'을 도입하면서 테이블보 위에 놓인 꽃과 물병에 대한 정물화 대신 실제로 상점에서 구입한 소변기와 병 걸이를 전시했다. 그러나 최소한 그는 그러한 물품들을 미술관과 화랑에 예술 작품으로 전시했다. 개념예술가인 뷔랑은 그보다 더한 일을 합리화했고 자신의 미술 작품을 화랑 바깥으로 가지고 나갔다. 그의 설치물은 화랑 공간에서 건물 외벽 주위로 진출했고, 때로 그는 작품을 광고 게시판에 붙인 후 사람을 시켜 이것을 앞뒤로 메고 다니게 했다. 그는 화랑/비미술계의 구분을 깨뜨렸다.

결국 느슨하게 표현하면, 온갖 종류의 미술가들은 자신이 하는 일이 무엇이든 간에 이를 서슴없이 해치우곤 했다는 것이다. 근대적 운동은 미술가들이 스스로 하는 일에 대해 반성하고 합리적으로 향상시킬 것을 강변함으로써 이를 좌절시켰다. 미술사는 하나의 방향성을 확득했다. 그러나 자신이 하고 있는 일에 자기비판적인 이러한 근대주의적 추동력은 자기파괴적인 것이 되었다. 근대주의는 스스로 만들어 낸 위기에 접어들었고, 사람들이 근대주의의 게임이 끝났음을 깨달으면서 포스트모던의 조건이 부상하고 있다. 더 나은 재현을 위한 경주에서 승리할 수는 없다. 애초 품었던 목표에 다가간 것처럼 보이는 순간, 목표 그 자체가 환상이며 터무니없는 것으로 보이게 되기 때문이다. 뒤샹의 '기성품'은 실재하는 사물이기 때문에 엄청나게 사실적이다. 그가 최고의 카드를 손에 쥔 것처럼 보이지만, 완전한 승리를 거둔 그의 손은 사실상 게임의 종말을 의미했다.

요점은 단순히 미술 공동체가 근대주의적 목표에서 벗어나 대신 다른 뭔가를 하기로 했다는 것이 아니다. 근대주의적 목표가 가능하지만 바람직하지 않은 것으로 보인다는 것도 아니다. 이러한 목표들은 실상 내부로부터 약화되었고, 이제 땅속에 묻혔으며, 초월의 대상이 되었다. 포스트모더니즘은 낡은 제약뿐 아니라 낡은 야심까지도 제거한다는 점에서 해방적이다. 미술가들은 더 이상 서사를 전개하거나 건물을 디자인하거나 초상화를 그리는 유일한 최선의 방식을 찾으려 애쓰지 않는다. 결정적 재현 내지 '최선의' 디자인이라는 관념 그 자체가 거부되고, 그 자리에는 어떤 주제에 대한 다수의 상연을 제공하는 복수의 형태들이 환영받는다.

과학 내에서 포스트모더니티를 찾다

가령 미술이나 건축에서 포스트모던의 조건은 학계가 지니고 있던 권위의 상실로 이어지고 있다. 예술적 재현을 수행하는 목적이나 적절한 수단에 대한 합의가 부재한 상황에서, 누가 미술가이고 누가 아닌지, 누가 일류 건축가이고 누가 아닌지를 규제하기는 훨씬 더 어려워진다. 이러한 상황과 과학이 처한 곤경 사이의 유사성은 흥미를 자아낸다. 그린피스는 생명공학의 위험에 관한 전문가가 아니라거나, MMR에 관한 대체 의학 치료사들의 견해는 건강의 원천에 대한 권위 있는 진술로 간주해서는 안 된다고 누가 말할 수 있겠는가? 유사성을 좀 더 강하게 밀어붙여 봐도 이는 여전히 성립하는 듯 보인다. 과학과 예술은 모두 재현에 관심이 있다. 두 영역은 모두 제대로 된 재현의 본질에 대한 논쟁을 목도해 왔다. 최근 미술상 경연 대회들에서는 작품의 예술적 지위를 놓고 매번 심사위원들 간에 의견이 갈리는 듯 보이며, 언론에도 이 사실이 널리 보도되었다. 그런가 하면 앞서 언급했듯이, 대중이 유전자 변형 식품이나 핵산업에서 직면하는 위험에 대해 과학자들이 내놓는 설명의 정당성을 놓고 불안해하는 것에도 그에 비견할 만한 언론의 주목이 있었다. 두 사례 모두에서 주장과 반대 주장이 난무했다. 증상들은 서로 부합하는 듯 보인다. 과학의 권위가 포스트모던의 곤경에 빠진 것이다.

  리오타르와 같은 저자들은 재빨리 이러한 논증을 개진했다. 그들은 대중의 불안과 뒤이어 나타난 과학과 예술의 재현을 둘러싼 대중 논쟁의 유사성뿐 아니라 과학 그 자체의 특징도 지적하고 나섰다. 그들은 과학적 관념의 발전 속에서 포스트모던의 조건을 보여 주는 증거를 찾았다고 주장한다. 대체로 볼 때 이 주제에 관해 글을 쓴 저자들은 동시대 과학 속에서 증거를 찾아내려는 노력을 통해 동일한 일련의 전리품들을 제시했다. 양자적 불확실성, 카오스 이론, 파국 이론이 그것이다.

이들 각각을 간단히 살펴보자면, 이러한 논평가들은 양자물리학에서 물리계의 상태는 관찰 행위 그 자체에 의해 영향을 받을 수 있다는 관념에 초점을 맞춘다. 그들은 오늘날 과학이 관찰되는 실재에 영향을 미치지 않고는 양자적 실재를 관찰할 수 없다고 가르친다는 사실에 만족해한다. 결국 객관적 관찰 및 재현이라는 오랜 관념은 미묘하게 약화된다. 이에 따라 리오타르는 양자 이론과 미시 물리학에서 "정확성의 추구 …… 사물의 본질 그 자체에 의해 제한을 받는다"라고 주장한다(Lyotard, 1984: 56). 마찬가지로 레드너는 "관찰자와 '대상' 사이의 상호작용"을 보여 주기 위해 하이젠베르크(Werner Karl Heisenberg)의 불확정성 원리를 언급한다(Redner, 1987: 68). 다음 후보인 카오스 이론은 너무 복잡해서 통상의 과학 모델을 적용하기 어려워 보이는 시스템을 과학자 공동체가 이해하는 방식으로 제시된다. 날씨를 열흘이나 열하루 이상 앞당겨 예측하는 일은 계속해서 과학자들의 노력을 좌절시키고 있다. 상대적으로 최근까지 이는 날씨에 대한 기존의 컴퓨터 모델이 다수의 영향 요인들이 서로 영향을 미치는 방식을 제대로 나타낼 수 없기 때문으로 여겨졌다. 더 나은 컴퓨터로는 그러한 문제들을 해결할 수 있을 것으로 가정됐다. 카오스 이론은 요인들이 여럿이라는 점이 중요한 게 아니며, 그러한 요인들 간의 관계에 내재한 특성이 날씨를 원천적으로 예측 불가능하게 만든다고 주장한다. 레드너가 보기에 카오스는 고전 과학의 가정들에 대한 도전으로서 중요하다. 리오타르 역시 "오늘날의 수학에는 정확한 측정의 가능성 그 자체, 더 나아가 심지어 인간적 규모에서 대상의 행동 예측이 가능하다는 데 의문을 제기하는 흐름"이 존재한다는 생각을 뒷받침하기 위해 카오스에 관한 개념을 언급한다(Lyotard, 1984: 58). 마지막으로 파국 이론은 왜 안정된 시스템이 급격하게 붕괴할 수 있는지, 왜 구조물이 아무런 경고 없이 무너지는지, 혹은 리오타르가 선호했던 예를 들면 왜 성났지만 겁많은 개가 갑자기 무는지를 이해하기 위한 수학적 접근을 제시한다(Lyotard, 1984: 59).[1] 레드너는 이를 "갑작스럽고 불연속적인 움직임에 대한 이론"으로 묘사한다. "그 속에서는 작은 변화가 큰 효과, 이른바 파국을 만들어 낼 수 있다"(Redner, 1987: 276).

그래서 근대주의적 활동의 원형인 과학에 있어서도 게임은 끝난 듯 보인다. 리오타르는 '결정론의 위기'가 도래하고 있다고 말한다. 가장 근본적인 미시 물리학의 수준에서 자연 세계는 분명한 과학적 재현을 거부하고 있다. 그리고 거시적 수준(심지어 지구적 수준) ─ 가령 앞으로 2주 후의 날씨 예보 같은 ─ 에서도 확정적인 재현을 얻어 낼 전망은 보이지 않는다. 자연 세계가 어떻게 존재하는가에 대해 설득력 있는 재현을 만들어 내지 못하는 이러한 무능력이야말로 과학이 직면한 신용과 정당성 문제의 핵심에 위치하고 있음이 분명하다고 우리는 생각하게 된다. 포스트모더니스트들은 과학의 권위 하락을 포괄적으로 설명하는 이론을 제시한 것처럼 보인다.

---

[1] 이 말이 너무 공상적으로 들린다면 우드콕과 데이비스의 연구를 보라(Woodcock and Davis, 1980: 112~115).

포스트모던 진단에 대한 평가

포스트모더니즘은 사회과학에서 높은 인기를 누려 왔다. 그러나 많은 논평가들의 견해와 달리, 나는 과학적 권위가 처한 문제들에 대한 포스트모던 진단이 두 가지 점에서 틀렸다고 주장하고자 한다. 첫째, 과학의 신용이 가장 두드러지게 압력을 받고 있는 영역은 대체로 볼 때 포스트모더니스트들의 고민 상담에서 다뤄지지 않는 영역들이다. 관련된 과학의 영역들은 보통 그 문제가 이른바 '결정론의 위기'에 가장 손쉽게 부합하는 것들이 아니다. 이미 본 바와 같이, 과학 전문성이 지닌 신용이 도전받은 것은 핵 시설이나 생명공학의 위험을 추정하는 능력, 법정에서 전문가 증언의 신뢰성, 그리고 치료법의 안전성이나 대체 요법의 생존 가능성에 관한 불확실성을 인정하는 기성 의료계의 개방성 등에 관해서였다. 미술의 경우에는 대중의 우려를 촉발한 문제가 포스트모더니스트들을 흥분시킨 문제이기도 했다. 예를 들어 개념미술이 미술로서의 지위를 갖는가 같은 문제가 그것이다. 반면 과학의 경우에는 상황이 이러한지가 훨씬 덜 분명하다. 물론 과학자들이 지구온난화에 관한 자문의 신용을 두고 도전을 받아 온 것은 맞다. 이 주제는 날씨의 예측 불가능성 문제와 어느 정도 연관된 것으로 볼 수 있다. 그러나 심지어 여기서도 난관은 탈결정론적 과학에서뿐 아니라 통상의 과학 — 견고한 이해관계와 모델의 포괄성으로 특징지어진다고 하는 — 에서도 나타나고 있다.

역으로 포스트모더니스트들이 과시하는 전리품과 같은 과학의 요소들은 그 자체로 대중의 회의주의를 촉발한 요소들이 아니다. 믿을 만한 정당화라는 포스트모던 문제를 과학 그 자체에서 탐지해 내려는 시도는 자칫 오해로 이어질 수 있다. 이는 카오스 이론에서 잘 드러난다. 여기서 중심 주장은 지난 30년 동안 복잡하고 예측 불가능해 보이는 수많은 자연현상들 사이에 뭔가 공통점이 있을 수 있다는 인식이 나타났다는 것이다. 예를 들어 해안선의 정확한 형태는 인정된 기하학적 내지 표준적인 수학적 패턴과 부합하지 않는 듯 보인다. 어떤 사물들이 복잡한 이유는 그것이 대단히 많은 수의 변수들에 의지하고 있어 실용적 측면에서 계산이 불가능하기 때문이라는 주장이 오래전부터 받아들여져 왔다. 그러나 카오스에 관심을 가진 저자들은 복잡하고 예측 불가능해 보이지만 그럼에도 불구하고 상대적으로 간단한 관계에 기반을 두고 있는 현상들의 가능성에 특히 매혹되었다.

여기서 나온 독특한 관념이 바로 '결정론적 카오스'(deterministic chaos)이다. 일견 간단해 보이는 방정식들이 카오스적이고 얼른 보기에 무작위적인 경향을 낳을 수 있다는 것이다. 당시까지 응용수학 연구는 질서 정연하고 단순한 행동을 떠받치는 그러한 방정식들에 초점을 맞추는 경향이 있었다. 선이나 원, 행성의 타원 운동 혹은 혜성의 포물선 경로 등을 묘사하는 방정식이다. 그러나 반드시 외형적으로 더 복잡하지는 않은 다른 방정식들은 다른 부류의 결과를 만들어 냈다. 그것이 그려 내는 경향은 전혀 기하학적으로 규칙적이지 않다. 직선이나 정칙곡선(regular curve)의 경우 우리는 심지어 계산을 하지 않고도 앞선 점에서 다음 점을 쉽게 예측할 수 있다. 그러나 비정칙방정식(irregular equation)의 경우에는 그러한 예측이 불가능하다. 점들이 예견할 수 없는 방식으로 방향을 바꾸기 때문이다. 전자와 같은 부류의 방정식을 흔히 선형방정식이라고 칭하며, 후자와 같은 부류는 당연하게도 비선형방정식이라고 부른다.[2]

어떤 경우에는 이러한 비선형방정식이 표준적인 의미에서 기하학적

이지는 않지만 그럼에도 알아볼 수 있는 형태를 그려 낸다. 삼각형이나 원처럼 보이지는 않지만 복잡하게 생긴 잎이나 높은 고도에서 내려다본 해안선이나 일견 불규칙하게 보이는 산맥의 봉우리들의 형태를 닮을 수 있다. 톰 스토파드는 찬사를 받은 자신의 희곡 『아카디아』(Arcadia)에서 이러한 연구 분야의 초기 혁신가인 가공의 인물을 소개한다. 토마시나라는 이름을 가진 19세기 초의 조숙한 십대 소녀이다. 이 작품의 1막 3장에서 그녀는 가정교사인 셉티무스 호지가 그녀에게 가르치는 (선형)수학이 자연에서 발견된 다양한 형태들을 이해하는 데 적합한지를 놓고 그와 논쟁을 벌인다.

> **토마시나** 매주 저는 선생님의 방정식을 점으로 표시하고, 온갖 방식의 대수적 관계를 x와 y의 조합으로 바꿔요. 그러면 흔히 보는 기하학적 도형이 나타나지요. 마치 형태의 세상에는 원호와 각도밖에 없는 것처럼요. 신의 진리를 따르면요, 선생님, 만약 종 모양 곡선에 해당하는 방정식이 있다면, 분명 블루벨 같은 곡선에 해당하는 방정식이 있어야 해요. 블루벨이 그렇다면, 장미는 왜 없겠어요? 우리는 자연이 숫자로 쓰여 있다고 믿나요?
>
> **셉티머스** 그렇단다.
>
> **토마시나** 그러면 왜 선생님의 방정식은 만들어진 물건의 형태만 그려 내는 거죠?

---

2) 나는 레드너나 리오타르처럼 '카오스 이론'이라는 표현을 본문에서 여러 차례 되풀이해 쓰고 있지만, 대다수의 수학자들과 물리과학자들은 오늘날 이 용어를 쓰는 것을 꺼릴 것이며, 카오스의 대부분의 측면들을 비선형 동역학 연구의 하위 집합 중 하나로 분류할 것이다. '파국' 역시 비선형성의 또 다른 형태 중 하나로 간주될 것이다.

셉티머스 나도 모르겠구나.

토마시나 그런 도구밖에 없다면 신이 만들 수 있는 건 수납장뿐일 거예요. (Stoppard, 1999: 55. 아울러 118쪽도 보라.)

그녀가 배우고 있는 수학은 단순한 기하학적 형태들을 그려 낼 수 있다. 이는 사각형 탁자나 둥근 의자를 만들 때 쓰일 뿐 아니라 행성들의 궤도를 그려 낼 때 활용되는 것이기도 하다. 그러나 이러한 수학은 토끼의 귀나 소나무의 형태를 설명하지 못함으로써 그녀를 실망시킨다. 짜증이 난 그녀는 창조주가 이러한 형태들로 제한을 받았다면 나무나 울타리도 직사각형 옷장이나 원뿔형 모자 같은 형태로만 만들 수 있었을 거라고 불만을 토로한다.

스토파드는 토마시나와 이후 셉티무스가 잎이나 나무, 동물의 특징적 형태에 나오는 곡선을 산출하는 비선형방정식을 이용해 새로운 수학의 선구자가 될 수 있게 한다. 스토파드가 이처럼 시대착오적인 게임을 할 수 있는 이유는 바로 일부 비선형방정식이 상대적으로 간단하기 때문이다. 단지 계산이 극단적으로 힘들 뿐이며, 극 중에서는 상사병에 걸린 셉티무스가 은둔 생활을 하면서 결과를 계산해 낼 충분한 시간을 얻음에 따라 이 문제가 극복된다.

결정론적 카오스가 던지는 중요한 함의는 비선형 카오스 시스템의 미래 상태를 예측하려 할 때 생기는 문제에서 나온다. (선형이든 비선형이든) 모든 방정식에서 어떤 경향에 대한 예측의 정확성은 초기 조건을 얼마나 정확하게 이해하고 있는가에 달려 있다. 당구대 위에서 큐로 치는 공과 표적이 되는 공의 충돌은 (선형적인) 뉴턴 물리학의 사례로 종종 제시되지만, 심지어 이 사례에서도 미래의 공들의 배치를 예측할 수 있는 정확도는 흰색 공이 처음에 얼마나 빨리 또 정확히 어떤 방향으로 움직이고 있었는지를 정확하게 아는 것(천의 마찰이나 '쿠션'의 탄력 같은 여타 부수적 요인들과 함께)에 달려 있다. 이러한 지식에서의 크고 작은 오류는 예측에서의 크고 작은 오류로 이어질 것이고, 시간이 흐르면 흐를수록 이러한 부정확성이 커질 가능성이 높아진다. 비선형방정식 역시 초기 조건을 아는 데 의존하는 것은 마찬가지이다. 그러나 그것에 기반한 행동은 예측 가능한 경향을 따르지 않기 때문에, 초기 조건에서의 사소한 부정확성이 예측에서는 근본적인 오류로 이어질 수 있다. 당구대의 충돌에서 초기 조건 측정의 오류는 공이 구멍에 빠지지 않거나 어떤 다른 종류의 샷 미스로 이어질 수 있다. 그러나 비선형 시스템에서의 오류는 이처럼 사소한 것이 아닐 수 있다. 말하자면 공이 테이블 아래 마룻바닥으로 떨어지거나 당구장 바깥의 주차장까지 날아갈 수도 있다는 말이다. 캐럴라인 시리즈(Caroline Series)와 폴 데이비스(Paul Davies)의 표현을 빌리면, "입력에서의 어떤 오류도 예측 시간의 함수로 그 속도가 점점 빨라지면서 증식해서, 오래지 않아 계산을 집어삼켜 버리고 모든 예측 능력은 상실되고 만다. 결국 작은 입력 오류가 순식간에 계산을 엉망으로 만드는 정도까지 커지는 것이다"(Carey, 1995: 500에서 재인용). 이는 일견 모순을 낳는다. 결정론적인 행동 — 다시 말해 대수방정식의 지배를 받는다고 믿어진 행동 — 이 사실상 예측 불가능할 수 있는 것이다.

지금까지는 예측에 저항하는 것처럼 보이는 과정의 예측 불가능성이 대체로 계산 불가능한 방식으로 영향을 주고받는 수많은 요인들의 상호작용에서 나온 것으로 해석됐다. 예를 들어 룰렛에서 우리는 완전히 예측 불가능한 시스템을 고안했다. 사실 룰렛이 도박에 이상적인 이유도 바로 여기에 있다. 이 사례에서는 가벼운 공과 무거운 회전반 — 굴곡지고 휘어진 표면을 가지고 매번 약간씩 다른 속도로 도는 ─ 이 결합해 현실에서 결과의 계산을 불가능하게 만들기 때문에 예측 불가능성이 생겨난다. 그러나 결정론적 카오스에서는 유사한 정도의 예측 불가능성이 상대적으로 간단한 방정식을 풀면 도출된다.

그러한 방정식에 관해 과학자 공동체 내에 이러한 관점들이 존재한다는 사실은 포스트모더니스트들의 판결에 대한 우리의 평가에 두 가지 상보적이면서 상반되는 함의를 갖는다. 첫째, 이는 레드너와 리오타르가 우리에게 납득시키려는 것에 비해, 어떤 과정이 과학적 법칙의 지배를 받으면서도 여전히 예측은 거부할 수 있다는 관념에 과학자 공동체가 그다지 동요하지 않음을 시사한다. 널리 알려진 것처럼, 날씨 시스템이 이러한 패턴을 따르는 사례로 흔히 제시되곤 한다. 기류의 운동, 습기의 응결 등등은 모두 결정론적이지만, 아울러 카오스적이기도 하다. 이 때문에 날씨를 열흘 내지 열하루 더 앞서서 예측하는 것은 불가능하다. 그때쯤 되면 초기 조건의 평가에서 필연적으로 나타나는 오류들이 기상 시스템 그 자체와 같은 규모까지 확대되기 때문이다. 도쿄의 날씨가 아마존에 있는 나비의 날갯짓에 의해 영향을 받는다는 오늘날의 상투적 표현은 이 점을 '시적으로' 표현한 것이다. 초기 조건을 명시할 때의 오류가 ─ 심지어 나비의 날갯짓에 의해 유발된 대기 패턴의 미세한 변화를 간과한 것처럼 사소한 오류라 해도 ─ 일주일 이상 지나면 대기의 미래 상태에 관한 예측에서 엄청난 불확실성으로 발전할 수 있다. 초기 조건에 대한 그러한 민감성은 날씨 예측의 잠재력에 내재적 한계를 부과하는 것으로 믿어지고 있다(Palmer, 1992를 보라). 이처럼 시스템의 초기 조건에 극히 민감한 현상은 다른 분야에도 널리 퍼져 있다고 믿어진다. 그러한 민감성은 개체수 패턴에도 나타나며, 예를 들어 어류 개체군이나 곤충 '떼'의 증가에 대한 모델링을 — 적어도 특정한 조건하에서는 — 마찬가지로 어렵게 만든다. 지리학자인 이언 시먼스는 이렇게 단언한다. "이는 생태학이 인간-환경 관계 전체에 대한 포괄적 서사로서 내세우는 모든 주장들을 미심쩍은 것으로 만든다. 사회 이론이나 문학 이론에서의 포스트모더니즘과 마찬가지로, 근본에 대한 질문이 제기되고 있다"(Simmons, 1993: 35). 그러나 시먼스는 자연과학과 문화의 다른 측면들 사이를 서둘러 연결시키려 하면서, 평상시보다 덜 조심스러운 주장을 펼치고 있는 듯 보인다. 혹자는 비선형 시스템이 어디에나 있기 때문에 과학적 이해의 진전이 이전에 생각했던 것보다 훨씬 더 대단치 않은 듯 보이게 되었다고 시인할 수 있다. 세계의 중요한 인과적 측면들이 본질적으로 과학적 예측을 넘어선 것처럼 보이기 때문이다. 그러나 아이러니한 것은 그것이 전적으로 과학적인 이유에서 예측을 거부한다는 사실이다. 카오스에 관한 관념들은 포스트모더니티를 옹호하는 것이 아니라 좀 더 간접적인 뭔가를 가리킨다. 이는 두 번째 논점이 보여 주는 바와 같다.

두 번째 논점은 일견 카오스적인 행동의 근저에 결정론적 수식들이 있을 수 있다는 제안이 아이러니하게도 과학적 재현의 범위를 확대하려는 과학자들의 시도를 정당화하는 데 쓰일 수 있다는 것이다. 과학자들은 이전에 그저 무작위적으로 보였던 현상들이 결정론적이고 방정식의 측면에서 이해 가능한 것으로 보인다고 주장할 수 있다. 이러한 논증은 시먼스가 보여 준 바와 같이 식물 및 동물 개체군 수치와 관련해 개진되어 왔다(Simmons, 1993: 35). 이 수치는 크게, 심지어 무작위로 요동을 치는 듯 보였고, 따라서 과학적 이해를 넘어선 것으로 간주되었다. 대략 1970년대 이래로 생물학자들은 다른 주장을 펴기 시작했다. 개체군의 경향 — 일견 논리나 규칙성이 없이 종종 그 수가 많았다가 적어졌다가 다시 많아지는 등 오락가락하는 — 이 실은 수학적 법칙을 따르고 있다는 주장이었다. 이 분야의 혁신가 중 한 사람인 로버트 메이는 동물의 색깔 무늬나 시장의 특정한 움직임 등의 다른 현상들 — 정말 무작위적으로 보이는 것들 — 도 간단한 방정식의 지배를 받는 것으로 밝혀질 수 있다고 제안했다(May, 1992를 보라). 이러한 관점에서는 카오스가 과학이 품은 야심의 종말이 아니라 과학적 이해의 새로운 확장을 나타낸다. 이제 우리는 "예외적으로 복잡한 행동이 가장 간단한 규칙들에 의해 만들어질 수 있음을 깨달았기" 때문이다(메이의 글을 Carey, 1995: 504에서 재인용). 과학 분석가는 자연에서 일견 무작위적인 패턴을 발견하면, 이제 무수히 많은 복잡한 원인들이 작동하고 있다고 가정하지 않고 그 밑에 깔린 패턴이 있다고 생각할 수 있다. 설사 그러한 패턴을 묘사하는 규칙을 아직 알아내지 못한 경우라 하더라도 말이다. 결국 카오스 이론가들의 핵심 가정은 예측 불가능하고 일견 복잡해 보이는 세계의 많은 부분이 실은 결정론적 카오스라는 것이다. 그것의 기초에는 간단한 방정식들이 있지만, 서로 간에 인내를 요하는 복잡한 관계가 있는 것으로 믿어지고 있다. 이를 계산해 내는 것은 원칙적으로 가능하지만, 계산에 소요되는 노동은 훨씬 더 급격하게 늘어난다. 과학 논평가들은 장기적으로 보면 사건들이 전개되는 속도가 그것을 계산할 수 있는 속도보다 더 빠를 거라고 제안한다. 혹은 데이비스가 탁월하게 표현한 것처럼, "우주는 그 자신의 가장 빠른 시뮬레이터이다"(Carey, 1995: 501에서 재인용). 이러한 시각에서 보면 미래는 원칙적으로 알 수 없는 것이다. 그것이 엄밀한 의미에서 예측 불가능한 것은 아니지만 말이다. 얼른 보기에 과학은 포스트모던의 곤경에 빠진 듯 보인다. 과학적 추론은 그 자신의 한계를 분명하게 드러낸다. 이와 동시에, 결정론적 카오스는 새로운 해석을 나타내는 슬로건이자 과학적 결정론이 이전에는 닿을 수 없는 곳으로 여겨졌던 영역까지 전진했음을 보여 주는 신호가 되었다.

지금까지의 논의를 요약하면, 과학의 신용 문제가 포스트모더니티의 위험을 보여 주는 증거이자 그로부터 유래한 것이라는 진단은 두 가지 이유에서 설득력이 떨어진다. 카오스와 같은 '전리품' 사례들은 포스트모던 진단의 옹호자들이 원했던 방식대로 전개되지 않았다. 카오스는 개념미술이 미술계에 의미한 것과 같은 방식으로 과학에 '위기'를 야기하지 않았다. 비선형방정식들은 여전히 결정론적인 것으로 간주된다. 카오스는 과학의 특정한 현상들에서 나타나는 세부적 특징으로 여겨지며, 세계에 대한 수학적 모델 구축이라는 관념 전체에 도전하는 것이 아니다. 오히려 반대로 카오스에 입각한 분석들은 예전에 무작위적으로 간주됐던 일부 현상들이 수학적 공식의 지배를 받고 있다고 주장한다. 둘째, 공공연한 재현의 '위기'가 가장 두드러진 영역들은 카오스에 의해 특징지어지는 영역들이 딱히 아니다. 이는 과학적 예측과 이해의 내재적 한계에서 비롯된 위기이기도 하지만, 적어도 그에 못지않게 과학자 공동체가 (가령) 사람들이 공감할 수 있는 방식으로 위험을 평가한다는 사람들의 확신에서 나타나는 위기이기도 하다.

미술의 사례에서는 적어도 리오타르가 들려주는 바에 따르면, 근대주의에 종말을 가져오고 미술의 공개적 위기를 만들어 낸 것은 근대주의 프로젝트의 어리석음에 대한 인식이었다. 탈재현주의 미술에서는 '어떻게 해도 좋기'(anything goes) 때문이다. 주목할 만한 대목은 리오타르의 논증에 담긴 핵심이 포스트모더니즘의 위기가 내부적 문제 — 일종의 과잉 성숙 — 라는 것처럼 보인다는 점이다. 재현 활동에 대한 미술가들의 반성은 결국에 가서 이 활동을 내부로부터 약화시켰고, 과학의 위기도 같은 방식으로 제시되고 있다. 리오타르는 미술에 관해서는 일리 있는 얘기를 했는지도 모른다. 비록 미술사가들이 이러한 서사를 설득력 있는 것으로 받아들이지 않았음이 금세 드러났지만 말이다. 그가 제시한 이야기는 분명 거의 전적으로 지적인 측면에 한정되었던 것으로 보인다. 과학의 사례에서는 그러한 이야기가 이치에 닿지 않는다.

대안적 진단

포스트모던 설명을 거부한다고 해서 자연 세계에 대한 수많은 과학적 재현과 과학의 신용에 만연한 문제가 있음을 부인하는 것은 아니다. 그런 문제는 실제로 존재하며, 그것의 밑에 깔린 기반에 대한 최선의 이해는 포스트모더니즘이 아니라 과학학에서 얻을 수 있다.

7장에서 주장한 것처럼, 여기서 핵심을 이루는 인식은 과학적 합의가 흔히 과학적 증거 그 자체의 강제성보다는 사람들이 의견 대립의 중단에 동의한 데서 나온다는 것이다. 과학적 해석에 저항하는 근거로 생각해 볼 수 있는 것들은 언제나 존재한다. 합의는 어느 누구도 더 이상 이의를 제기할 마음이 없거나 그럴 여력이 없을 때 출현한다. 자연과학이 재현하고자 하는 세계는 필연적으로 불가해하기 때문에, 다시 말해 과학을 통하지 않고는 세계에 대해 알 수 있는 방법이 없고 다른 이해를 통하지 않고는 과학적 이해를 점검할 수 있는 수단이 없기 때문에, 과학자 공동체는 그것의 재현이 옳다는 것을 증명하기 위한 나름의 방법을 항상 갖고 있었다. 과학의 주장은 다른 과학적 주장을 이용해 점검되어야 했다. 이러한 이유 때문에 재현 활동은 6장에서 과학의 민족지방법론 연구가 우리에게 상기시켜 준 것처럼, 항상 일상적인 동시에 위태위태했다. 민족지방법론의 의미에서 과학이 하는 일은 재현을 만들어 내고 방어하는 것이다. 반면 미술적 재현의 유효성은 보통 좀 더 간단한 방식으로 확인돼 왔다. 미술가가 그려 낸 세계는 적어도 최근까지는 많은 사람들이 이해할 수 있는 것이었고, 좀 더 폭넓은 대중 내지 소비자 집단에 의한 평가를 받았다. 그러한 특유의 의미에서 바로 다음과 같은 주장이 가능하다. 과학은 포스트모더니스트들이 20세기 중후반 이후에 문화가 작동하는 방식이라고 이해했던 대략 그러한 방식으로 항상 작동해 왔다고 말이다. 원칙적으로 과학에서 이러한 재현의 위기에는 전혀 새로운 점이 없다. 과학혁명 시기 이후 과학에는 바로 이러한 어려움들이 언제나 뒤따랐다.

라투르 역시 포스트모더니스트들의 주장을 불편해한다. 그는 우리가 애초에 한 번도 근대인이 돼 본 적이 없기 때문에 포스트모더니티에 대한 그들의 주장은 어처구니없는 것이라는 묘한 주장을 한다. 근대의 '헌법'은 현실에서 인간과 자연 세계를 정신 속에서 분리시키고, 문화와 자연을 나누고, 목적 지향적 활동과 단순한 행동을 구분하는 것을 이뤄 낼 수 있다는 생각에 의지한다고 그는 주장한다. 그러나 이러한 분리는 결코 성취된 적이 없으며, 오늘날 달성되고 있다는 신호를 찾아볼 수도 없다. 너무나 많은 잡종들, 그러니까 문화적인 동시에 자연적인 존재자들(컴퓨터 지능, 심박 조율기를 단 사람들, 사람의 몸짓 언어를 익힌 유인원들[3])이 인간을 자연 세계에 불가분의 방식으로 결합시키기 때문이다. 그가 내리는 진단은 아울러 그의 책 제목이기도 한데, 바로 '우리는 결코

---

[3] (사이보그로 널리 알려진) 이러한 중간적 존재자들의 목록은 사실상 끝이 없다. 라투르와 칼롱 또한 이러한 사이보그에 이끌렸다. 사이보그는 인간/비인간 분할에서 양쪽 모두에 걸침으로써 인간 행위자와 사물의 세계 사이의 강한 대조 ——EPOR과 대부분의 강한 프로그램 독해에서 매우 중요한—— 를 약화시킬 것이기 때문이다.

근대인이었던 적이 없다'(Nous n'avons jamais été modernes)라는 것이다(Latour, 1993). 앞선 문단에서 제시한 논증에 비춰, 나는 이렇게 말하는 것이 좀 더 정확하리라고 생각한다. '과학은 항상 포스트모던했다'(La science, elle a toujours été postmoderne).

이러한 구호를 내걸 때 내가 말하고자 하는 바는 과학 지식과 그것의 사회적 역할이 항상 일정했다는 것이 아니다. 과학자 공동체가 사회의 문제들에 대한 답변의 원천으로 스스로를 내세우면서, 그리고 정책 결정자들이 결정을 과학 자문 위원들에게 위임하는 것을 고려하게 되면서, 하나의 지식 형태로서 과학의 문제적 특징들이 폭로된 것이다. 법정은 무엇을 과학으로 간주해야 하는가에 대한 규칙을 명시할 수 없음을 알게 됐다. 정책 결정자들은 과학 자문의 과잉 비판 모델이라는 문제에 직면했다. 성찰적 근대화에 대한 벡의 생각은 리오타르나 레드너가 제시한 진단보다 좀 더 정확하다. 그러나 심지어 벡조차도 철학적 이상에, 과잉 성숙에 관한 주장에 너무 초점을 맞추고 있다.

…… 과학은 점점 더 **필요해졌지만**, 동시에 사회적 구속력을 가진 진리의 정의에 **점점 덜 충분해졌다**. 이러한 기능의 상실은 우연이 아니다. 또한 이는 외부로부터 과학에 부과된 것도 아니다. …… 한편으로 과학이 내적·외적 관계 속에서 스스로와 조우할 때, 과학은 그것이 지닌 회의주의의 방법론적 힘을 그 자체의 토대와 실천적 결과 들로 확장하기 시작한다. 이에 따라 지식과 계몽의 주장은 **성공적으로** 개진된 오류가능주의(fallibilism)에 직면해 체계적으로 축소된다. 애초 과학에 귀속됐던 실재와 진리에 대한 접근은 결과가 다르게 나올 수도 있는 결정, 규칙, 관습 들로 대체된다. 탈신비화가 탈신비화를 하는 사람에게로 확산되

며, 이 과정에서 탈신비화의 조건을 변화시킨다. (Beck, 1992: 156. 강조는 원문)

그러나 탈신비화라는 파괴적 작업은 과학 그 자체에 의해 주로 수행되고 있지 않다(또한 과학철학이나 과학의 사회적 연구 — 벡이라면 이런 의미에서 '과학'으로 분류했을 가능성이 높은 — 에 의해 수행되고 있는 것도 아니다). 그런 작업은 법정에서, 위험 평가에 대한 도전에서, 공공 정책을 둘러싼 논쟁에서, 혹은 기성 과학계의 관점에 대한 대중의 거부에서 수행되고 있다(이 중 마지막 것에 대해서는 Wynne, 1996을 보라). 과학이 우리에게 알려 주려 하는 '실재'는 항상 불가해한 것이었고, 과학 지식은 항상 '포스트모던'했다. 과학이 규제 목적을 위해 주로 쓰이면서 끊임없는 도전에 직면하게 되자, 과학의 '포스트모던'한 약점들이 드러났다.

이러한 요인들은 포스트모더니스트들의 좀 더 추상적인 주장보다 과학이 처한 곤경을 더 잘 설명해 준다. 아이러니한 것은 이러한 요인들이 오늘날 문제로 비치게 된 것이 과학이 누리고 있는 사회적 유명세 때문이라는 점이다. 기성 과학계가 거둔 성공 그 자체가 과학을 해체와 회의주의에 개방해 놓은 것이다.

결론

이 책에서는 과학학과 사회 이론을 다루었다. 이 책의 논지는 사회학자와 사회 이론가들이 사회의 암흑물질 — 과학적 증거, 기술 전문성, 과학 법칙, 그리고 위험이나 기술 시스템 같은 '행위자'들이 사회에서 하는 역할과 그것의 사회적 삶 — 에 지나칠 정도로 주목하지 않았다는 것이었다.

사회학자들이 그러한 주제들에 관한 통찰을 자신들의 연구에 집어넣으려 할 때면 과학의 사회적 연구에서 나온 분석에는 부당할 정도로 주의를 덜 기울이고 포스트모더니즘이나 위험 커뮤니케이션 등에 관한 저술가들에 지나치게 많이 주목했다. 이 책의 1부와 2부에서 내가 세웠던 목표는 이 분야의 최신 동향을 개관함으로써 과학학에 대한 사회학의 관심과 인식을 촉진하는 것이었다. 3부에서 나는 사회과학 분야들에 대단히 친숙한 (위험 평가나 법률적 판단의 성격 같은) 일련의 주제들을 이용해, 과학기술 전문성의 중요성에 대한 사회학의 이해를 강화하는 데 과학학 연구가 갖는 분석적 가치를 보여 주고자 했다.

이러한 '복음주의적'이고 해설적인 내용에 더해, 두 가지 주된 주제들이 이 책을 관통하면서 그것의 분석적 결론을 이루고 있다. 이 중 첫 번째는 이 책의 첫머리에 암흑물질 내지 잃어버린 질량의 문제로 소개되었다. 사회생활은 사물의 세계를 통해 편리해지고, 영위되고, 수행된다. 과학기술은 이러한 사물들을 해석하고 재현하는 우리의 주된 수단이지만, 과학 지식과 과학적 실천은 거의 모든 사회 이론가들에 의해 흔히 지나치게 적게 강조되고 있다. 과학의 동역학에 대한 이해가 없으면 사회학 분석가는 사회의 작동에 대해 대단히 부분적인 설명에 도달하는 데 그칠 것이다. 예를 들어 위험 평가가 어떻게 이뤄지는지, 다양한 부류의 위험들 간의 유사성과 차이점은 어떻게 구성되는지에 대한 (9장의) 상세한 분석은 과학학의 접근이 사회의 암흑물질의 작동에 대해 해결의 실마리를 던져 줄 수 있음을 보여 주었다. 위험에 대한 다른 사회과학적 접근들보다 훨씬 더 정확한 해결의 실마리 말이다.

두 번째 분석 주제는 과학 이론과 발견에 대한 과학자들의 분석이 자율적이고 객관적이라는 관념에 관한 것이다. 이러한 시각에 따르면 과학 그 자체는 사회의 잃어버린 질량이 작동하는 방식에 대해 최선의(그리고 유일한) 설명을 제공한다. 다시 말해 사회학자들은 과학적 대상이 사회과학의 잃어버린 질량임을 인지할 수 있음에도 여전히 그러한 대상에 대한 이해를 자연과학의 전유물로 위임한다는 것이다. 이 책에서는 그러한 선택지를 탐구해 본 후 기각한 바 있다. 내가 주장해 온 관점은 자연 세계의 상태에 관한 믿음이 궁극적으로 사람들의 집단(대체로 과학자들이지만, 그들 역시 어쨌든 사람이니까)에 의해 결정된다는 것이다. 그러한 믿음은 자연 세계 그 자체로부터 나온 정보에 의해 강제되거나 완전히 결정되지 않는다. 따라서 사회의 잃어버린 질량에 대한 이해에는 필연적으로 사회학적 차원이 존재한다.

이 책이 분명하게 보여 준 바와 같이, 과학학의 다양한 학파들은 자연 세계의 상태에 관한 그러한 결정들이 어떻게 내려지고 형성되는지에 대한 해석에서 견해가 갈린다. 이 책의 3부는 그처럼 서로 경쟁하는 학파들의 가치를 실천 속에서 시험해 보는 수단으로 마련되었다. 위험, 대중의 과학 이해, 과학과 정책, 법정 속의 과학과 관련된 핵심 쟁점들이 최신 이론의 개관에 비춰 검토되었다. 3부에서 이러한 실천적 쟁점들을 탐구하는 과정에서, 과학학의 일부 학파들은 다른 학파들보다 훨씬 더 큰 분석적 가치가 있음이 밝혀졌다. 예를 들어 암흑물질의 문제 그 자체를 틀 짓는 것을 제외하면, 행위자 연결망 이론이 가졌다고 하는 통찰은 위험이나 대중 속의 과학을 이해하는 데 거의 도움이 되지 못했다. 페미니스트 과학학과 과학 담론 분석은 8장에서 12장까지의 분석에서 주요한 역할을 하지 못했다. 행위자들의 이해관계가 여러 차례에 걸쳐 언급되긴 했지만, 이해관계 이론의 공식 장치 역시 활용되지 못했다. 민족지방법론의 통찰은 여러 번에 걸쳐 언급됐지만, 구체적 분석이 민족지방법론의 관점에서 수행된 적은 한 번도 없었다. 그러나 설사 다양한 학파들의 특정한 용어들이 작은 역할만 했다 하더라도, 내가 내린 주된 결론은 과학학의 감수성이 이러한 일련의 실질적 영역들에 대한 이해를 증진하는 데 있어 지속적으로 중요했다는 것이다. 데이비드 블루어의 표현을 빌리면, 과학학의 으뜸가는 결과는 과학적 판단의 한정주의에 관한 '발견'이다(Bloor, 1991). 나는 많은 사회학자들에게 다음과 같은 내용을 설득할 수 있었기를 희망한다. 이처럼 일견 대단치 않아 보이는 결과와 대칭성, 공평성에 대한 방법론적 신념에 근거해, 과학사회학은 사회의 암흑물질을 찾아내고, 탐구하고, 조명하는 데서 핵심적인 역할을 하고 있다는 것이다. 나는 과학사회학이 사회 이론의 핵심 구성 요소로 인정되어야 한다고 생각한다.

옮긴이 후기
과학학의 이론적 지위와 '쓰임새'에 대한 냉철한 평가

오늘날 과학학(science studies)의 문제의식은 몇 안 되는 전문 학자들의 학술적 관심사를 넘어 좀 더 대중적인 영역까지 뻗어 나가고 있다. 과학 지식이나 그것이 기대고 있는 실험 결과가 흔히 기대하는 것에 비해 훨씬 더 불분명하고 불확실할 수 있다거나, 일반 대중이 과학에 대해 가진 지식과 이해는 단지 '과학 대중화'라는 활동으로 대응하고 포괄할 수 없는 중요성을 갖는다거나, 과학의 내용과 제도 중 적어도 일부는 젠더의 측면에서 볼 때 결코 중립적이지 않다거나 하는 생각들은 (그에 동의하건 하지 않건 간에) 과학자나 일반 대중 사이에서 상당히 널리 인지되어 있다. 물론 이러한 인식이 생겨난 계기를 전적으로 과학학 연구로 돌릴 수는 없겠지만, 1970년대 이후 과학학의 약진이 일차적으로 학계 내, 좀 더 넓게는 사회 전반에서 문제의식의 확산에 기여한 것은 분명하다.

현대 사회에서 과학이 긍정적·부정적 측면 모두에서 갖는 중요성을 감안해 보면, 다양한 이론적 도구 상자를 써서 과학을 사회과학적으로 탐구하는 과학학의 저변이 더 넓어지는 것은 분명 바람직한 일일 것이다. 그러나 아쉽게도 그간 국내에서는 과학학의 여러 흐름을 폭넓게 소개하며 그것이 과학과 사회의 다양한 접점들에 갖는 함의를 비판적·성찰적으로 짚어 보는 저작들이 그리 많지 않았다. 그동안 나온 책들은 출간된 지 너무 오래되어 최근의 문제의식을 담아내지 못했거나, 난이도가 맞지 않아 (과학)철학적 배경이 없는 사람들에게는 진입 장벽이 높거나, 과학학의 실천적 '응용'은 도외시한 채 이론적 측면에만 초점을 맞추거나 한 것들이 많았다.

영국의 과학사회학자 스티븐 이얼리가 2005년에 출간한 『과학학이란 무엇인가』(Making Sense of Science: Understanding the Social Study of Science)는 그러한 공백을 훌륭하게 메워 줄 수 있는 저서이다. 이 책은 '과학이 어떤 점에서 특별한가'라는 과학철학의 고전적 논제에서 출발해, 과학학의 출발점을 이룬 문제의식과 주요 '학파'들 — 이해관계 접근, 행위자 연결망 이론, 페미니스트 접근, 민족지방법론 연구 등 — 을 소개한 후, 그것이 과학과 사회가 만나는 여러 지점 — 과학과 대중, 기술 위험, 법정에서의 과학, 과학 및 규제 정책 — 에서 생겨난 난제들에 어떤 새로운 통찰을 던져 주는지를 살펴보고 있다. 애초 과학지식사회학의 이론적 논의에서 출발했지만 1990년대 이후에 환경사회학으로 방향을 틀어 과학과 환경의 관계에 초점을 맞춰 온 연구자답게, 이얼리는 과학학의 이론적 흐름과 실천적 응용 어느 쪽도 놓치지 않고 균형 있게 서술하며 심도 있는 사례연구들을 곳곳에 곁들이고 있다.

이얼리는 이 책에서 다루고 있는 상당수의 이론적 논쟁들에서 '구경꾼'이 아니라 어느 한편의 '선수'로서 적극적으로 활동했던 이력을 가진 연구자이다(대표적인 것이 1990년대에 영국 에든버러/바스 학파와 프랑스의 ANT 이론가들 사이에 전개되었던 이른바 '겁쟁이 논쟁'chicken debate이다). 그러나 이 책은 과학학의 흐름을 전반적으로 훑어보는 개설서를 표방하고 있는 만큼, 그는 자신의 이론적 입장을 다소 접어놓은 채 여러 학파들의 주장과 그에 대한 비판을 다분히 중립적인 견지에서 소개하는 데 치중하고 있다. 하지만 그렇다고 해서 이얼리가 과학학의 다양한 학파들에 대해 무색무취한 개설만을 제시하고 있는 것은 아니다. 결론에서 그는 책의 전반부에 소개한 여러 학파들이 후반부에 제시되는 실천적 과제들을 해결하는 데 어떤 도움을 줄 수 있는가에 비춰 각각의 학파들에 대한 평가를 내리고 있는데, 여기서 드러나는 저자의 독특한 입장은 분명 흥미롭고 경청할 만한 내용을 담고 있다. 아울러 이러한 실천적 평가는 과학학의 문제의식과 어느 정도 겹치지만 그와는 다른 방향을 향하고 있는 인접 이론들 — 가령 위험사회론이나 포스트모더니즘론 같은 — 과의 비교라는 형태로도 제시되고 있어 흥미롭다.

 역자가 이 책을 번역하게 된 계기는 제법 오래전인 2009년 초로 거슬러 올라간다. 당시 역자는 '과학기술과 사회'라는 학부 강의를 담당하고 있었는데, 그전까지 20세기 과학사를 중심으로 강의하던 내용을 완전히 바꿔 2009년 1학기부터는 개인적으로 문제의식을 정리도 할 겸 해서 과학학 이론을 주로 강의하기로 마음을 먹은 참이었다. 문제는 역자 자신부터가 과학학에 대해 제대로 공부한 게 아니라 독학하거나 주워들은 지식이 대부분이라 강의를 위해서는 쓸 만한 길잡이가 필요하다는 것이었다. 또한 강의를 듣는 학생들에게 교재처럼 읽힐 만한 글이 썩 마땅치 않다는 점도 걸림돌이었다. 이 때문에 2000년대 이후 영어권에서 나온 과학학 교재 내지 개설서에 해당하는 책들을 여러 권 뒤적이게 됐는데, 그때 가장 크게 도움을 받았던 것이 바로 이 책이었다. 특히 이 책의 1장은 과학철학이나 머튼주의 과학사회학 쪽의 배경지식이 없는 학생들이 과학학에 입문할 수 있도록 돕는 좋은 창구가 될 수 있을 것으로 보였다.

그래서 당시 과학자 존 벡위드(Jon Beckwith)의 자서전 번역서 출간을 막 마무리했던 그린비출판사에 이 책의 한국어판 출간 여부를 타진했고, 그린비출판사가 이에 흔쾌히 응하면서 번역 작업이 시작되었다. 2010년부터 2012년까지는 몇몇 장들에 대한 초고를 만들어 강의 수강생들에게 읽히기도 했다. 그러나 2012년 하반기부터 '과학기술과 사회' 강의를 더 이상 맡지 않게 되면서 이 책의 번역보다는 다른 곳에 시간을 쓰는 일이 더 많아졌고, 차일피일 번역을 미루다 보니 별다른 진척도 보지 못한 채 몇 년의 시간이 훌쩍 지나가고 말았다. 결국 틈틈이 작업해 온 결과물을 추슬러 최종 원고를 만든 것은 2015년 말이 되어서였고, 출간을 위한 후반 작업을 거쳐 8년에 걸친 대장정(?)을 이제 마무리 지을 수 있게 되었다. 이 자리를 빌려 민족지방법론을 다룬 6장의 초역 원고를 읽고 귀중한 논평을 해주신 경희대학교 한의과대학의 김태우 교수님께 감사를 드린다. 그동안 이 책이 '곧' 출간된다는 역자의 양치기 소년 같은 거짓말을 계속 들으면서도 관심을 보여 주신 한국과학기술학회와 (지금은 문을 닫은) 시민과학센터의 여러 선생님들께 늦게라도 빚을 갚은 듯해 기쁘다. 부족한 노력의 결과물이지만 이 책이 한국에서 과학학의 문제의식이 확산되는 데 조금이나마 도움이 된다면 역자로서는 큰 보람일 것이다.

2018년 1월

김명진

참고문헌

Agarwal, Anil and Sunita Narain (1991). *Global Warming in an Unequal World: A Case of Environmental Colonialism*, Delhi: Centre for Science and Environment.

Amsterdamska, Olga (1990). "Surely you are joking, Monsieur Latour!"[review of Latour, 1987], *Science, Technology and Human Values* 15, pp.495~504.

Ashmore, Malcolm (1988). "The life and opinions of a replication claim: reflexivity and symmetry in the sociology of scientific knowledge", Steve Woolgar ed., *Knowledge and Reflexivity: New Frontiers in the Sociology of Knowledge*, London: Sage, pp.125~153.

_____ (1989). *The Reflexive Thesis: Wrighting Sociology of Scientific Knowledge*, Chicago: University of Chicago Press.

Ashmore, Malcolm, Greg Myers and Jonathan Potter (1995). "Discourse, rhetoric, reflexivity: seven days in the library", Sheila Jasanoff, Gerald E. Markle, James C. Petersen and Trevor Pinch eds., *Handbook of Science and Technology Studies*, London: Sage, pp.321~342.

Barnes, Barry (1974). *Scientific Knowledge and Sociological Theory*, London: Routledge and Kegan Paul.

_____ (1977). *Interests and the Growth of Knowledge*, London: Routledge and Kegan Paul.

Barnes, Barry and Donald MacKenzie (1979). "On the role of interests in scientific change", Roy Wallis ed., *On the Margins of Science: The Social Construction of Rejected Knowledge, Sociological Review Monograph 27*, Keele: University of Keele. pp.49~66.

Barnes, Barry, David Bloor and John Henry (1996). *Scientific Knowledge: A*

Sociological Analysis, London: Athlone.

Beck, Ulrich (1992). *Risk Society: Towards a New Modernity*, London: Sage. [울리히 벡, 『위험사회』, 홍성태 옮김, 새물결, 1997.]

_____ (1995). *Ecological Politics in an Age of Risk*. Cambridge: Polity.

Begley, Sharon (2001). "The science wars", Muriel Lederman and Ingrid Bartsch eds., *The Gender and Science Reader*, London: Routledge, pp.114~118.

Bergström, Lars (1996). "Scientific value", *International Studies in the Philosophy of Science* 10, pp.189~202.

Bhaskar, Roy (1978). *A Realist Theory of Science*, Hassocks, Sussex: Harvester Press. [부분 번역: 마거릿 아처 외 엮음, 『초월적 실재론과 과학』, 이기홍 옮김, 한울, 2005.]

Bjelić, Dušan (1992). "The praxiological validity of natural scientific practices as a criterion for identifying their unique social-object character: the case of the 'authentication' of Goethe's morphological theorem", *Qualitative Sociology* 15, pp.221~245.

Bjelić, Dušan and Michael Lynch (1992). "The work of a (scientific) demonstration: respecifying Newton's and Goethe's theories of prismatic colour", Graham Watson and Robert M. Seiler eds., *Text in Context: Contributions to Ethnomethodology*, London: Sage, pp.52~78.

Black, Bert, Francisco J. Ayala and Carol Saffran-Brinks (1994). "Science and the law in the wake of Daubert: a new search for scientific knowledge", *Texas Law Review* 72, pp.715~802.

Bloor, David (1978). "Polyhedra and the abominations of Leviticus", *British Journal for the History of Science* 11, pp.243~272.

_____ (1991). *Knowledge and Social Imagery*, 2nd ed., Chicago: University of Chicago Press[original version 1976, London: Routledge and Kegan Paul]. [데이비드 블루어, 『지식과 사회의 상』, 김경만 옮김, 한길사, 2000.]

Bodansky, Daniel (1994). "Prologue to the climate change convention", Irving M. Mintzer and J. Amber Leonard eds., *Negotiating Climate Change: The Inside Story of the Rio Convention*, Cambridge: Cambridge University Press, pp.45~74.

Boehmer-Christiansen, Sonja (1994a). "Global climate protection policy: the limits of scientific advice, part 1", *Global Environmental Change* 4, pp.140~159.

_____ (1994b). "Global climate protection policy: the limits of scientific advice, part 2", *Global Environmental Change* 4, pp.185~200.

_____ (2003). "Science, equity, and the war against carbon", Science, *Technology and Human Values* 28, pp.69~92.

Bowden, Gary (1985). "The social construction of validity in estimates of US crude oil reserves", *Social Studies of Science* 15, pp.207~240.

Brown, James R. (1989). *The Rational and the Social*, London: Routledge.

Bullard, Robert D. (1994). *Dumping in Dixie: Race, Class, and Environmental Quality*, Boulder, CO: Westview.

Burchfield, Joe D. (1990). *Lord Kelvin and the Age of the Earth*, Chicago: University of Chicago Press.

Button, Graham (1991). "Introduction: ethnomethodology and the foundational respecification of the human sciences", Graham Button ed., *Ethnomethodology and the Human Sciences*, Cambridge: Cambridge University Press. pp.1~9.

Button, Graham and Wes Sharrock (1993). "A disagreement over agreement and consensus in constructionist sociology", *Journal for the Theory of Social Behaviour* 23, pp.1~25.

_____ (1995). "The mundane work of writing and reading computer programs", Paul ten Have and George Psathas eds., *Situated Order: Studies in the Social Organization of Talk and Embodied Activities*, Washington, DC: International Institute for Ethnomethodology and Conversation Analysis and University Press of America, pp.231~258.

_____ (1998). "The organizational accountability of technological work", *Social Studies of Science* 28, pp.73~102.

Callon, Michel (1986). "Some elements of a sociology of translation: domestication of the scallops and the fishermen of St Brieuc Bay", John Law ed., *Power, Action and Belief: A New Sociology of Knowledge?*, *Sociological Review Monograph 32*, Keele: University of Keele, pp.196~233. [reprinted in Mario Biagioli ed. (1999). *The Science Studies Reader*, London: Routledge.] [미셸 칼롱, 「번역의 사회학의 몇 가지 요소들: 가리비와 생브리외만의 어부들 길들이기」, 브루노 라투르 외, 『인간·사물·동맹』, 홍성욱 엮음, 이음, 2010.]

_____ (1995). "Four models for the dynamics of science", Sheila Jasanoff, Gerald

E. Markle, James C. Petersen and Trevor Pinch eds., *Handbook of Science and Technology Studies*, London: Sage, pp.29~63.

Callon, Michel and Bruno Latour (1992). "Don't throw the baby out with the Bath School! A reply to Collins and Yearley", Andrew Pickering ed., *Science as Practice and Culture*, Chicago: University of Chicago Press, pp.343~368.

Callon, Michel and John Law (1982). "On interests and their transformation: enrolment and counter-enrolment", *Social Studies of Science* 12, pp.615~625.

_____ (1997). "Agency and the hybrid collectif", in Barbara Herrnstein Smith and Arkady Plotnitsky eds., *Mathematics, Science and Postclassical Theory*, Durham, NC: Duke University Press.

Carey, John ed. (1995). *The Faber Book of Science*, London: Faber and Faber.

Collingridge, David and Colin Reeve (1986). *Science Speaks to Power: The Role of Experts in Policymaking*, New York: St Martin's Press.

Collins, Harry M. (1981a). "Stages in the empirical programme of relativism", *Social Studies of Science* 11, pp.3~10.

_____ (1981b). "What is TRASP?: The radical programme as a methodological imperative", *Philosophy of the Social Sciences* 11, pp.215~224.

_____ (1983). "An empirical relativist programme in the sociology of scientific knowledge", Karin D. Knorr-Cetina and Michael Mulkay eds., *Science Observed: Perspectives on the Social Study of Science*, London: Sage, pp.85~113.

_____ (1992). *Changing Order: Replication and Induction in Scientific Practice*, Chicago: University of Chicago Press.

_____ (1996). "In praise of futile gestures: how scientific is the sociology of scientific knowledge?", *Social Studies of Science* 26, pp.229~244.

_____ (1998). "The meaning of data: open and closed evidential cultures in the search for gravitational waves", *American Journal of Sociology* 104, pp.293~338.

Collins, Harry M. and Trevor J. Pinch (1993). *The Golem: What Everyone Should Know about Science*, Cambridge: Cambridge University Press. [해리 콜린스·트레버 핀치, 『골렘: 과학의 뒷골목』, 이충형 옮김, 새물결, 2005.]

Collins, Harry M. and Steven Yearley (1992a). "Epistemological chicken", Andrew Pickering ed., *Science as Practice and Culture*, Chicago: University of

Chicago Press, pp.301~326.

_____ (1992b). "Journey into space", Andrew Pickering ed., *Science as Practice and Culture*, Chicago: University of Chicago Press, pp.369~389.

Dean, John (1979). "Controversy over classification: a case study from the history of botany", Barry Barnes and Steven Shapin eds., *Natural Order: Historical Studies of Scientific Culture*, London: Sage, pp.211~230.

Delamont, Sara (1987). "Three blind spots? A comment on the sociology of science by a puzzled outsider", *Social Studies of Science* 17, pp.163~170.

Dennis, Michael A. (1985). "Drilling for dollars: the making of US petroleum reserve estimates, 1921-25", *Social Studies of Science* 15, pp.241~265.

Douglas, Mary and Aaron Wildavsky (1982). *Risk and Culture: An Essay on the Selection of Technological and Environmental Dangers*, Berkeley, CA: University of California Press. [메리 더글라스·아론 윌다브스키, 『환경위험과 문화』, 김귀곤·김명진 옮김, 명보문화사, 1993.]

Dowie, Mark (1995). *Losing Ground: American Environmentalism at the Close of the Twentieth Century*, London: MIT Press.

Dugan K. G. (1987). "The zoological exploration of the Australian region and its impact on biological theory", Nathan Reingold and Marc Rothenberg eds., *Scientific Colonialism: A Cross-Cultural Comparison*, Washington DC: Smithsonian Institution Press, pp.79~100.

Durant, John R., Geoffrey A. Evans and Geoffrey P. Thomas (1989). "The public understanding of science", *Nature* 340, 6 July, pp.11~14.

_____ (1992). "Public understanding of science in Britain: the role of medicine in the popular representation of science", *Public Understanding of Science* 1, pp.161~182.

Edmond, Gary (2002). "Legal engineering: contested representations of law, science (and non-science) and society", *Social Studies of Science* 32, pp.371~412.

Edmond, Gary and David Mercer (1999). "Creating (public) science in the Noah's Ark case", *Public Understanding of Science* 8, pp.317~343.

_____ (2000). "Litigation life: law-science knowledge construction in (Bendectin) mass toxic tort litigation", *Social Studies of Science* 30, pp.265~316.

Epstein, Steven (1995). "The construction of lay expertise: AIDS activism and the forging of credibility in the reform of clinical trials", *Science, Technology and Human Values* 15, pp.495~504.

Evans, Geoffrey and John Durant (1995). "The relationship between knowledge and attitudes in the public understanding of science in Britain", *Public Understanding of Science* 4, pp.57~74.

Farley, John and Gerald L. Geison (1982). "Science, politics and spontaneous generation in nineteenth-century France: the Pasteur-Pouchet debate", Harry M. Collins ed., *Sociology of Scientific Knowledge: A Source Book*, Bath: Bath University Press, pp.1~38.

Fischhoff, Baruch, Paul Slovic, Sarah Lichtenstein, Stephen Read and Barbara Combs (1978). "How safe is safe enough? A psychometric study of attitudes towards technological risks and benefits", *Policy Sciences* 9, pp.127~152.

Foster, Kenneth R. and Peter W. Huber (1997). *Judging Science: Scientific Knowledge and the Federal Courts*, London: MIT Press.

Galison, Peter (1987). *How Experiments End*, Chicago: University of Chicago Press.

Garfinkel, Harold (1967). *Studies in Ethnomethodology*, Englewood Cliffs, NJ: Prentice-Hall.

_____ (1996). "Ethnomethodology's program", *Social Psychology Quarterly* 59, pp.5~21.

Garfinkel, Harold, Michael Lynch and Eric Livingston (1981). "The work of a discovering science construed with materials from the optically discovered pulsar", *Philosophy of the Social Sciences* 11, pp.131~158.

Gibbons, Michael, Camille Limoges, Helga Nowotny, Simon Schwartzman, Peter Scott and Martin Trow (1994). *The New Production of Knowledge*, London: Sage.

Giddens, Anthony (2002). *Runaway World*, London: Profile Books. [앤서니 기든스, 『질주하는 세계』, 박찬욱 옮김, 생각의 나무, 2000.]

Gieryn, Thomas F. (1999). *Cultural Boundaries of Science: Credibility on the Line*, Chicago: University of Chicago Press.

Gilbert, G. Nigel and Michael Mulkay (1980). "Contexts of scientific discourse: social accounting in experimental papers", Karin D. Knorr, Roger Krohn and Richard Whitley eds., *The Social Process of Scientific Investigation, Sociology* of the Sciences Yearbook IV, Dordrecht: Reidel, pp.269~294.

_____ (1984). *Opening Pandora's Box*, Cambridge: Cambridge University Press.

Gross, Paul R. and Norman Levitt (1994). *Higher Superstition: The Academic Left and its Quarrels with Science*, Baltimore, MD: Johns Hopkins University Press.

Haas, Peter M. (1992). "Introduction: epistemic communities and international policy coordination", *International Organization* 46, pp.1~35.

Habermas, Jürgen (1971). *Toward a Rational Society: Student Protest, Science and Politics*, London: Heinemann.

_____ (1972). *Knowledge and Human Interests*, London: Heinemann.

_____ (1973). "A postscript to Knowledge and Human Interests", *Philosophy of the Social Sciences* 3, pp.157~189.

Hacking, Ian (1990). *The Taming of Chance*, Cambridge: Cambridge University Press. [이언 해킹, 『우연을 길들이다』, 정혜경 옮김, 바다출판사, 2012.]

_____ (1999). *The Social Construction of What?*, Cambridge, MA: Harvard University Press.

Hammond, A. L., E. Rodenburg and W. R. Moomaw (1991). "Calculating national accountability for climate change", *Environment* 33, pp.11~35.

Harding, Sandra (1986). *The Science Question in Feminism*, Milton Keynes: Open University Press. [샌드라 하딩, 『페미니즘과 과학』, 이재경·박혜경 옮김, 이화여자대학교 출판부, 2002.]

_____ (1991). *Whose Science? Whose Knowledge? Thinking from Women's Lives*, Milton Keynes: Open University Press. [샌드라 하딩, 『누구의 과학이며 누구의 지식인가』, 조주현 옮김, 나남, 2009.]

Hartsock, Nancy C. M. (1983). "The feminist standpoint: developing the ground for a specifically feminist historical materialism", Sandra Harding and Merrill B. Hintikka eds., *Discovering Reality: Feminist Perspectives on Epistemology, Metaphysics, Methodology, and Philosophy of Science*, Dordrecht: Reidel. pp.283~310.

Heritage, John (1984). *Garfinkel and Ethnomethodology*, Cambridge: Polity.

Hubbard, Ruth (1990). *The Politics of Women's Biology*, New Brunswick, NJ: Rutgers University Press. [루스 허바드, 『생명과학에 대한 여성학적 비판』, 김미숙 옮김, 이화여자대학교 출판부, 1994.]

Irwin, Alan and Brian Wynne (1996). "Introduction", Alan Irwin and Brian Wynne eds., *Misunderstanding Science? The Public Reconstruction of Science and Technology*, Cambridge: Cambridge University Press. pp.1~17.

Irwin, Alan, Alison Dale and Denis Smith (1996). "Science and Hell's kitchen: the local understanding of hazard issues", Alan Irwin and Brian Wynne eds., *Misunderstanding Science? The Public Reconstruction of Science and Technology*. Cambridge: Cambridge University Press, pp.47~64.

Irwin, Alan, Henry Rothstein, Steven Yearley and Elaine McCarthy (1997). "Regulatory science: towards a sociological framework", *Futures* 29, pp.17~31.

Jasanoff, Sheila S. (1986). *Risk Management and Political Culture*, New York: Russell Sage.

_____ (1990). *The Fifth Branch: Science Advisers as Policymakers*, Cambridge, MA: Harvard University Press.

_____ (1995). *Science at the Bar: Law, Science, and Technology in America*, Cambridge, MA: Harvard University Press. [쉴라 재서너프, 『법정에 선 과학』, 박상준 옮김, 동아시아, 2011.]

_____ (1996). "Science and norms in global environmental regimes", Fen O. Hampson and Judith Reppy eds., *Earthly Goods: Environmental Change and Social Justice*. Ithaca, NY: Cornell University Press, pp.173~197.

_____ (1997). "Civilization and Madness: the great BSE scare of 1996", *Public Understanding of Science* 6, pp.221~232.

_____ (1998). "The eye of everyman: witnessing DNA in the Simpson trial", *Social Studies of Science* 28, pp.713~740.

_____ (1999). "The Songlines of risk", *Environmental Values* 8, pp.135~152.

_____ (2001). "Hidden experts: judging science after *Daubert*", Vivian Weil ed., *Trying Times: Science and Responsibilities after Daubert*, Chicago: Illinois Institute of Technology, pp.30~47.

Jasanoff, Sheila S. and Brian Wynne (1998). "Science and decisionmaking", Steve Rayner and Elizabeth L. Malone eds., *Human Choice and Climate Change*, vol.1, Columbus, OH: Battelle Press, pp.1~87.

Kerr, E. Anne (2001). "Toward a feminist natural science: linking theory and practice", Muriel Lederman and Ingrid Bartsch eds., *The Gender and Science Reader*, London: Routledge, pp.386~406.

Kitcher, Philip (1993). *The Advancement of Science*, New York: Oxford University Press.

_____ (1996). *The Lives to Come: The Genetic Revolution and Human Possibilities*, New York: Simon and Schuster.

Knorr-Cetina, Karin D. (1981). *The Manufacture of Knowledge*, Oxford: Pergamon.

Kuhn, Thomas S. (1970). "Logic of discovery or psychology of research", lmre Lakatos and Alan Musgrave eds., *Criticism and the Growth of Knowledge*, Cambridge: Cambridge University Press, pp.1~23. [토마스 S. 쿤, 「발견의 논리인가 탐구의 심리학인가?」, 토머스 쿤 외, 『현대 과학철학 논쟁』, 조승옥·김동식 옮김, 아르케, 2002.]

_____ (1977). *The Essential Tension: Selected Studies in Scientific Tradition and Change*, Chicago: University of Chicago Press.

Lakatos, lmre (1978). *The Methodology of Scientific Research Programmes*, Cambridge: Cambridge University Press.

Lambert, Helen and Hilary Rose (1996). "Disembodied knowledge? Making sense of medical science", Alan Irwin and Brian Wynne eds., *Misunderstanding Science? The Public Reconstruction of Science and Technology*, Cambridge: Cambridge University Press, pp.65~83.

Latour, Bruno (1983). "Give me a laboratory and I will raise the world", Karin D. Knorr-Cetina and Michael Mulkay eds., *Science Observed: Perspectives on the Social Study of Science*, London: Sage, pp.141~170. [브뤼노 라투르, 김명진 옮김, 「나에게 실험실을 달라. 그러면 내가 세상을 들어올리리라」, 『과학사상』 44호, 2003.]

_____ (1984). "Where did you put the black-box opener?"[review of Gilbert and Mulkay, 1984], *EASST Newsletter* 3, pp.17~21.

_____ (1987). *Science in Action*, Milton Keynes: Open University Press. [브뤼노 라투르, 『젊은 과학의 전선』, 황희숙 옮김, 아카넷, 2016.]

_____ (1988a). *The Pasteurization of France*, Cambridge, MA: Harvard University Press.

_____ (1988b). "The politics of explanation: an alternative", Steve Woolgar ed., *Knowledge and Reflexivity: New Frontiers in the Sociology of Knowledge*, London: Sage. pp.155~176.

_____ (1992). "Where are the missing masses? The sociology of a few mundane artifacts", Wiebe E. Bijker and John Law eds., *Shaping Technology / Building*

　　　　　　Society: Studies in Sociotechnical Change, London: MIT Press, pp.225~258.

　　　　＿＿＿ (1993). *We Have Never Been Modern*, Hemel Hempstead and London: Harvester Wheatsheaf. [브뤼노 라투르, 『우리는 결코 근대인이었던 적이 없다』, 홍철기 옮김, 갈무리, 2009.]

　　　　＿＿＿ (1999a). "On recalling ANT", John Law and John Hassard eds., *Actor Network Theory and After*, Oxford: Blackwell, pp.15~25.

　　　　＿＿＿ (1999b). *Pandora's Hope: Essays on the Reality of Science Studies*, Cambridge, MA: Harvard University Press.

　　　　＿＿＿ (2000). "When things strike back: a possible contribution of 'science studies' to the social sciences", *British Journal of Sociology* 51, pp.107~123.

Latour, Bruno and Steve Woolgar (1979). *Laboratory Life: The Social Construction of Scientific Facts*, London: Sage.

Laudan, Larry (1977). *Progress and its Problems: Towards a Theory of Scientific Growth*, Berkeley, CA: University of California Press.

　　　　＿＿＿ (1982). "A note on Collins' blend of relativism and empiricism", *Social Studies of Science* 12, pp.131~132.

Livingston, Eric (1999). "Cultures of proving", *Social Studies of Science* 29, pp.867~888.

Longino, Helen E. (1989). "Can there be a feminist science?", Ann Garry and Marilyn Pearsall eds., *Women, Knowledge and Reality: Explorations in Feminist Philosophy*, London: Unwin Hyman, pp.203~216.

　　　　＿＿＿ (1990). *Science as Social Knowledge*, Princeton, NJ: Princeton University Press.

　　　　＿＿＿ (2002). *The Fate of Knowledge*, Princeton, NJ: Princeton University Press.

Lowe, Philip, Judy Clark, Susanne Seymour and Neil Ward (1997). *Moralizing the Environment: Countryside Change, Farming and Pollution*, London: UCL Press.

Lukács, Georg (1971). *History and Class Consciousness*, London: Merlin. [죄르지 루카치, 『역사와 계급의식』, 조만영·박정호 옮김, 지식을만드는지식, 2015.]

Lynch, Michael (1985). *Art and Artifact in Laboratory Science: A Study of Shop Work and Shop Talk in a Research Laboratory*, London: Routledge and Kegan Paul.

　　　　＿＿＿ (1992). "Extending Wittgenstein: the pivotal move from epistemology to the sociology of science", Andrew Pickering ed., *Science as Practice and Culture*, Chicago: University of Chicago Press, pp.343~368.

_____ (1993). *Scientific Practice and Ordinary Action: Ethnomethodology and Social Studies of Science*, Cambridge: Cambridge University Press. [마이클 린치, 『과학적 실천과 일상적 행위』, 강윤재 옮김, 나남, 2015.]

_____ (2001). "A pragmatogony of factishes"[review of Latour, 1999b], *Metascience: An International Journal for the History, Philosophy and Social Studies of Science* 10, pp.223~232.

_____ (2002). "Protocols, practices, and the reproduction of technique in molecular biology", *British Journal of Sociology* 53, pp.203~220.

Lynch, Michael and Sheila S. Jasanoff (1998). "Contested identities: science, law and forensic practice", *Social Studies of Science* 28, pp.675~686.

Lynch, Michael, Eric Livingston and Harold Garfinkel (1983). "Temporal order in laboratory work", Karin D. Knorr-Cetina and Michael Mulkay eds., *Science Observed: Perspectives on the Social Study of Science*, London: Sage, pp.205~238.

Lyotard, Jean-François (1984). *The Postmodern Condition: A Report on Knowledge*, Manchester: Manchester University Press. [장 프랑수아 리오타르, 『포스트모던의 조건』, 유정완 외 옮김, 민음사, 1992.]

MacKenzie, Donald (1978). "Statistical theory and social interests: a casestudy", *Social Studies of Science* 8, pp.35~83.

_____ (1981). *Statistics in Britain, 1865-1930: The Social Construction of Scientific Knowledge*, Edinburgh: Edinburgh University Press.

_____ (1984). "Reply to Steven Yearley", *Studies in History and Philosophy of Science* 15, pp.251~259.

MacKenzie, Donald and Barry Barnes (1979). "Scientific judgment: the Biometry-Mendelism controversy", Barry Barnes and Steven Shapin eds., *Natural Order: Historical Studies of Scientific Culture*, London: Sage, pp.191~210.

Martin, Emily (1996). "The egg and the sperm: how science has constructed a romance based on stereotypical male-female roles", Barbara Laslett, Sally Gregory Kohlstedt, Helen Longino and Evelynn Hammonds eds., *Gender and Scientific Authority*, Chicago: Chicago University Press, pp.323~339. [reprinted in Stevi Jackson and Sue Scott eds. (2001). *Gender: A Sociological*

Reader, London: Routledge.]
May, Robert (1992). "The chaotic rhythms of life", Nina Hall ed., *The New Scientist Guide to Chaos*, London: Penguin, pp.82~95.
McCright, Aaron M. and Riley E. Dunlap (2000). "Challenging global warming as a social problem: an analysis of the conservative movement's counterclaims", *Social Problems* 47, pp.499~522.
McKinlay, Andrew and Jonathan Potter (1987). "Model discourse: interpretative repertoires in scientists' conference talk", *Social Studies of Science* 17, pp.443~463.
Merton, Robert K. (1973). *The Sociology of Science: Theoretical and Empirical Investigations*, Chicago: Chicago University Press. [로버트 머튼, 『과학사회학 1, 2』, 석현호 외 옮김, 민음사, 1998.]
Mitroff, Ian I. (1974). *The Subjective Side of Science*, New York: Elsevier.
Mulkay, Michael (1976). "Norms and ideology in science", *Social Science Information* 15, pp.637~656.
_____ (1980). "Interpretation and the use of rules: the case of the norms of science", Thomas F. Gieryn ed., *Science and Social Structure: A Festschrift for Robert K. Merton, Transactions of the New York Academy of Sciences Series II, vol.39*, New York: Academy of Sciences, pp.111~125.
_____ (1981). "Action and belief or scientific discourse? A possible way of ending intellectual vassalage in social studies of science", *Philosophy of the Social Sciences* 11, pp.163~171.
_____ (1984). "The ultimate compliment: a sociological analysis of ceremonial discourse", *Sociology* 18, pp.531~549.
_____ (1988). "Don Quixote's double: a self-exemplifying text", Steve Woolgar ed., *Knowledge and Reflexivity: New Frontiers in the Sociology of Knowledge*, London: Sage, pp.81~100.
_____ (1991). *Sociology of Science: A Sociological Pilgrimage*, Milton Keynes: Open University Press.
_____ (1993). "Rhetorics of hope and fear in the great embryo debate", *Social Studies of Science* 23, pp.721~742.
Mulkay, Michael and G. Nigel Gilbert (1981). "Putting philosophy to work: Karl Popper's influence on scientific practice", *Philosophy of the Social Sciences*

11, pp.389~407.

_____ (1982a). "Accounting for error: how scientists construct their social world when they account for correct and incorrect belief", *Sociology* 16, pp.165~183.

_____ (1982b). "Joking apart: some recommendations concerning the analysis of scientific culture", *Social Studies of Science* 12, pp.585~613.

Nelkin, Dorothy and M. Susan Lindee (1995). *The DNA Mystique: The Gene as a Cultural Icon*, New York: W. H. Freeman.

Newton-Smith, William H. (1981). *The Rationality of Science*, London: Routledge and Kegan Paul. [W. H. 뉴턴-스미스, 『과학의 합리성』, 양형진·조기숙 옮김, 민음사, 1998.]

Nowotny, Helga, Peter Scott and Michael Gibbons (2001). *Re-Thinking Science: Knowledge and the Public in an Age of Uncertainty*, Cambridge: Polity.

Oakley, Ann (1972). *Sex, Gender and Society*, London: Temple Smith.

Oteri, J. S., M. G. Weinberg and M. S. Pinales (1982). "Cross-examination of chemists in drug cases", Barry Barnes and David Edge eds., *Science in Context: Readings in the Sociology of Science*, Milton Keynes: Open University Press, pp.250~259.

Palmer, Derrol (2000). "Identifying delusional discourse: issues of rationality, reality and power", *Sociology of Health and Illness* 22, pp.661~678.

Palmer, Tim (1992). "A weather eye on unpredictability", Nina Hall ed., *The New Scientist Guide to Chaos*, London: Penguin, pp.69~81.

Pearce, Fred (1991). *Green Warriors: The People and the Politics Behind the Environmental Revolution*, London: Bodley Head.

Pels, Dick (1996). "The politics of symmetry", *Social Studies of Science* 26, pp.277~304.

Pickering, Andrew (1980). "The role of interests in high-energy physics: the choice between charm and colour", Karin D. Knorr, Roger Krohn and Richard Whitley eds., *The Social Process of Scientific Investigation*, Dordrecht: Reidel, pp.107~138.

_____ (1984). *Constructing Quarks: a Sociological History of Particle Physics*, Edinburgh: Edinburgh University Press.

_____ (1995). *The Mangle of Practice: Time, Agency and Science*, Chicago: University of Chicago Press.

Pickering, Kevin T. and Lewis A. Owen (1994). *An Introduction to Global Environmental Issues*, London: Routledge.

Pinch, Trevor (1980). "Theoreticians and the production of experimental anomaly: the case of solar neutrinos", Karin D. Knorr, Roger Krohn and Richard Whitley eds., *The Social Process of Scientific Investigation*, Dordrecht: Reidel, pp.77~106.

_____ (1993). "Generations of SSK"[review of Richards, 1991], *Social Studies of Science* 23, pp.363~373.

Pinch, Trevor and Trevor Pinch (1988). "Reservations about reflexivity and New Literary Forms or why let the devil have all the good tunes?", Steve Woolgar ed., *Knowledge and Reflexivity: New Frontiers in the Sociology of Knowledge*, London: Sage, pp.178~197.

Poovey, Mary (1998). *A History of the Modern Fact: Problems of Knowledge in the Sciences of Wealth and Society*, Chicago: University of Chicago Press.

Popper, Karl R. (1972a). *Conjectures and Refutations: The Growth of Scientific Knowledge*, London: Routledge and Kegan Paul. [칼 포퍼, 『추측과 논박 1, 2』, 이한구 옮김, 민음사, 2001.]

_____ (1972b). *Objective Knowledge: An Evolutionary Approach*, Oxford: Oxford University Press. [칼 포퍼, 『객관적 지식』, 이한구 외 옮김, 철학과현실사, 2013.]

Porter, Theodore M. (1986). *The Rise of Statistical Thinking 1820-1900*, Princeton, NJ: Princeton University Press.

Putnam, Hilary (1994). "Sense, nonsense, and the senses: an inquiry into the powers of the human mind", *Journal of Philosophy* 91, pp.445~517.

Quine, Willard Van Orman (1969). *Ontological Relativity and Other Essays*, New York: Columbia University Press.

Redner, Harry (1987). *The Ends of Science*, Boulder, CO: Westview.

_____ (1994). *A New Science of Representation: Towards an Integrated Theory of Representation in Science, Politics and Art*, Boulder, CO: Westview.

Richards, Evelleen (1991). *Vitamin C and Cancer: Medicine or Politics?*, London: Macmillan.

_____ (1996). "(Un)boxing the monster", *Social Studies of Science* 26, pp.323~356.

Rip, Arie (1982). "De gans met de gouden eieren en andere maatschappelijke legitimaties van de moderne wetenschap", *De Gids* 145, pp.285~297.

Schaffer, Simon (1991). "The Eighteenth Brumaire of Bruno Latour", *Studies in History and Philosophy of Science* 22, pp.174~192.

Schiebinger, Londa (1999). *Has Feminism Changed Science?*, Cambridge, MA: Harvard University Press.

Scott, Pam, Evelleen Richards and Brian Martin (1990). "Captives of controversy: the myth of the neutral social researcher in contemporary scientific controversies", *Science, Technology and Human Values* 15, pp.474~494.

Shapin, Steven (1979). "The politics of observation: cerebral anatomy and social interests in the Edinburgh phrenology disputes', Roy Wallis ed., *On the Margins of Science: The Social Construction of Rejected Knowledge, Sociological Review Monograph 27*, Keele: University of Keele, pp.139~178.

_____ (1994). *A Social History of Truth: Civility and Science in Seventeenth-Century England*, Chicago: University of Chicago Press.

_____ (1995). "Here and everywhere: sociology of scientific knowledge", *Annual Review of Sociology* 21, pp.289~321.

Sharrock, Wes and Bob Anderson (1991). "Epistemology: professional scepticism", Graham Button ed., *Ethnomethodology and the Human Sciences*, Cambridge: Cambridge University Press. pp.51~76.

Simmons, Ian G. (1993). *Interpreting Nature: Cultural Constructions of the Environment*, London: Routledge.

Slovic, Paul (1992). "Perception of risk: reflections on the psychometric paradigm", Sheldon Krimsky and Dominic Golding eds., *Social Theories of Risk*, London: Praeger, pp.117~152.

Solomon, Shana M. and Edward J. Hackett (1996). "Setting boundaries between science and the law: lessons from Daubert v. Merrell Dow Pharmaceuticals, Inc.", *Science, Technology and Human Values* 21, pp.131~156.

Star, Susan Leigh and James R. Griesemer (1989). "Institutional ecology, 'translations' and boundary objects: amateurs and professionals in Berkeley's Museum of Vertebrate Zoology, 1907-39", *Social Studies of Science* 19, pp.387~420.

Stirling, Andy and Sue Mayer (1999). *Re-Thinking Risk: A Pilot Multi-Criteria*

Mapping of a Genetically Modified Crop in Agricultural Systems in the UK, Brighton, Sussex: Science Policy Research Unit.

Stoppard, Tom (1999). *Plays 5*, London: Faber and Faber.

Tuana, Nancy (1989). "Preface", Nancy Tuana ed., *Feminism and Science*, Bloomington, IN: Indiana University Press, pp.vii~xi.

Turner, Stephen (2001). "What is the problem with experts?", *Social Studies of Science* 31, pp.123~149.

UK Government (1993). *Realising our Potential: A Strategy for Science, Engineering and Technology*, London: HMSO (Cm 2250).

Ward, Steven C. (1996). *Reconfiguring Truth: Postmodernism, Science Studies and the Search for a New Model of Knowledge*, London: Rowman and Littlefield.

Warner, Frederick (1992). *Risk: Analysis, Perception and Management: Report of a Royal Society Study Group*, London: Royal Society.

Weinberg, Alvin M. (1972). "Science and trans-science", *Minerva* 10, pp.209~222.

Whitley, Richard (1984). *The Intellectual and Social Organization of the Sciences*, Oxford: Clarendon Press.

Woodcock, Alexander and Monte Davis (1980). *Catastrophe Theory*, Harmondsworth: Penguin.

Woolgar, Steve (1981). "Interests and explanation in the social study of science", *Social Studies of Science* 11, pp.365~394.

_____ (1983). "Irony in the social study of science", Karin D. Knorr-Cetina and Michael Mulkay eds., *Science Observed: Perspectives on the Social Study of Science*, London: Sage, pp.239~266.

Woolgar, Steve and Malcolm Ashmore (1988). "The next step: an introduction to the reflexive project", Steve Woolgar ed., *Knowledge and Reflexivity: New Frontiers in the Sociology of Knowledge*, London: Sage. pp.1~11.

World Resources Institute (1990). *World Resources 1990-91*, New York: Oxford University Press.

Wynne, Brian (1982). *Rationality and Ritual: The Windscale Inquiry and Nuclear Decisions in Britain*, Chalfont St Giles: British Society for the History of Science.

_____ (1989). "Frameworks of rationality in risk management", J. Brown ed., *Environmental Threats: Perception, Analysis and Management*, London:

Belhaven, pp.33~47.

_____ (1992a). "Misunderstood misunderstanding: social identities and public uptake of science", *Public Understanding of Science* 1, pp.281~304.

_____ (1992b). "Uncertainty and environmental learning", *Global Environmental Change* 2, pp.111~127.

_____ (1995). "Public understanding of science", Sheila Jasanoff, Gerald E. Markle, James C. Petersen and Trevor Pinch eds., *Handbook of Science and Technology Studies*, London: Sage, pp.361~388.

_____ (1996). "May the sheep safely graze? A reflexive view of the expert-lay knowledge divide", Scott Lash, Bronislaw Szerszynski and Brian Wynne eds., *Risk, Environment and Modernity: Towards a New Ecology*, London: Sage, pp.27~43.

_____ (2001). "Creating public alienation: expert cultures of risk and ethics on GMOs", *Science as Culture* 10, pp.445~481.

Yearley, Steven (1981). "Textual persuasion: the role of social accounting in the construction of scientific arguments", *Philosophy of the Social Sciences* 11, pp.409~435.

_____ (1982). "The relationship between epistemological and sociological cognitive interests", *Studies in History and Philosophy of Science* 13, pp.353~388.

_____ (1984). *Science and Sociological Practice*, Milton Keynes: Open University Press.

_____ (1987). "The two faces of science"[review of Latour, 1987], *Nature* 326, 23 April, p.754.

_____ (1989). "Bog standards: science and conservation at a public inquiry", *Social Studies of Science* 19, pp.421~438.

_____ (1992). "Skills, deals and impartiality: the sale of environmental consultancy skills and public perceptions of scientific neutrality", *Social Studies of Science* 22, pp.435~453.

_____ (1993). [review of Richards, 1991], *Social History of Medicine* 6, pp.299~300.

_____ (1995). "Environmental attitudes in Northern Ireland", Richard Breen, Paula Devine and Gillian Robinson eds., *Social Attitudes in Northern Ireland:*

The Fourth Report 1994-1995, Belfast: Appletree Press, pp.119~141.

_____ (1996). *Sociology, Environmentalism, Globalization*, London: Sage.

_____ (1997). "The changing social authority of science", *Science Studies* 1, pp.65~75.

_____ (1999a). "Computer models and the public's understanding of science: a case-study analysis", *Social Studies of Science* 29, pp.845~866.

_____ (1999b). [review of Lowe et al., 1997], *Environmental Policy* 8, pp.184~185.

_____ (2000). "Making systematic sense of public discontents with expert knowledge: two analytical approaches and a case study", *Public Understanding of Science* 9, pp.105~122.

Zahar, Elie (1973). "Why did Einstein's programme supersede Lorentz's?", *British Journal for the Philosophy of Science* 24, pp.95~123.

Zehr, Stephen C. (2000). "Public representations of scientific uncertainty about global climate change", *Public Understanding of Science* 9, pp.85~103.

Ziman, John M. (1978). *Reliable Knowledge: An Exploration of the Grounds for Belief in Science*, Cambridge: Cambridge University Press.

찾아보기

| ㄱ, ㄴ |

가핑켈, 해럴드(Harold Garfinkel)　166, 177~179
갈릴레이, 갈릴레오(Galileo Galilei)　10~11
강한 프로그램(strong programme)　60~61, 72, 140, 157, 192
개성원리(haecceity)　168, 181, 206~207
갤리슨, 피터(Peter Galison)　86
거짓말 탐지기　277
『걸리버 여행기』(Gulliver's Travels)　112~113
검증 가능성　285, 287~289
결정론적 카오스　326, 328, 330
경계 작업(boundary work)/경계물　12, 210
경험적 상대주의 프로그램(EPOR)　74~78, 87, 136, 158~159, 206, 212
　단계 1　74~76, 81, 84, 111, 116, 121
　단계 2　76~77, 81, 90, 116, 121, 159
　단계 3　77, 82, 90, 95, 116
과잉 비판 모델　299, 303~304
과학
　~ 공동체 유머　185
　~에서의 성찰성　191~196, 201
　~의 독특성　26~28
　~의 전문직화　13~14
　~의 포스트모더니즘　319, 325
　~적 관찰　28~29
과학 담론 분석(ASD)　165, 180, 186~189
과학사회학　17~18, 60, 94, 137, 166, 186, 208
과학성(scientificness)　285
과학지식사회학(SSK)　60~62, 73, 90, 116, 165, 191~192, 210
과학철학　17, 337
과학혁명　13
과학환경센터(CSE)　308~309
관리 연속성　291
광우병　217~218, 241, 248, 264, 271
괴테, 요한 볼프강 폰(Johann Wolfgang von Goethe)　169
교토 의정서　307, 311~312
규모 효과　86
그린피스　322
기든스, 앤서니(Anthony Giddens)　244, 261, 265
기번스, 마이클(Michael Gibbons)　207~208
기후변화 문제　256~257, 306~315
기후변화에 관한 기본 협약(FCCC)　306~307

기후변화에 관한 정부 간 패널(IPCC)
257, 306, 313
길버트, 나이젤(Gilbert Nigel)   180~189,
287
뉴턴, 아이작(Isaac Newton)   169
뉴턴스미스, 윌리엄(William Newton-smith)
48~53, 57, 59, 78~80, 100

| ㄷ, ㄹ, ㅁ |

다윈주의   34~35
대중의 과학 이해(PUS)   15, 219
　과학학이 ~에 주는 통찰   235~239
　~에 대한 세 가지 정리   240~241
　~에 있어 설문조사   222~224
　~의 결핍 모델   225
대중의 기술 수용(PAT)   220
대중의 위험 전문성 수용   259
더글러스, 메리(Mary Douglas)   244
데이비스, 폴(Paul Davies)   329, 332
델러먼트, 세라(Sara Delamont)   157
도버트 대 메릴다우 판례   275~277
동료 심사   284~285, 290
뒤르켐, 에밀(Émile Durkheim)   81, 244, 292
뒤샹, 마르셀(Marcel Duchamp)
320~321
듀랜트, 존(John Durant)   222~223
라우든, 래리(Larry Laudan)   37, 192
라투르, 브뤼노(Bruno Latour)   6, 89,
118, 126, 128~129, 131~133, 135~140,
188~190, 201, 210, 335
러커토시, 임레(Lakatos Imre)   35~37,
44, 59, 76, 210, 287~288
레드너, 해리(Harry Redner)   318~319,
323~324

렌퀴스트, 윌리엄(William Rehnquist)
289
로, 존(John Law)   119
롱기노, 헬렌(Helen Longino)   147,
153~161, 211~212
루카치, 죄르지(György Lukács)   161
리브, 콜린(Colin Reeve)   299~302, 312
리비히, 유스투스 폰(Justus von Liebig)
71
리빙스턴, 에릭(Eric Livingston)
166~168
리오타르, 장프랑수아(Jean-François
Lyotard)   320, 324, 333~334
리처즈, 이블린(Evelleen Richards)   205
린치, 마이클(Michael Lynch)   140, 166,
169, 179, 189
마틴, 에밀리(Emily Martin)   148~153
맑스, 칼(Karl Marx)   97
망상장애   173~176
매켄지, 도널드(Donald MacKenzie)   94,
101~109, 114~115
머튼, 로버트(Robert Merton)   38~45,
145, 205, 212
멀케이, 마이클(Michael Mulkay)   43, 45,
180~181, 199, 287
메이, 로버트(Robert May)   332
명목변수   101
무관성의 원칙   302~303
미국과학원(NAS)   280~281
미국과학진흥협회(AAAS)   280~281
미국항공우주국(NASA)   315
미국 환경청(EPA)   255
미트로프, 이언(Ian Mitroff)   41~42, 44
민족지방법론   59, 165~166, 171,
180~181, 206, 211, 334~335
밀, 존 스튜어트(John Stuart Mill)   68

| ㅂ, ㅅ |

바스카, 로이(Roy Bhaskar)　54~57, 67, 206
반스, 배리(Barry Barnes)　78, 81~82, 94, 97, 111~113, 116
반증주의/반증 가능성　32~33
버튼, 그레이엄(Graham Button)　170~172, 179
법과학　272, 274
베리스트룀, 라르스(Lars Bergström)　47~48
베버, 막스(Max Weber)　10, 292
벡, 울리히(Ulrich Beck)　208, 244, 260~264, 292, 336~337
벨리치, 두샨(Dušan Bjelić)　169
보르헤스, 호르헤 루이스(Jorge Luis Borges)　200
복제양 돌리　15
볼비암흑물질연구지하연구소　4
뵈머크리스티안센, 소니아(Sonja Boehmer-Christiansen)　307, 313, 315
부시, 조지 W.(George W. Bush)　313
브라운, 제임스(James Brown)　109
블랙, 버트(Bert Black)　286, 288
블루어, 데이비드(David Bloor)　60~71, 73, 78, 80~82, 90, 94, 97, 110, 114, 116, 157~158, 340
사분계수　101~102
사이보그　335
새로운 기술 형식(New Literary Forms)　194, 199
생브리외만 가리비 양식　122~129
생태학　331
섀록, 웨스(Wes Sharrock)　168~170
섀핀, 스티븐(Steven Shapin)　94, 116, 212, 232
성찰적 근대화　260
세계기상기구(WMO)　306
세계무역기구(WTO)　293
세계자원연구소(WRI)　307~312
솔로몬, 섀너(Shana Solomon)　286
순수과학　10, 13, 296
쉬빈저, 론다(Londa Schiebinger)　163
스크래피　271
스토파드, 톰(Tom Stoppard)　327~328
슬로빅, 폴(Paul Slovic)　251
시리즈, 캐럴라인(Caroline Series)　329
시먼스, 이언(Ian Simmons)　331
실재론　53, 70, 88~89, 136, 158, 168, 193
실험가의 회귀　83~84, 206, 209

| ㅇ, ㅈ, ㅊ |

아인슈타인, 알베르트(Albert Einstein)　82
『아카디아』(*Arcadia*)　327~328
암흑물질　5~6
암흑상자화　129
애시모어, 맬컴(Malcolm Ashmore)　194~198
앤더슨, 밥(Bob Anderson)　168~169
양자물리학　323
양자적 불확실성　323
어윈, 앨런(Alain Irwin)　235, 238
에든버러 학파　94, 99~100, 111, 116
MMR 백신　216~217, 322
엡스틴, 스티븐(Steven Epstein)　239
역할 부여(enrolment)　119~121, 125~126
연구 프로그램(research programme)　35~36

영국사회성향 설문조사　228
오리너구리　33
O. J. 심슨 재판　242, 271
오클리, 앤(Ann Oakley)　144
와인버그, 앨빈(Alvin Weinberg)　298
우생학　106~107
울가, 스티브(Steve Woolgar)　194
위험　231, 243~245, 256
　~ 평가　246~250
위험사회　208, 244~245, 260, 263
윈, 브라이언(Brian Wynne)　233~234, 238, 256, 258, 265, 316
윔프(WIMPs)　4~5, 30
유럽우주기구(ESA)　315
유엔환경프로그램(UNEP)　306
유전자 변형 작물(GMO)　217, 293
율, 조지(George Yule)　102~107, 110, 115
응용수학　326
이해관계 이론　94~95, 116, 119
인식 공동체　305, 314
입장 이론(standpoint theory)　147, 161~162
자사노프, 실라(Sheila Jasanoff)　246, 255, 274~275, 284, 291, 316
자이먼, 존(John Ziman)　284
자하르, 엘리(Elie Zahar)　37
재현(representation)　318, 322~323
정신질환　173, 177~178
중력파　82~87, 134
중성미자　30~31, 33
지구 나이 논쟁　29~30, 50
지구온난화　14~15, 286, 298, 306
체르노빌 낙진　233~234, 264
초과학(trans-science)　298

| ㅋ, ㅌ, ㅍ, ㅎ |

카네기과학기술정부위원회　280, 282~283
카오스 이론　323~326, 332
칼롱(Michel Callon)　118~121, 127~128
콜린스, 해리(Harry Collins)　73~74, 76, 78, 81~86, 88, 90, 116, 158, 192~195, 197, 203~206, 209
콜링리지, 데이비드(David Collingridge)　299~302, 312
콰인, 윌러드 밴 오먼(Willard Van Orman Quine)　66, 69
쿤, 토마스(Thomas Kuhn)　34, 45~47, 50~51, 53, 59, 89, 210
키처, 필립(Philip, Kitcher)　37, 53, 178
태양 복사　30
통성원리(quiddity)　168
TRASP　74
파국 이론　323
파스퇴르, 루이(Louis Pasteur)　120, 132~133
파스퇴르-푸셰 논쟁　75~77, 133
『판도라의 희망』(Pandora's Hope)　136~137
팔머, 데럴(Derrol Palmer)　173~180
퍼트넘, 힐러리(Hirary Putnam)　70
페미니스트 경험론　145
페미니스트 과학학　211
포스트모더니즘　320~321
포퍼, 칼(Karl Popper)　32~35, 37, 53, 57, 59, 65
프라이 대 미국 판례　277~280
프레게, 고틀로프(Gottlob Frege)　64~65, 70
프리스틀리, 조지프(Joseph Priestle)　41
피어슨, 칼(Karl Pearson)　101~107, 115

피커링, 앤드루(Andrew Pickering)　86, 94
핀치, 트레버(Trevor Pinch)　81~82
필수 통과점(OPP)　123~124, 130
하딩, 샌드라(Sandra Harding)　145, 147, 157, 161~162
하버마스, 위르겐(Jürgen Habermas)　15, 97~100, 111
하스, 피터(Peter Haas)　305
하이젠베르크의 불확정성 원리　323
하트속, 낸시(Nancy Hartsock)　161~162
한정주의　90

해켓, 에드워드(Edward Hackett)　286
핵에너지/핵 발전　7, 228~229, 248
행위소(actant)　133
행위자 연결망 이론(ANT)　118, 130~132, 197, 206, 210~211
허바드, 루스(Ruth Hubbard)　149
헤론, 데이비드(David Heron)　104
헤리티지, 존(John Heritage)　177~178, 180~181
환경 정의 운동　254
휘틀리, 리처드(Richard Whitley)　207, 210